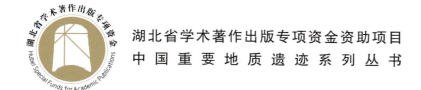

湖北省学术著作出版专项资金资助项目

中国重要地质遗迹系列丛书

广东省重要地质遗迹

GUANGDONG SHENG ZHONGYAO DIZHI YIJI

李宏卫　许汉森　等编著

中国地质大学出版社

ZHONGGUO DIZHI DAXUE CHUBANSHE

图书在版编目(CIP)数据

广东省重要地质遗迹/李宏卫等编著.—武汉:中国地质大学出版社,2021.9
(中国重要地质遗迹系列丛书)
ISBN 978-7-5625-5123-2

Ⅰ.①广…
Ⅱ.①李…
Ⅲ.①区域地质-研究-广东
Ⅳ.①P562.65

中国版本图书馆 CIP 数据核字(2021)第 194218 号

广东省重要地质遗迹			李宏卫　许汉森　等编著
责任编辑:谢媛华　马　严		选题策划:毕克成　段　勇　张　旭	责任校对:张咏梅
出版发行:中国地质大学出版社(武汉市洪山区鲁磨路388号)			邮编:430074
电　　话:(027)67883511		传　　真:(027)67883580	E-mail:cbb@cug.edu.cn
经　　销:全国新华书店			http://cugp.cug.edu.cn
开本:880毫米×1230毫米　1/16			字数:515千字　印张:16.25
版次:2021年9月第1版			印次:2021年9月第1次印刷
印刷:湖北新华印务有限公司			印数:1—1000册
ISBN　978-7-5625-5123-2			定价:268.00元

如有印装质量问题请与印刷厂联系调换

《广东省重要地质遗迹》编委会

主　　编：李宏卫　　许汉森
编　　委：林小明　　刘建雄　　李东红　　梁　武
　　　　　陈海生　　郑志敏　　张献河　　彭　峰
　　　　　许冠军　　黄建桦
图件制作：李　媛
照片拍摄：周献清

前　言

广东省位于中国大陆最南部，东邻福建，西连广西，北接江西和湖南，南临南海。地势总体北高南低，北部多为山地和丘陵，南部则为平原和台地。珠江水系横贯广东中部，而后南折流入南海。省内地层发育较全，自新元古界至第四系均有出露；岩浆活动强烈，分布范围广，具多期多阶段特征；地质构造复杂，多期变形叠加和多组断裂交切。漫长的地质演化过程造就了广东省类型丰富、数量众多的地质遗迹资源。

广东省地质遗迹调查研究工作发轫于20世纪20年代冯景兰、陈国达等老一辈地质地貌学家。自2003年以来，广东省开展了系统翔实的地质遗迹资源调查和保护规划研究，并在地质遗迹保护方面取得了丰硕成果，创建了丹霞山、湖光岩2个世界地质公园，西樵山等6个国家地质公园，南雄恐龙等9个省级地质公园和一批地质遗迹类自然保护区。

《广东省重要地质遗迹》内容主要源于广东省地质调查院承担完成的"华南地区重要地质遗迹调查（广东）"和"广东省地质遗迹保护区划初步研究"两个项目成果。第一章阐述了广东省地理与地质概况；第二章概括了广东省地质遗迹调查研究历史、地质遗迹保护现状以及重要地质遗迹类型和数量；第三章全面总结了广东省161处重要地质遗迹特征；第四章重点分析了丹霞地貌、类张家界碎屑岩地貌、湖光岩玛珥湖等重要地质遗迹的形成演化规律；第五章开展了广东省重要地质遗迹价值等级评价，鉴评出世界级地质遗迹3处，国家级地质遗迹42处，省级地质遗迹116处；第六章开展了广东省重要地质遗迹自然区划与保护规划研究，划分出粤北山地、粤东山地丘陵、粤西山地、粤西平原台地和粤中丘陵平原5个地质遗迹区，提出了广东省地质遗迹保护规划建议。

《广东省重要地质遗迹》是一部系统展示广东省重要地质遗迹资源的著作，资料翔实，图文并茂，内容兼具专业性与科普性，具有重要的科研科普参考价值，可供从事地质遗迹调查研究、地质公园建设管理以及地质研学旅游等方面的科研人员和工作者参阅。该书基本梳理了广东省重要地质遗迹家底，可有效支撑自然资源管理人员开展地质遗迹高水平保护和高效利用工作。

《广东省重要地质遗迹》的编著得到了中国地质环境监测院、广东省佛山地质局、广东省地质环境监测总站等有关单位的支持和帮助，广东省地质调查院林杰春、黄孔文、徐昊翔、商建林等同事参与了项目野外调查工作，书中部分精美的照片由广东省地质公园管理机构以及罗兆祥、刘加青、许景红、叶瑞和、朱维烈、李红辉等摄影师或摄影爱好者友情提供，在此深表谢忱。此外，感谢中国地质大学出版社的编辑朋友们，他们为图书的出版付出了辛勤的劳动。

笔　者

2021年2月14日

目 录

第一章　区域背景 ··· (1)
　　第一节　地理概况 ··· (2)
　　第二节　区域地质概况 ··· (10)
第二章　广东省地质遗迹概况 ··· (19)
　　第一节　地质遗迹调查研究历史 ··· (20)
　　第二节　地质遗迹保护现状 ·· (20)
　　第三节　地质遗迹类型和数量 ··· (25)
第三章　广东省重要地质遗迹特征 ·· (29)
　　第一节　基础地质大类地质遗迹 ·· (30)
　　第二节　地貌景观大类地质遗迹 ·· (101)
　　第三节　地质灾害大类地质遗迹 ·· (184)
第四章　广东省重要地质遗迹形成演化 ··· (189)
　　第一节　丹霞地貌 ·· (190)
　　第二节　类张家界碎屑岩地貌 ··· (207)
　　第三节　湖光岩玛珥湖 ·· (213)
第五章　广东省重要地质遗迹评价 ·· (215)
　　第一节　评价内容 ·· (216)
　　第二节　评价标准 ·· (216)
　　第三节　评价方法 ·· (220)
　　第四节　评价结果 ·· (221)
第六章　广东省地质遗迹自然区划与保护规划 ··· (225)
　　第一节　地质遗迹自然区划 ·· (226)
　　第二节　地质遗迹保护规划 ·· (232)
主要参考文献 ·· (242)
附　　表　广东省重要地质遗迹名录 ··· (247)

第一章 区域背景
QUYU BEIJING

第一节　地理概况

一、地理位置、行政区划及交通

广东省地处中国大陆最南部，全域范围 N20°13′—25°31′，E109°39′—117°19′。东邻福建省，西连广西壮族自治区，北接江西省、湖南省，南临南海。珠江口东、西两侧分别为香港特别行政区和澳门特别行政区；西南部雷州半岛隔琼州海峡与海南省相望。陆地最东端至饶平县大埕镇，最西端至廉江市高桥镇，东西跨度约 800 km。最北端至乐昌市白石镇，最南端至徐闻县角尾镇，南北跨度约 600 km。北回归线从南澳—从化—封开一线横贯广东。

据 2016 年度调查统计，全省陆地面积 $17.97×10^4$ km^2，约占全国陆地面积的 1.87%。除大陆外，广东省岛屿面积 1448 km^2，约占全省面积的 0.81%；面积 500 m^2 以上的海岛 759 个，数量仅次于浙江、福建两省，居全国第三位。另有明礁和干出礁 1631 个。广东省大陆海岸线长 3 368.1 km，居全国第一位。按照《联合国海洋公约》关于领海、大陆架及专属经济区归沿岸国家管辖的规定，广东省海域总面积 $41.9×10^4$ km^2。

截至 2016 年末，广东省有 21 个地级市、20 个县级市、34 个县、3 个自治县、64 个市辖区、4 个乡、7 个民族乡、1128 个镇、461 个街道办事处。全省常住人口 10 999 万人，其中男性 5 763.48 万人、女性 5 235.52 万人。各市常住人口统计数据中，广州市常住人口最多，高达 1 404.35 万人；深圳市位居第二，常住人口数量为 1 190.84 万人；佛山市位居第三，常住人口数量为 1 000.73 万人。广州、深圳两个超大城市的常住人口数量增加最多，分别比上年增加 54.24 万人和 52.97 万人，两市人口增量占珠三角常住人口增量的 86.31%（图 1-1）。

广东省交通发达（图 1-2），已形成以广州为中心的陆海空交通运输网络，可联系境内各大城市。京广、武广、广深、广梅汕、京九、黎湛、粤海、梅坎等铁路纵贯或横越广东全境。有广州、深圳、珠海、汕头、湛江、梅州 6 个民用机场，其中广州、深圳机场为国际机场。2018 年港珠澳大桥正式开通，公路基础设施建设取得显著成就。截至 2018 年底，全省公路通车里程达 $21.77×10^4$ km，其中高速公路通车总里程已达 9003 km，连续五年居全国首位。有 14 条国家级高速公路穿越广东省，连接全国各地，省内高速公路有 37 条通往各地级市。经过广东省的国道有 105、106、107、205、206、207、321、323、324、325 共 10 条。内河航运以西江、北江、东江、韩江为主；海洋运输发达，有广州、黄埔、深圳、珠海、汕头、湛江、汕尾等港口，可通航国内主要港口以及 100 多个国家和地区。

第一章 区域背景

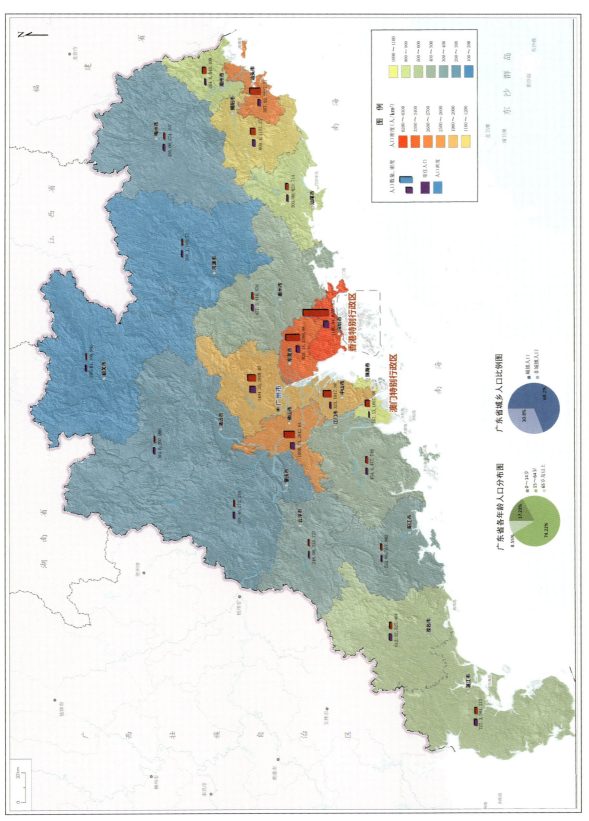

图1-1 广东省行政区划与人口分布图

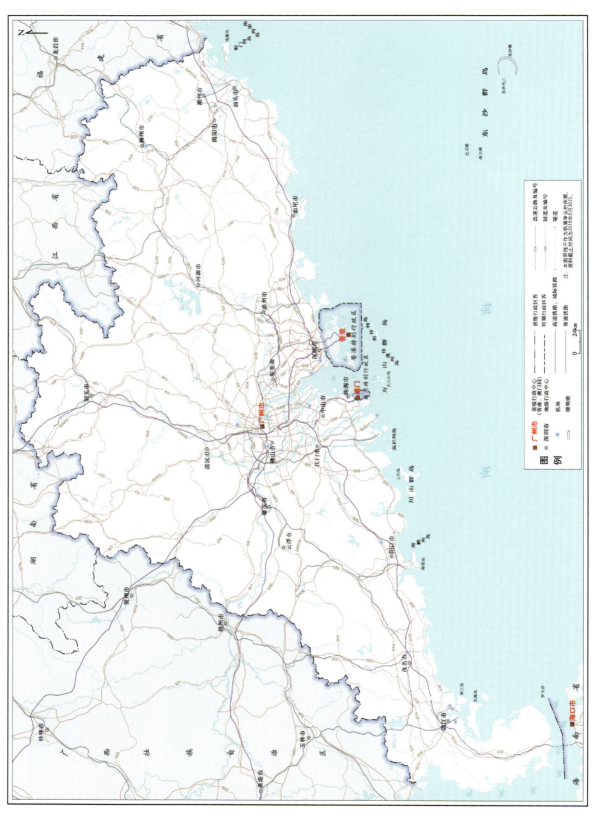

图1-2 广东省交通位置图

二、地形、气候及水文

广东省受地壳运动、岩性、褶皱和断裂构造以及外力作用的综合影响，地貌类型复杂多样，有山地、丘陵、台地和平原，面积分别占广东省土地总面积的33.7%、24.9%、14.2%和21.7%，河流和湖泊等只占广东省土地总面积的5.5%。地势总体北高南低，北部多为山地和高丘陵，最高峰石坑崆海拔1902 m，位于阳山、乳源与湖南省的交界处；南部则为平原和台地（图1-3）。全省山脉大多与地质构造的走向一致，以北东-南西走向占优势，如斜贯粤西、粤中和粤东北的罗平山脉和粤东的莲花山脉；粤北的山脉则多为向南拱出的弧形山脉，此外粤东和粤西有少量北西-南东走向的山脉；山脉之间有大小谷地和盆地分布。平原以珠江三角洲平原最大，潮汕平原次之，此外还有高要、清远、杨村和惠阳等冲积平原。台地以雷州半岛—电白—阳江一带和海丰—潮阳一带分布较多。构成各类地貌的基岩以花岗岩最为普遍，砂岩和变质岩也较多，粤西北还有较大片的灰岩分布，此外局部还有景色奇特的红色岩系地貌，如著名的丹霞山和金鸡岭等；粤北丹霞山和粤西湖光岩先后被评为世界地质公园；沿海数量众多的优质沙滩以及雷州半岛西南岸的珊瑚礁也是十分重要的地貌旅游资源。沿海沿河地区多为第四纪沉积层，是构成耕地资源的物质基础。

广东属于东亚季风区，从北向南分别为中亚热带、南亚热带和热带气候，是全国光、热和水资源最丰富的地区之一。从北向南，年平均日照时数由不足1500 h增加到2300 h以上，年太阳总辐射量在4200～5400 MJ/m^{2}之间。全省平均日照时数为1 745.8 h，年平均气温22.3℃。1月平均气温为16～19℃，7月平均气温为28～29℃。沿海地区年均气温高于北部内陆区，并呈现出越靠北越低的趋势。受季风气候条件的影响，全省具有降雨季节性强、雨日多、雨量大且分布不均等特点，年均降水量1300～2500 mm，降水量的空间分布基本上也呈现南高北低的趋势。降水的年内分配不均，4—9月的汛期降水占全年的80%以上；年际变化也较大，多雨年降水量为少雨年的2倍以上。洪涝和干旱灾害经常发生，台风的影响也较为频繁。春季的低温阴雨、秋季的寒露风、秋末至春初的寒潮和霜冻也是广东多发的灾害性天气。

三、资源物产

1. 土地资源

广东陆地地表形态主要分为山地、丘陵、平原、台地4种类型，地形总体呈北高南低之势。山地丘陵居多，全省海拔500 m以上的山地约占土地总面积的35.3%，其中粤湘交界处的石坑崆为全省第一高峰。海拔在500 m以下的丘陵约占土地总面积的27.4%。草地分布面积较小，约占土地总面积的0.02%；平原分为三角洲平原和河谷冲积平原两种类型，约占土地总面积的23.4%。珠江三角洲平原是广东省最大的三角洲平原，面积1.09×10^4 km^2；其次为潮汕平原，面积4700 km^2。较大的河谷平原有北江的英德平原，东江的惠阳平原，粤东的榕江平原、练江平原，粤中的潭江平原，粤西的鉴江平原和漠阳江平原。珠江三角洲平原土地肥沃，水源充沛，交通便利，经济发达，土地利用水平较高。

2. 水资源

广东省水系发达（图1-4），河网纵横交错，主要为珠江水系。珠江水系由西江、东江、北江和珠江

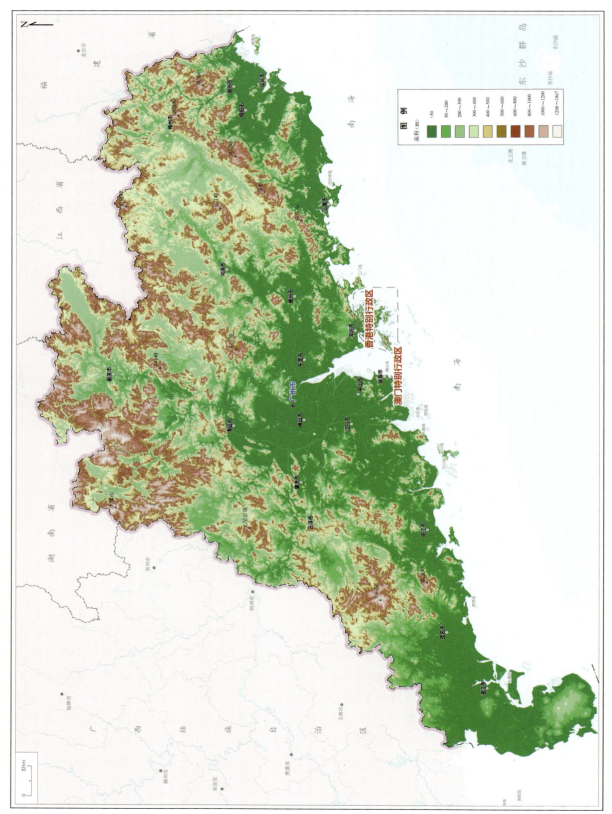

图1-3 广东省地势图

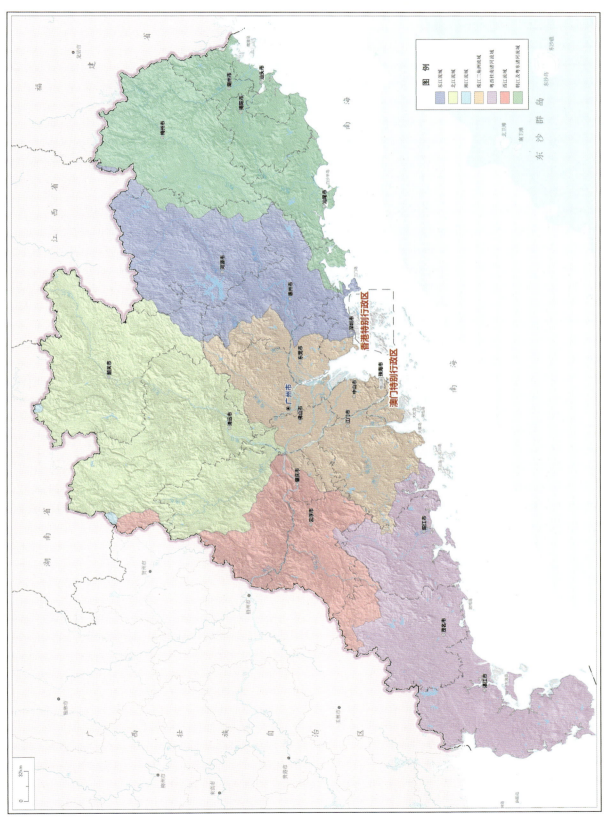

图1-4 广东省水系流域分布图

三角洲河溪等次级水系组成。西江是珠江水系的主干流,发源于云南乌蒙山区,自广西的梧州入粤与东江和北江汇合,横贯广东省中部,而后南折入海。区内除珠江水系外,还有韩江、漠阳江、练江、利江和榕江等水系。广东省集水面积在 100 km² 以上的各级干支流共 542 条(其中,集水面积在 1000 km² 以上的有 62 条)。汇流入海的河流 52 条,较大的有韩江、榕江、漠阳江、鉴江、九洲江等。省际河流 52 条,其中发源于邻省或部分集水面积在邻省的有 44 条,发源于广东省流入邻省的有 8 条。

3. 矿产资源

广东省位于华南三大成矿带之上,矿产资源丰富,种类比较齐全,优势矿种集中度高(图1-5)。截至 2018 年,全省已发现矿产 152 种(亚种),查明资源储量的有 105 种(亚种),其中能源矿产 6 种,黑色金属矿产 4 种,有色金属矿产 11 种,贵金属矿产 2 种,稀有稀土及分散元素矿产 15 种,冶金辅助原料矿产 8 种,化工原料矿产 9 种,建材及其他非金属矿产 46 种,水气矿产 4 种。储量列全国前三位的矿产有高岭土、泥炭、水泥用粗面岩、碲、建筑用花岗岩、油页岩、铋、锗、铊、硒、冰洲石、饰面用大理岩、冶金用脉石英、铅、镉、钛、锆、轻稀土、玉石等。截至 2018 年底,广东省矿产资源储量简表的矿产有 95 个矿种、1926 处矿区。2017 年度开采利用的主要矿产有铜、铅、锌、钨、锡、钼、金、银、稀土、硫铁矿、石膏、灰岩、高岭土、陶瓷土等 30 多种。具有一定规模及优势,在国内占有重要地位的主要矿产有油页岩、铁、铜、铅、锌、钨、金、银、稀土、普通萤石、硫铁矿、水泥用灰岩、高岭土等。

4. 海洋资源

广东省海岸线长,海域辽阔,海洋资源丰富。海洋生物包括海洋动物和植物,共有浮游植物 406 种、浮游动物 416 种、底栖生物 828 种、游泳生物 1297 种。远洋和近海捕捞以及海洋网箱养鱼与沿海养殖的牡蛎、虾类等海洋水产品年产量约 460×10^4 t;可供海水养殖面积 7757 km²,实际海水养殖面积 1949 km²,是全国著名的海洋水产大省。雷州半岛的养殖海水珍珠产量居全国首位。沿海还拥有众多的优良港口资源。广州港、深圳港、汕头港、湛江港成为国内对外交通和贸易的重要通道;大亚湾、大鹏湾、碣石湾、博贺湾及南澳岛等地还有可建大型深水良港的港址。珠江口外海域和北部湾的油气田已打出多口出油井。沿海的风能、潮汐能和波浪能都有一定开发潜力。广东省沿海沙滩众多,气候温暖,红树林分布广、面积大,在大陆最南端的灯楼角有全国唯一的陆缘型珊瑚礁,旅游资源开发潜力大。

四、自然经济

广东省西部、北部和东部中低山及丘陵地区以农业、林业为经济主体,大量工业园区建设使新兴的经济体蓬勃发展。粮食作物以水稻、红薯为主,经济作物有花生、甘蔗、茶叶、麻类、烟叶、木薯、蚕桑、豆类、中药、菠萝等,经济果木有龙眼、荔枝、香蕉、柑橘、橙、李子、栗子、砂糖橘等。珠江三角洲等平原地区主要以水产养殖、花卉园林、果蔬种植为主。工业有森工、建材(陶瓷)、化工、冶金、机械、电力、家电、家具等。

广东是中国改革开放的前沿。广东大力发展开放型经济,坚持科学发展观,以信息化带动工业化,促进了经济繁荣,社会各项事业蒸蒸日上。国民经济持续、快速、健康发展,综合经济实力连续多年居全国前列,生产总值、社会消费品零售总额、工业增加值、居民储蓄存款、税收、财政收入、全社会固定资产投资额、货运量、科技发明专利申请量等重要经济指标均居全国第一。

第一章 区域背景

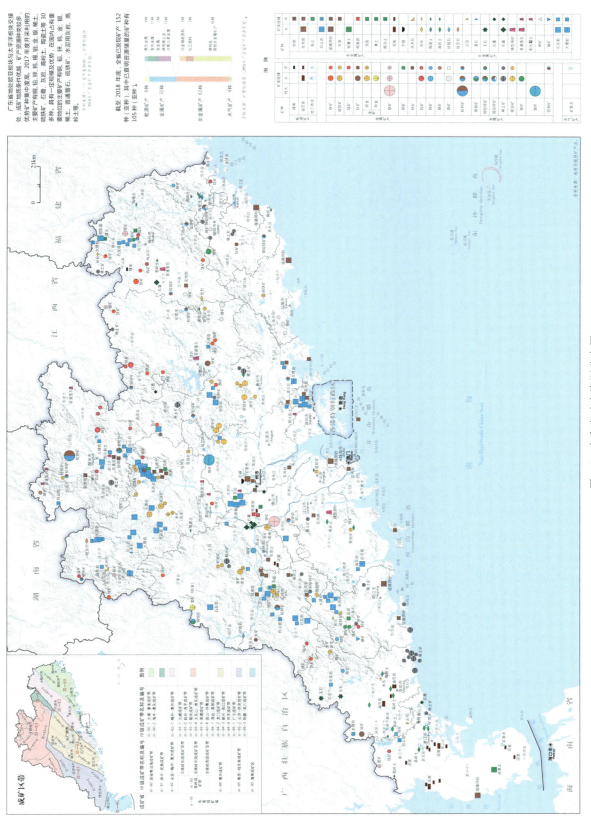

图1-5 广东省矿产资源分布图

改革开放 40 年来，广东省生产总值年均增长 13.6%，经济总量超过"亚洲四小龙"中的中国香港和中国台湾及新加坡。连续多年保持全国第一经济大省的地位，创造了"世界走一步，广东跨四步"的发展奇迹。2018 年广东省生产总值达 9.73 万亿元人民币，稳居全国第一。

第二节 区域地质概况

广东省地处我国大陆最南部，地质构造上属华夏造山系一级构造单元。省内地层发育较全，自新元古界至第四系均有出露，占广东陆地总面积的 65%；省内经历了多旋回、多期次岩浆活动，以燕山期规模最为宏大，岩浆岩出露面积最广，其次为晋宁期及加里东期，而喜马拉雅期则零星分布。侵入岩以花岗岩类岩石为主，总面积超 60 000 km²，占全省岩浆岩面积的 80%。火山岩划分为晋宁期、加里东期、海西-印支期、燕山期及喜马拉雅期 5 个火山作用旋回，以燕山期最为发育，主要见于东南沿海。省内自元古宙以来，多期构造运动叠加形成了深层变质基底和浅部沉积盖层，浅部构造以变形挤压褶皱和脆性断裂、脆-韧性断裂及推覆、滑脱构造为特征。北东向和北西向构造带最为发育，构成了省内基本构造格架（图 1-6）。

一、地层

广东省地层发育，类型繁杂。中元古代地层为一套变形变质作用较强的变质岩系，是广东最老的地层；新元古代地层主要为浅变质类复理石建造，局部为浅变质火山岩系；早古生代地层为一套具类复理石细碎屑岩和泥质岩组成的浅变质岩系；晚古生代地层以海相陆源碎屑沉积岩系为主，碳酸盐岩系为次；中生代地层为一套海相、海陆交互相、陆相陆源碎屑沉积岩系和火山喷发-沉积岩系，局部见有盆内碳酸盐岩，其中早侏罗世地层以碎屑岩为主，是中国侏罗纪三大海相地层分布区之一；新生代古近纪至新近纪地层为一套陆相红色碎屑沉积岩系，夹陆相灰色碎屑沉积岩系和陆相火山岩系；第四纪地层在西江、北江、东江和韩江流域为一套陆相碎屑沉积，在珠江三角洲、韩江三角洲和沿海地区为一套陆相、过渡相、海相碎屑交互沉积，局部夹火山碎屑岩。按岩石地层划分原则，将广东省岩石地层划分为 10 个（岩）群级、146 个组级岩石地层单位、1 个非正式地层单位。

由于广东省岩浆活动强烈，地质构造复杂，导致地层的分布很不完整、支离破碎，地层分布的面积大约为 99 049 km²，其中基岩面积 65 654 km²，第四系面积 33 395 km²，约占广东省陆地面积的 55.1%。

与广东省重要地质遗迹有关的地层主要为碎屑岩和碳酸盐岩，下面主要介绍重要地层的基本特征。

1. 碎屑岩

广东省碎屑岩地貌主要为丹霞地貌和砂岩地貌，丹霞地貌发育的物质基础为晚白垩世—古近纪红层丹霞组。砂岩地貌发育的物质基础是泥盆系老虎头组。

（1）丹霞组（$K_2d/K_2E_1d/E_1d$）源于冯景兰（1928）以仁化丹霞山剖面命名的丹霞层，指仁化丹霞山和南雄苍石寨、杨历岩、大坌岭等地的一套较粗的岩系。岩性由砾岩、砂砾岩、长石石英砂岩组成，以

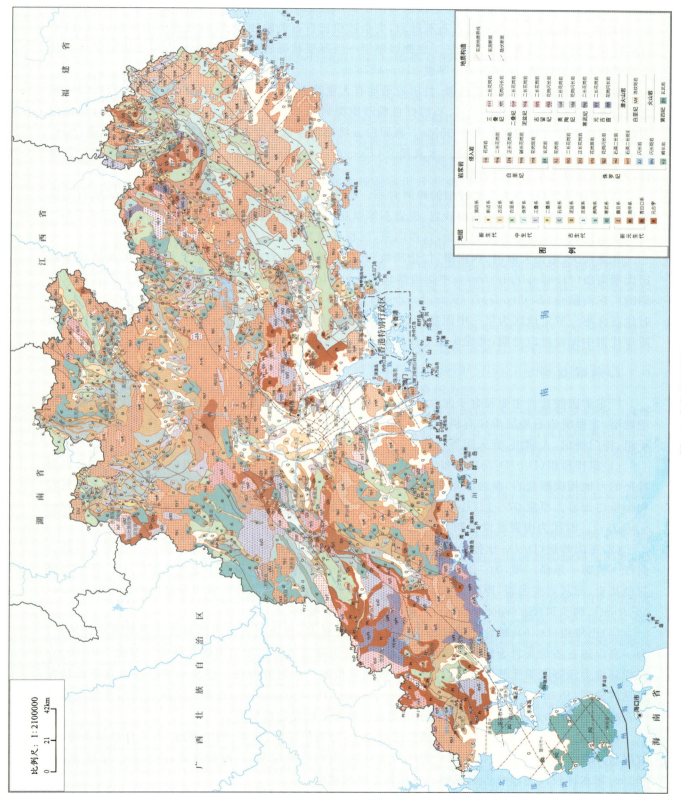

图1-6 广东省地质图

白湖船山组下部含晚石炭世蜓类：肥麦蜓（*Triticites obesus*）、简单麦蜓（*Triticites simplex*）；上部含 *Sphaeroschwagerina vulgaris-Pseudoschwagerina fusiformis* 带之上的 *Pseudoschwagerina moelleri* 带的缪勒氏假希瓦格蜓（*Pseudoschwagerina moelleri*）。时代为晚石炭世（广州地区）或晚石炭世—早二叠世（连县地区、梅州地区）。

以上碳酸盐岩是发育岩溶地貌的物质基础，其中阳春凌霄岩、阳山岩溶地貌均为国家地质公园；同时也是岩溶地面塌陷地质灾害发育的物质基础，如南海黄岐-广州金沙洲地面塌陷等。

二、岩石

1. 侵入岩

广东省地处东南沿海大陆边缘，地质构造复杂多样。在漫长的地质发展历史中，经历了多次强烈的地壳运动和断裂构造运动，各主要构造期均伴有规模不等的岩浆侵入活动，形成了遍布全省的不同类型、大小不一的侵入体，并显示多期活动的特征。分布的面积大约为 60 090 km^2，约占广东省陆地面积的 33.4%。

在空间上，侵入岩明显受区域断裂构造制约。在时间上，岩浆侵入活动始于中元古代长城纪（或更早），经历了新元古代、古生代、中生代直至第四纪仍有岩浆侵入活动。在规模上，侵入岩以燕山期最为宏大，出露面积最广，几乎遍及全省；其次为晋宁期及加里东期；喜马拉雅期活动规模最小，零星分布。在分布上，前加里期侵入岩主要产于粤西、粤中广-博、粤东北兴梅三大"混合田区"及其附近。加里东期及印支期侵入岩主要分布在粤西、粤北及粤中。燕山期侵入岩分布广泛、遍及全省，但从早至晚有从粤西北向粤东南沿海迁移变新的趋势。

燕山期侵入岩主要为中酸性花岗岩，岩性以二长花岗岩为主，呈似斑状结构、花岗结构、块状构造，风化作用较强，是构成广东省地质地貌的主要物质基础，如广东第一峰、广东四大名山之一的罗浮山和南昆山等。

2. 火山岩

广东火山岩发育，分布的面积大约为 9838 km^2，约占广东省陆地面积的 5.5%。

广东自中元古代至第四纪均有火山活动，共有 51 个含火山岩地层。火山活动具有多期性和多旋回性，根据火山地层建造、火山作用等特征，结合地壳运动用构造旋回可划分为晋宁、加里东、海西-印支、燕山及喜马拉雅 5 个构造岩浆旋回：晋宁旋回火山岩主要分布于粤西云开和粤西北连山等地区；加里东旋回火山岩主要分布于粤西和粤北，零星见于粤中；海西-印支旋回火山岩不发育，零星分布于粤中、粤东北、粤西北地区；燕山旋回火山岩最为发育，呈面状集中展布于粤东地区，零星分布于粤中、粤北地区；喜马拉雅旋回主要分布于雷州半岛、粤中地区。

广东位于环太平洋火山带西部的外带，中生代以来发生了强烈而频繁的火山活动，形成了一套巨厚的火山岩系，火山活动及其形成的火山构造受区域构造控制明显，具有明显的方向性、分带性。火山构造类型复杂多样，规模大小不一，构成了浙闽粤火山活动带的一部分。根据火山基底的显露程度、区域构造、深部构造、火山岩分布特征、火山作用方式和火山机体形态、大小及其空间分布规律，将火山构造划分为 5 个级别。火山构造类型多，主要有穹状火山、层状火山、锥状火山、破火山、盾状火山、复式火山、火山喷发中心及爆发角砾岩筒等。其中燕山期火山岩岩石类型、岩相发育最全，火山喷发类型、火山构造多样，最具典型，分布面积最广，是浙闽粤火山岩带的重要组成部分。

广东火山岩岩石类型繁多，有超基性、基性、中性、中酸性、酸性火山岩及火山碎屑沉积岩等。

岩相发育齐全,亦有火山碎屑流相、降落相、隐爆角砾岩相、侵出相、喷溢相、喷发沉积相及次火山相等。

中新生代火山岩与火山构造是火山岩地质地貌遗迹的主要物质基础,如世界地质公园湖光岩、国家地质公园西樵山、大鹏半岛七娘山等。

3. 变质岩

广东变质岩较发育,分布的面积大约为 6642 km²,约占广东省陆地面积的 3.7%。

广东变质岩变质作用持续时间长,变质类型多样,主要有区域变质、热接触变质、动热变质、动力变质和混合岩化等变质作用,相应地形成区域变质岩、接触变质岩、动热变质岩、动力变质岩和混合岩。

不同时代、不同构造部位的岩石,其变质程度、岩石矿物组合、变形、变质样式及其展布形式均有差异,据此按变质序列划分为晋宁期、加里东期、海西-印支期、燕山期变质岩。其中晋宁期区域变质岩为一套变质程度较高的曾发生过固态流变的变质杂岩,以粤西和粤中地区中、新元古代长城纪—青白口纪岩层经多次构造作用糅合而成的变质核杂岩为代表,可进一步划分片麻岩、变粒岩、片岩和石英岩 4 种岩类。此外还有大理岩类、麻粒岩类和变基性岩类等。

三、地质构造

广东在构造上处于欧亚大陆板块东南缘,濒临太平洋板块,为环太平洋中新生代巨型构造-岩浆带陆缘活动带的一部分,是国内构造-岩浆活动最活跃的地区之一,因而地质上以燕山期中酸—酸性侵入岩、火山岩广泛出露而著称省内外。

近 10 多年来地质构造研究的重大突破,在区域性推覆构造带和伸展构造方面的研究也有较大的进展。现有资料表明,自元古宙以来,广东省内各地质断代的地层、岩石均有出露,但各断代地层、岩石都有不同程度的缺失或剥蚀,且各自的建造、变质变形特征及成矿专属性等都有所差异。这也表明元古宙以来广东地壳运动十分频繁,以至地壳在纵向上,无论是变质基底或是盖层都具有多重结构特征;而表壳构造则以挤压变形褶皱构造带和脆性断裂带、脆-韧性断裂带及推覆、滑脱构造断裂带极其发育为特色,其中北东向和东西向构造带最为醒目,从而构成了广东省内的基本构造格架。

1. 褶皱构造

不同地质发展阶段所形成的褶皱各具特色:加里东期褶皱以紧密线型褶皱为特征;海西-印支期褶皱以箱状、梳状等过渡型褶皱为特征;燕山期褶皱一般形成宽展型褶皱或拱曲。

2. 断裂构造

广东省断裂构造发育(图 1-7)。北东向断裂按规模和切割深度分为深断裂和大断裂。其中北东向深断裂由北西往南东依次为吴川-四会断裂带、恩平-新丰断裂带、河源断裂带、莲花山断裂带、潮州-汕尾断裂带;北东向大断裂由北西往南东依次为郴州-怀集断裂带、罗定-广宁断裂带、信宜-廉江断裂带、贵子弧形断裂带、紫金-博罗断裂带。

北西向大断裂主要发育于粤东和粤中地区,主要有饶平-大埔断裂带、梅州-潮州断裂带、河婆-惠来断裂带、榕江断裂带、沙湾断裂带、西江断裂带、连州-阳山断裂带,是广东省主要活动断层和发震断裂。

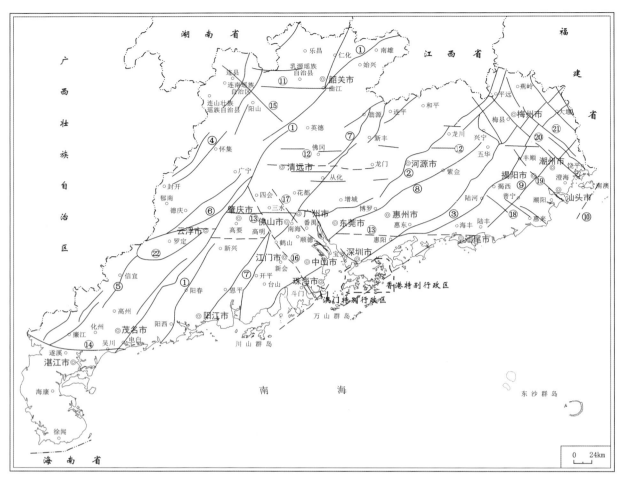

图 1-7 广东省断裂构造分布示意图

① 吴川-四会断裂带；② 河源断裂带；③ 莲花山断裂带；④ 郴州-怀集断裂带；⑤ 信宜-廉江断裂带；⑥ 罗定-广宁断裂带；⑦ 恩平-新丰断裂带；⑧ 紫金-博罗断裂带；⑨ 潮州-汕尾断裂带；⑩ 南澳断裂带；⑪ 贵东断裂带；⑫ 佛冈-丰良断裂带；⑬ 高要-惠来断裂带；⑭ 遂溪断裂带；⑮ 连州-阳山断裂带；⑯ 西江断裂带；⑰ 沙湾断裂带；⑱ 河婆-惠来断裂带；⑲ 榕江断裂带；⑳ 梅州-潮州断裂带；㉑ 饶平-大埔断裂带；㉒ 贵子弧形断裂带

东西向深断裂带主要有佛冈-丰良断裂带和高要-惠来断裂带，为隐伏于基底的断裂。

3. 推覆构造

近年来随着地质工作的深入，在广东省内信宜贵子、怀集桥头、清新新洲、阳山黄坌、仁化鹧鸪石、惠东谭公庙等地发现了一系列逆冲推覆构造，其中贵子弧形逆冲推覆构造带、桥头逆冲推覆构造带、新洲逆冲推覆构造带和黄坌逆冲推覆构造带最为显著。

4. 伸展构造

华南沿海大致平行海岸线发育晚中生代伸展构造体系，由岩浆热隆、变质核杂岩、剥离断层及3个不同层次的剥离层、伸展裂陷盆地构成。

5. 断陷盆地

侏罗纪库拉-太平洋板块向欧亚板块持续快速俯冲，使广东地壳长期处于挤压状态，白垩纪后板块俯冲减缓,导致构造应力松弛,造成沿深、大断裂拉张伸展,形成一系列串珠状分布的白垩纪—古近纪陆相断陷盆地。三水断陷盆地具有陆内裂谷早期阶段的特征。其中断陷盆地内沉积的红色碎屑是形成丹霞地貌的物质基础,火山岩是形成火山地貌的物质基础,广东省的两个世界地质公园均处于这些盆地中,因此具有极其重要的价值。

6. 新构造运动

古近纪以来,广东省处于新构造运动时期。广东新构造运动颇为活跃,以断裂的继承性活动和断块差异运动为基本特征,表现出丰富多彩的活动方式和类型,既有频繁的升降运动,又有水平方向的挤压和走滑;众多的温泉涌出;活动的继承性与新生性相结合,时间上的间歇性和空间上的差异性相交替,断隆山地与断陷盆地相间排列,北东向断裂与北西向断裂、东西向断裂互相交会切割,形成棋盘格状的构造格局和山地、丘陵、盆地多层地形的地貌景观。

新构造运动总的特征表现为南强北弱、沿海强于粤中地区和运动强度自内陆向沿海增大。主要表现形式有断裂活动和断块差异运动、区域性的升降运动、挠曲和拱曲运动、地热与温泉。

新构造运动是形成地质地貌遗迹最重要的外动力条件之一,正因为新构造运动才形成类型多样、丰富的地质地貌遗迹。

第二章 广东省地质遗迹概况

GUANGDONG SHENG DIZHI YIJI GAIKUANG

表 2-2 广东省地质公园一览表

地质公园名称	级别	行政区域	面积（km²）	批准时间
广东丹霞山世界地质公园	世界级	韶关市仁化县	290	2004 年 2 月
雷琼世界地质公园湛江湖光岩园区	世界级	湛江市雷州市	2529	2006 年 9 月
广东阳春凌霄岩国家地质公园	国家级	阳江市阳春市	104.60	2004 年 2 月
广东佛山西樵山国家地质公园	国家级	佛山市南海区	12.65	2004 年 2 月
广东封开国家地质公园	国家级	肇庆市封开县	143.20	2005 年 8 月
广东恩平地热国家地质公园	国家级	江门市恩平市	80.48	2005 年 8 月
广东深圳大鹏半岛国家地质公园	国家级	深圳市大鹏新区	46.07	2005 年 8 月
广东阳山国家地质公园	国家级	清远市阳山县	79.72	2009 年 8 月
广东饶平青岚省级地质公园	省级	潮州市饶平县	17.16	2012 年 8 月
广东乐昌金鸡岭省级地质公园	省级	韶关市乐昌市	11.30	2012 年 8 月
广东平远五指石省级地质公园	省级	梅州市平远县	36.80	2012 年 8 月
广州增城省级地质公园	省级	广州市增城区	78.72	2013 年 6 月
广东南雄恐龙省级地质公园	省级	韶关市南雄市	88.23	2013 年 6 月
广东连平陂头省级地质公园	省级	河源市连平县	33.00	2013 年 6 月
广东英德英西省级地质公园	省级	清远市英德市	24.19	2015 年 8 月
广东中山黄圃省级地质公园	省级	中山市黄圃镇	1.62	2015 年 8 月
广东揭西黄满寨省级地质公园	省级	揭阳市揭西县	29.40	2015 年 8 月

表 2-3 广东省国家矿山公园一栏表

矿山公园名称	矿山类型	主要矿业遗迹保护对象	面积（km²）	批准时间
广东韶关芙蓉山国家矿山公园	煤矿	采煤矿井、石灰岩露天采石场等	21.7	2005 年 8 月
深圳市平湖凤凰山国家矿山公园	石材	芙蓉采石场遗迹	0.88	2005 年 8 月
广东深圳鹏茜国家矿山公园	大理岩	喀斯特地貌、-40 m 井下开采工程	0.53	2005 年 8 月
广东梅州五华白石嶂国家矿山公园	钼、钨矿	矿业遗址、采矿矿井、开采方式	2.00	2010 年 5 月
广东凡口国家矿山公园	铅锌矿	地质矿产、矿产采掘等	4.5	2013 年 1 月
广东大宝山国家矿山公园	铁铜多金属	地质矿产、矿产采掘、矿产选冶等	10	2013 年 1 月
广东茂名国家矿山公园	油页岩	矿产采掘、矿产选冶、生态环境	10.07	2017 年 12 月

第二章 广东省地质遗迹概况

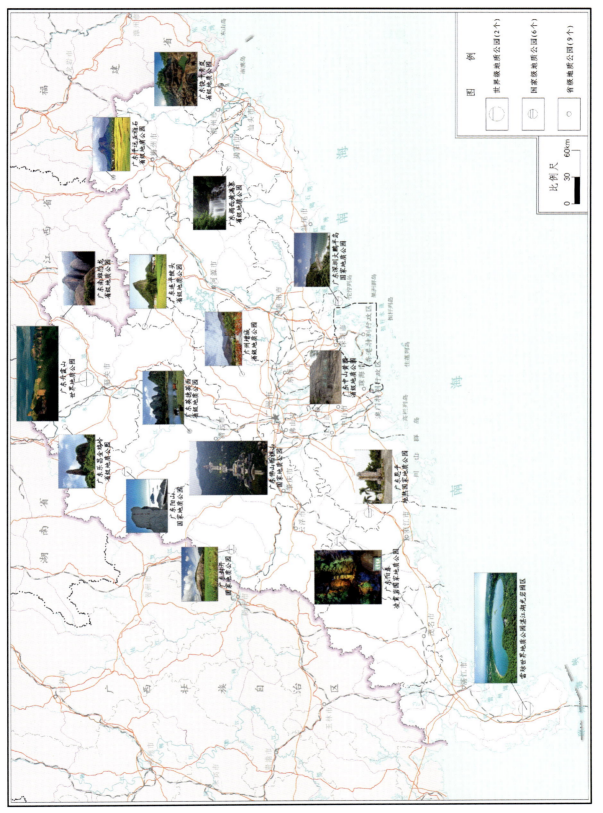

图2-1 广东省地质公园分布图

3. 国家重点保护古生物化石集中产地建设

为贯彻落实《古生物化石保护条例》和《古生物化石保护条例实施办法》，进一步保护好古生物化石这一重要的、不可再生的地质遗迹资源，国土资源部于2013年启动"国家级重点保护古生物化石集中产地"认定工作，同年12月河源化石产地、南雄化石产地被确定为第一批国家重点保护古生物化石集中产地，使省内重要的恐龙（蛋）化石得以重点保护。此外，广东省成立了古生物化石专家委员会，为古生物化石保护管理工作提供技术支撑。

二、地质遗迹保护管理制度基本建立

地质遗迹保护工作被纳入各级地方政府国土资源管理部门的职责范畴，明确了管理职责，省国土资源厅和地方各级国土资源局主管、旅游等职能部门共同参与的地质遗迹管理体制初步形成。

2003年7月25日广东省人大常委会通过并颁布了《广东省地质环境管理条例》，明确任何单位和个人不得破坏地质遗迹，地质遗迹类型自然保护区的设立和管理需按照有关规定执行，地质遗迹参观、旅游活动应按照"积极保护、合理开发"的原则，地质遗迹保护经费要做到专款专用。2010年，为进一步提高认识，高度重视国家级地质遗迹保护工作，切实做好国家级地质遗迹保护项目资金的使用管理工作，省国土资源厅发布了《广东省国土资源厅关于加强矿山地质环境治理和国家级地质遗迹保护项目管理的通知》。2012年省国土资源厅印发了《省级古生物化石保护规划编制指南》，加强对编制《古生物化石保护规划》的宏观指导，增强古生物化石保护能力，提高古生物化石保护管理水平。为及时保护和抢救广东省重要地质遗迹，规范省级地质遗迹保护专项资金的管理，提高资金使用效率，2014年6月广东省财政厅和广东省国土资源厅联合印发了《广东省省级地质遗迹保护专项资金管理办法》，强调专项资金主要用于地质遗迹保护，包括地质遗迹保护工程支出、地质遗迹科普宣传支出、地质遗迹标本收集展示支出和其他相关支出等。

2011年广东省实施了省级地质公园申报建设工作，相继制定并发布了《广东省国土资源厅省级地质公园管理暂行办法》《广东省省级地质公园评审工作制度》《广东省省级地质公园评审标准》和《广东省省级地质公园验收标准》，明确了地质公园的申报流程和评审标准，规范了地质公园的管理。

此外，地方性地质遗迹保护管理也有了长足进展，河源市首部实体法《河源市恐龙地质遗迹保护条例》自2017年3月6日正式施行，进一步规范恐龙地质遗迹保护与管理机制，加大执法力度，坚决查处盗挖和破坏恐龙化石等违法行为。

三、地质遗迹保护存在的主要问题

广东省在地质遗迹保护工作中，取得了诸多重要成果与进展，但地质遗迹类保护区建设仍滞后于全省自然生态等类型自然保护区的建设速度，地质遗迹保护管理工作仍面临以下几个方面的主要问题。

（1）地质遗迹调查程度偏低。全省仅少数地质遗迹进行了详细调查，且调查范围仅限于地质遗迹保护区内；大多数地质遗迹因调查程度偏低，工作精度有限，缺乏系统、完整、翔实的基础资料，难以有效圈定地质遗迹保护范围。

（2）地质遗迹类保护区数量偏少，类型较单一。目前已保护的遗迹类型仅有丹霞地貌、火山地貌、岩溶地貌、恐龙蛋化石、海岸地貌等；地质遗迹类自然保护区数量仅占全省现有自然保护区总数的4%左右；地质公园、矿山公园所保护的地质遗迹数量仅占遗迹总量的14%左右；部分地质遗迹点处在风景名胜区内，未得到明确保护。

（3）地质遗迹价值宣传不够，地质遗迹保护意识不强，未能充分认识保护地质遗迹的重要意义。地方政府存在重开发、轻保护的思想，人为破坏程度严重，一些重要古生物化石遗迹产地和具有重要价值的地质地貌景观遭到了不同程度的破坏。

（4）地质遗迹保护管理专业技术人员缺乏。地质遗迹保护管理工作专业性较强，但绝大多数从业人员并不具备保护管理技术资格，也未经过相应的岗前培训。目前由少量地学专业人员构成的地质遗迹保护管理力量还很薄弱，对地质遗迹的认识和保护意识不强。

（5）保护经费严重不足。地质遗迹类保护区管理机构不完善，保护经费不足，严重制约了地质遗迹保护工作的开展，由于缺乏经费，一批重要的地质遗迹或核心保护对象未能得到保护和开展保护技术研究。

第三节　地质遗迹类型和数量

广东省的地质遗迹资源十分丰富，类型多、分布广、综合价值高。依据《地质遗迹调查规范》（DZ/T 0303—2017），广东省重要地质遗迹按类型划分为基础地质、地貌景观、地质灾害三大类，进一步划分为地层剖面、岩石剖面、构造剖面、重要化石产地、重要岩矿石产地、岩土体地貌、水体地貌、火山地貌、海岸地貌、构造地貌、地震遗迹和其他地质灾害遗迹12类28亚类。重要地质遗迹共161处，其中基础地质大类共80处，包括地层剖面16处，岩石剖面15处，构造剖面9处，重要化石产地19处，重要岩矿石产地21处；地貌景观大类共76处，包括岩土体地貌30处，水体地貌18处，火山地貌8处，海岸地貌17处，构造地貌3处；地质灾害大类5处，包括地震遗迹1处，其他地质灾害遗迹4处。

广东省重要地质遗迹类型详见表2-4。

表2-4　广东省重要地质遗迹类型一览表

大类	类	亚类	数量（处）	地质遗迹点
基础地质大类	地层剖面	层型（典型剖面）	16	乐昌大赛坝组剖面、乳源桂头杨溪组—老虎头组剖面、仁化丹霞山丹霞组剖面、南雄主田南雄群剖面、南雄罗佛寨群剖面、曲江下黄坑组剖面、曲江大塘曲江组剖面、曲江马梓坪剖面、曲江长坝组剖面、连州城东连县组剖面、南雄大塘坪岭剖面、连平忠信组剖面、湛江平岭湛江组剖面、阳春春湾组剖面、郁南连滩组剖面、开平金鸡组剖面
	岩石剖面	侵入岩剖面	4	兴宁霞岚基性杂岩体剖面、连州潭岭-保耳垌多期花岗岩剖面、陆河高潭花岗岩剖面、高州新垌紫苏花岗岩剖面
		火山岩剖面	7	仁化沙湾伞洞组火山岩剖面、海丰高基坪群火山岩剖面、梅县嵩灵组火山岩剖面、普宁龙潭坑组火山岩剖面、罗定分界炉下火山岩剖面、湛江湖光岩组火山岩剖面、信宜贵子坑坪火山岩剖面
		变质岩剖面	4	信宜罗罉组变质岩剖面、信宜黄华江云开群变质岩剖面、阳西沙扒变质岩剖面、海丰丁家田变质岩剖面

续表 2-4

大类	类	亚类	数量（处）	地质遗迹点
基础地质大类	构造剖面	断裂	8	南雄苍石寨断裂剖面、曲江将军石断裂剖面、郁南宋桂双凤断裂剖面、阳春合水圳头水库断裂剖面、阳春山坪断裂剖面、鹤山宅梧石门村断裂剖面、高要禄步大车冈断裂剖面、佛山陈村西淋岗断裂剖面
		不整合面	1	乐昌坪石河流阶地
	重要化石产地	古人类化石产地	2	曲江狮子岩古人类、封开河儿口黄岩洞古人类
		古动物化石产地	15	韶关天子岭腕足类化石产地、乐昌西岗寨珊瑚腕足化石产地、乐昌小水组双壳类化石产地、乐昌罗家渡双壳类化石产地、连州月光岭蜒类化石产地、连州其王岭珊瑚化石产地、连州湟白水珊瑚腹足类化石产地、郁南干坑双壳类化石产地、河源丹霞组恐龙动物群、南雄爬行哺乳类化石产地、兴宁四望嶂组双壳类化石产地、蕉岭白湖船山组蜒类化石产地、茂名盆地脊椎动物化石产地、云浮云安三叶虫化石产地、三水盆地脊椎动物化石产地
		古生物群化石产地	2	南澳金鸡组菊石蕨类化石产地、花都华岭古生物化石产地
	重要岩矿石产地	典型矿床类露头	10	连平大顶铁矿产地、梅县玉水铜矿产地、曲江大宝山多金属矿产地、仁化凡口铅锌矿产地、云浮大降坪硫铁矿产地、信宜银岩斑岩锡矿产地、茂名金塘油页岩矿产地、高要河台金矿产地、长坑-富湾金银矿产地、从化亚髻山正长岩矿产地
		典型矿物岩石命名地	3	肇庆广宁玉产地、信宜金垌南方玉产地、肇庆端砚产地
		矿业遗址	8	五华白石嶂钼矿遗址、韶关芙蓉山煤矿遗址、南海西樵山古采石遗址、番禺莲花山古采石遗址、东莞石排燕岭古采石遗址、东莞大岭山采石遗址、深圳鹏茜大理石采矿遗址、深圳凤凰山辉绿岩采矿遗址
地貌景观大类	岩土体地貌	碎屑岩地貌	8	德庆华表石丹霞地貌、封开千层峰碎屑岩地貌、南雄苍石寨丹霞地貌、乐昌金鸡岭丹霞地貌、平远五指石丹霞地貌、平远南台山丹霞地貌、龙川霍山丹霞地貌、仁化丹霞山丹霞地貌
		花岗岩地貌	8	博罗罗浮山花岗岩地貌、龙门南昆山花岗岩地貌、封开大斑石花岗岩地貌、茂名博贺放鸡岛花岗岩地貌、阳山广东第一峰花岗岩地貌、天井山豹纹石花岗岩地貌、南澳叠石岩花岗岩地貌、南澳黄花山花岗岩地貌

续表 2-4

大类	类	亚类	数量（处）	地质遗迹点
地貌景观大类	岩土体地貌	岩溶地貌	14	肇庆怀集桥头燕岩岩溶地貌、肇庆七星岩岩溶地貌、封开莲都龙山峰丛岩溶地貌、云浮蟠龙洞岩溶地貌、春湾凌霄岩岩溶地貌、春湾龙宫岩岩溶地貌、英德通天岩岩溶地貌、连州地下河岩溶地貌、英德英西峰林岩溶地貌、英德宝晶宫岩溶地貌、阳山峰林岩溶地貌、乐昌古佛岩岩溶地貌、乳源通天箩岩溶地貌、连平陂头岩溶地貌
	水体地貌	河流	3	三水河口三江汇流、封开大洲贺江第一湾、饶平青岚溪谷壶穴群
		湖泊、潭	1	从化流溪湖
		瀑布	3	深圳大鹏半岛瀑布、增城派潭白水寨瀑布、揭西黄满寨瀑布群
		泉	11	龙门南昆山温泉、从化流溪河温泉、恩平锦江温泉、恩平金山温泉、恩平帝都温泉、阳西新塘咸水矿温泉、韶关曹溪温泉、南澳宋井、丰顺地热、五华汤湖热矿温泉、阳山龙凤温泉
	火山地貌	火山岩地貌	3	佛山王借岗火山岩地貌、佛山紫洞火山岩地貌、深圳七娘山第一峰
		火山机构	5	深圳七娘山火山机构、南海西樵山天湖火山机构、湛江湖光岩玛珥湖火山机构、雷州平沙玛珥湖火山机构、湛江英利英峰岭火山机构
	海岸地貌	海积地貌	9	深圳金沙湾海滩、深圳大小梅沙海滩、阳江十里银滩、阳江闸坡大角湾海滩、阳西沙扒湾月亮湾海滩、湛江迈陈苞西组海滩岩、饶平海山海滩岩、汕尾遮浪半岛海滩、南澳青澳湾海滩
		海蚀地貌	8	深圳大鹏半岛海蚀地貌、广州七星岗海蚀地貌、番禺莲花山海蚀地貌、佛山南海石碣海蚀地貌、湛江徐闻海蚀地貌、汕尾红海湾海蚀地貌、潮安梅林湖海蚀地貌、中山黄圃海蚀遗迹
	构造地貌	峡谷（断层崖）	3	广州白云山断块山、肇庆鼎湖羚羊峡、乳源大峡谷
地质灾害大类	地震遗迹	地裂缝	1	湛江徐闻地裂缝
	其他地质灾害遗迹	滑坡	1	顺德飞鹅山滑坡
		泥石流	1	清远飞来寺泥石流
		地面塌陷	2	广州金沙洲岩溶地面塌陷、阳春春城岩溶地面塌陷

第三章 广东省重要地质遗迹特征

GUANGDONG SHENG ZHONGYAO DIZHI YIJI TEZHENG

第一节 基础地质大类地质遗迹

广东省内基础地质大类地质遗迹共 80 处,分为 5 类,其中,地层剖面类 16 处;岩石剖面类 15 处,包括侵入岩剖面 4 处、火山岩剖面 7 处、变质岩剖面 4 处;构造剖面类 9 处,包括断裂 8 处、不整合面 1 处;重要化石产地类 19 处,包括古人类化石产地 2 处、古动物化石产地 15 处、古生物群化石产地 2 处;重要岩矿石产地类 21 处,包括典型矿床类露头 10 处、典型矿物岩石命名地 3 处、矿业遗址 8 处。

一、地层剖面

广东省重要地层剖面共 16 处,分别是乐昌大赛坝组剖面、乳源桂头杨溪组—老虎头组剖面、仁化丹霞山丹霞组剖面、南雄主田南雄群剖面、南雄罗佛寨群剖面、曲江下黄坑组剖面、曲江大塘曲江组剖面、曲江马梓坪组剖面、曲江长坝组剖面、连州城东连县组剖面、南雄大塘坪岭剖面、连平忠信组剖面、湛江平岭湛江组剖面、阳春春湾组剖面、郁南连滩组剖面、开平金鸡组剖面。这些剖面是广东省重要层位的层型剖面或典型剖面,对研究广东地层划分与对比有重要的科学价值和意义。

1. 乐昌大赛坝组剖面

大赛坝组系赵汝旋、秦国荣(1988 年)所建,命名剖面即为大赛坝剖面。剖面位于粤北乐昌长坝大赛坝村边公路旁,地理坐标 E 113°24′,N 25°06′。剖面全长约 1 km,总体走向 70°,为大赛坝组(C_1ds)、长坝组(D_3C_1cl)的正层型。

大赛坝组(图 3-1)总厚约 93.7 m,自上而下可分为三段。上段(C_1ds^3)厚约 30 m,其上部为灰黑色富含有机质的泥灰岩、钙质泥岩及白云岩和细晶白云质灰岩,产珊瑚 *Pseudouralinia* sp. 和腕足类 *Rhipidomella michelini*,*Leptagonia analoga*,*Schuchertella gelaohoensis* 等化石。上段的下部为黄绿色泥岩夹淡红色泥岩;中段(C_1ds^2)厚约 26.4 m,其上部为灰色厚层至块状生物屑亮晶—泥晶灰岩,与灰黑色、灰黄色薄层至中层泥晶灰岩互层,其下部为深灰色薄层至中层含内碎屑生物屑亮晶—泥晶灰岩,产珊瑚 *Pseudouralinia* sp.,*Kueichowpora tushanensis* 和牙形刺 *Siphonodella simplex*,*S. obsolete* 等;下段(C_1ds^1)厚约 37.3 m,其上部为黄绿色薄至中层粉砂质泥岩,夹生物屑钙质泥岩,其下部为黄色、灰绿色、浅红色薄层至中层泥质白云母石英粉砂岩,粉砂岩和粉砂质泥岩。该段产植物及孢粉等化石。

大赛坝组(C_1ds)与长坝组(D_3C_1cl)、石磴子组(C_1s)呈整合接触。长坝组厚约 250 m,由灰黑色、灰黄色中层至厚层生物亮晶灰岩组成,夹有灰色薄层泥灰岩和泥晶灰岩。石磴子组上部为灰黑色中厚层至巨厚层泥晶—亮晶生物碎屑灰岩,夹有一些灰色中厚层泥晶灰岩;下部岩性主要为青灰色、棕黄色中厚层灰岩,夹少量泥灰岩。

大赛坝组所含的牙形刺、腕足、珊瑚等化石均表明其地质时代为早石炭世岩关期。大赛坝组的牙形刺化石自下而上包括 *Siphonodella simplex* 带、*S. obosolete-Dinodus fragosus* 组合带和 *S. eury-lobata* 带,相当于国际杜内阶牙形刺标准时带的 *Siphonodella sulcata* 时至 *S. isosticha* 时。大赛坝组下段产有以 *Verrucosisporites nitidus*,*Anapiculatisporites hystricosus* 为代表的孢子组合,大致相当

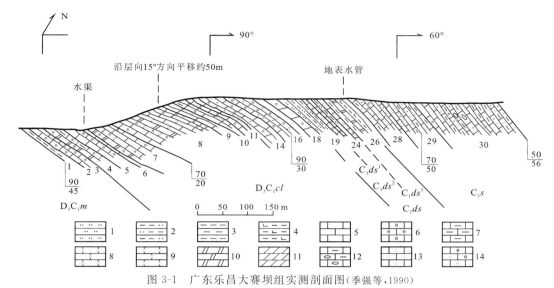

图 3-1 广东乐昌大赛坝组实测剖面图（季强等，1990）

1.粉砂岩；2.粉砂质泥岩；3.泥岩；4.钙质泥岩；5.灰岩；6.生物屑灰岩；7.泥质灰岩；8.泥晶灰岩；9.亮晶灰岩；10.白云岩；11.泥灰岩；12.砾泥灰岩；13.结晶灰岩；14.生物屑亮晶灰岩

于西欧跨越泥盆系—石炭系界线层的孢子Ⅵ带下部。大赛坝组的 *Pseudouralinia* 和 *Keyserlingophyllum* 等珊瑚化石可与英国下石炭统杜内阶亚带进行对比。此剖面古生物化石异常丰富，作为研究广东粤北浅水近岸沉积类型的泥盆系—石炭系界线的层型剖面，具有较高的科学价值。

遗迹评价等级：省级。

2. 乳源桂头杨溪组—老虎头组剖面

该剖面位于乳源瑶族自治县桂头镇西侧约 3 km 的桂头镇—游溪镇公路旁，地理坐标：E 113°23′21″，N 24°56′36″。剖面由广东省地质科学研究所1982年测制，以前为桂头群的正层型，现定义为杨溪组（$D_{1-2}y$）和老虎头组（D_2l）的层型剖面。广东省佛山地质局2013年开展1∶5万桂头幅区域地质调查时重新修测，剖面总长约 600 m，总体方向 90°，岩石露头良好，层序清晰。

乳源桂头杨溪组（$D_{1-2}y$）—老虎头组（D_2l）剖面（图3-2）层序描述如下。

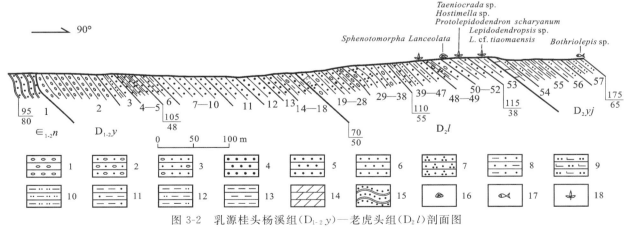

图 3-2 乳源桂头杨溪组（$D_{1-2}y$）—老虎头组（D_2l）剖面图

1.砾岩；2.砂砾岩；3.含砾砂岩；4.粗粒砂岩；5.中粒砂岩；6.细粒砂岩；7.石英砂岩；8.泥质砂岩；9.钙质砂岩；10.泥质粉砂岩；11.砂质泥岩；12.粉砂质泥岩；13.泥岩；14.泥灰岩；15.变质砂岩；16.双壳类化石；17.鱼类化石；18.古植物化石

上覆地层：易家湾组（D_2yj）薄层状泥灰岩与粉砂质泥岩

———————— 整合 ————————

老虎头组（D_2l）　　　　　　　　　　　　　　　　　　　　　总厚度 240.8 m

53. 绿灰色泥质砂岩与砂质泥岩互层，产植物：*Lepidodendropsis* cf. *tiaomaensis*　　13.0 m
52. 紫红色中细粒砂岩、泥质细砂岩夹砂质泥岩，底部含石英砾石　　17.6 m
51. 灰绿色细—中粒砂岩（局部含砾石）夹灰绿色泥质砂岩及砂质泥岩，产植物：
　　Lepidodendropsis arborescens，*Protolepidodendron scharyanum*，*Taeniocrada* sp.，
　　Hostimella sp. 和双壳类等　　1.4 m
50. 紫红色砂质泥岩（中部为灰绿色），产双壳类：*Sphenotomorpha lanceolata*，*Modiomorpha* sp. 等
　　　　8.3 m
49. 灰色厚层状中粗粒石英砂岩，下部含石英质细砂，上部为灰白色中粗粒石英砂岩　　11.8 m
48. 灰色、黄灰色厚层状中细粒石英砂岩，下部砂岩含石英质砾岩，局部为细砾岩　　11.1 m
47. 浅绿色中厚层状中粒砂岩（偶含石英细砂）夹薄层条带状粉砂质泥岩，上部产植物：
　　Lepidodendrosis arborescens，*Protopteridium minutum*，*Protolepidodendron*
　　scharyanum 等　　10.0 m
46. 浅绿灰色（风化为黄色）泥质细粒砂岩，中上部为灰绿色泥岩、粉砂质泥岩　　7.8 m
45. 浅灰绿色粉砂质泥岩与黄、紫、绿灰等色中—细砂岩互层　　4.5 m
44. 浅黄灰色厚层块状中粒砂岩　　3.2 m
43. 浅绿灰色泥质细砂岩与砂质泥岩，下部以砾岩为主，上部以泥岩为主　　2.5 m
42. 紫红色中厚层状泥质粉砂岩夹细粒砂岩　　5.7 m
41. 紫红色中厚层夹薄层细砂岩　　2.0 m
40. 紫红色薄—中厚层状泥质粉砂岩　　6.8 m
39. 浅黄灰色含砾中细粒砂岩　　6.0 m
38. 灰白色含砾粗砂岩，往上变为中粗粒砂岩和含泥质粉—细砂岩　　3.6 m
37. 浅灰白色中层状中粗粒砂岩　　2.4 m
36. 灰白色中厚层状含砾中粒石英砂岩，具有较大的波痕　　8.4 m
35. 浅灰白色厚层状石英砂岩，偶含细砾　　11.6 m
34. 黄色（风化后）含砾粗砂岩　　12.1 m
33. 浅绿灰色中厚层状石英砂岩　　5.0 m
32. 灰白色厚层状含砾粗砂岩　　4.3 m
31. 灰白色具水平层理的石英细粒砂岩　　1.8 m
30. 灰白色含砾中粗粒砂岩，上部含砾较多　　2.4 m
29. 灰白色含砾中粗粒砂岩，上部为厚层状中粒砂岩　　4.8 m
28. 灰白色块状—厚层状含砾粗砂岩，上部含砾增加，顶部为砾岩　　11.6 m
27. 下部为灰白色厚层粗粒砂岩，上部为薄层状泥质中粗粒砂岩　　2.1 m
26. 浅绿灰色、灰白色中薄层状中粒砂岩　　1.7 m
25. 灰绿色、灰白色（风化黄灰色）块状含砾粗砂岩　　9.2 m
24. 灰绿色具水平层理泥质细砂岩　　0.8 m
23. 绿灰色中层状含砾砂岩，顶部夹砾岩　　2.4 m
22. 灰绿色中薄层状泥质粉砂岩与泥岩互层　　2.9 m
21. 灰白色中厚层状石英砂岩，偶见石英细砾　　5.7 m

20. 浅灰白色厚层状石英粗砂岩，局部含有石英砾石　　　　　　　　　　　　　　　　16.3 m
19. 灰白色、紫色铁质石英砂岩及含石英砾石粗砂岩，局部砾岩　　　　　　　　　　　0.7 m

———————————— 老虎头组与杨溪组呈整合接触 ————————————

杨溪组（$D_{1-2}y$）

　　　　　　　　　　　　　　　　　　　　　　　　　　　　　　　　　　总厚度 258.0 m
18. 浅紫灰色、绿灰色中厚层状细粒砂岩　　　　　　　　　　　　　　　　　　　　5.7 m
17. 浅紫色、紫灰色中粗粒（上部中细粒）厚层状砂岩　　　　　　　　　　　　　　3.5 m
16. 紫红色厚层状具大型河流斜层理的细粒砂岩　　　　　　　　　　　　　　　　　2.8 m
15. 紫红色中厚层状局部含细砾的中粒砂岩　　　　　　　　　　　　　　　　　　　4.6 m
14. 紫红色中厚层状含泥质细砂岩，往上粒度变细　　　　　　　　　　　　　　　　8.4 m
13. 紫红色局部含砾中厚层状中粒砂岩　　　　　　　　　　　　　　　　　　　　 15.8 m
12. 紫红色中粒砂岩　　　　　　　　　　　　　　　　　　　　　　　　　　　　 24.0 m
11. 浅紫红色中厚层状中细粒砂岩　　　　　　　　　　　　　　　　　　　　　　 29.0 m
10. 紫红色含褐铁矿斑点中厚层状中粒砂岩，上部粒度变细，渐变为灰绿色　　　　 12.4 m
9. 紫红色含褐铁矿斑点中厚层状中粒砂岩　　　　　　　　　　　　　　　　　　　 3.7 m
8. 紫红色中厚层状含铁质中粒砂岩，上部粒度变细，含铁质减少　　　　　　　　　 7.9 m
7. 紫红色中厚层状中粒砂岩，含星点状褐铁矿　　　　　　　　　　　　　　　　 27.9 m
6. 紫红色含泥质细砂岩　　　　　　　　　　　　　　　　　　　　　　　　　　 11.9 m
5. 浅紫灰色、黄灰色厚层状细砂岩，局部夹灰白色中粒石英砂岩　　　　　　　　　 9.4 m
4. 紫红色中厚层状泥质粉—细砂岩，层理平整　　　　　　　　　　　　　　　　 12.0 m
3. 紫红色中厚层状细—中粒砂岩，下部夹薄层砾岩，中上部夹紫红色泥质粉砂岩　 17.7 m
2. 浅紫红色块状砾岩，砾石成分复杂　　　　　　　　　　　　　　　　　　　　 61.3 m

～～～～～～～～～～～～～～ 不整合 ～～～～～～～～～～～～～～

下伏地层：牛角河组（$\in_{1-2}n$）紫红色、灰绿色含绿帘石变质细粒长石石英砂岩

遗迹评价等级：省级。

3. 仁化丹霞山丹霞组剖面

剖面位于仁化县城南约 8 km，地理坐标：E 113°44′00″，N 25°01′30″。广东省地质矿产局 705 地质大队 1988 年从事 1∶5 万仁化幅区域地质调查时测制，张显球 1992 年报道了丹霞组年代地层和生物地层研究成果（图 3-3），《广东省岩石地层》（1996）定义此剖面为丹霞组的正层型。

冯景兰（1928）以仁化丹霞山剖面命名丹霞层，指仁化丹霞山和南雄苍石寨、杨历岩、大坋岭等地的一套较粗的岩系。广东省地质局 761 地质大队（1959）称丹霞群，郑家坚等（1973）将其修订为丹霞组，广东省地矿局区域地质调查大队在 1∶20 万韶关幅修编再版时（1982）曾测制仁化丹霞山剖面。现在定义的丹霞组为位于长坝组或马梓坪组之上的一套紫红色—砖红色厚—巨厚层状砾岩、砂砾岩、含砾砂岩、不等粒长石石英砂岩，夹杂砂质长石石英粉砂岩、粉砂质泥岩组成的岩层，以平行层理和大型交错层理发育为特征，底部平行不整合在长坝组之上或与马梓坪组呈角度不整合接触。

丹霞山丹霞组剖面分为 11 层，顶底不全，总厚度大于 481.25 m，自上而下分为白寨顶段（11 层）、锦石岩段（10—7 层）和巴寨段（6—1 层）。时代为晚白垩世。

白寨顶段（K_2d^3）

11. 褐红或紫红色厚层状砾岩、砂砾岩，砾径 2～100 mm，砾石多呈棱角状，无定向排列，分选极差，夹数层厚 1～3 m 棕红色、紫红色不等粒长石砂岩，产轮藻。

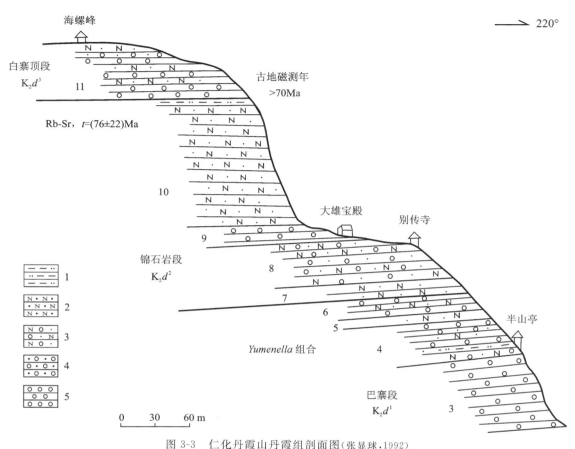

图3-3 仁化丹霞山丹霞组剖面图(张显球,1992)
1.粉砂质泥岩;2.长石砂岩;3.含砾长石砂岩;4.砂砾岩;5.砾岩

锦石岩段(K_2d^2)

10.棕红色、肉红色厚层至块状不等粒长石砂岩,具平行层理和大型板状交错层理,在顶部0.1 m棕红色粉砂质泥岩Rb-Sr法等时线年龄为(76 ± 22)Ma;9.褐红色块状砾岩,层理不发育;8.棕红色厚层状含砾不等粒长石砂岩夹砂砾岩条带,具平行层理和交错层理;7.棕红色厚层状不等粒长石砂岩。

巴寨段(K_2d^1)

6.褐红色砾岩与棕红色长石砂岩互层;5.棕红色厚层状长石砂岩;4.褐红色砾岩与棕红色厚层状砾岩互层,夹0.5m厚的紫红、暗紫、红色含石膏晶粒的粉砂质泥岩。含介形虫、轮藻等;3—1.棕红色砂砾岩、砾岩(未见底)。

据《广东省岩石地层》(1996),南雄盆地上罗田村以南的丹霞组砂砾岩中找到恐龙蛋化石,而村北红色砂砾岩中找到古新世哺乳类化石,说明丹霞组具有明显的穿时性,其总的时限为晚白垩世至古近纪,底部以厚—巨厚层状砾岩和砂砾岩为标志,与下伏地层呈不整合或平行不整合接触,顶界不明。

遗迹评价等级:省级。

4.南雄主田南雄群剖面

该剖面位于南雄城南主田镇,地理坐标:E 114°18′07″,N 25°02′56″。

1928年,冯景兰以南雄盆地为典型地区创名南雄层;1938年,陈国达将南雄层层序确定为下部南雄层,上部丹霞层;1962年,广东省地质局761地质大队在1∶20万南雄幅区域地质调查时,改称南雄群和丹霞群;1962—1974年,中国科学院古脊椎动物与古人类研究所对南雄盆地进行了系统调查和古生物研究,将南雄群下段称南雄组,上段称罗佛寨组,丹霞群改称丹霞组,南雄组依岩性分为3段。

1976年,中国科学院在南雄召开"华南白垩纪—早第三纪红层现场会议",确定该南雄群为我国陆相上白垩统的典型层位,并以大凤至南雄县城剖面为南雄群的标准剖面。

南雄主田大凤南雄群剖面(图3-4)总长约5 km,从南往北测制。张显球(1981)依据岩性组合特征将南雄群(K_2N)自下而上分别命名为大凤段(K_2d)、主田段(K_2z)、浈水段(K_2zs)和坪岭段(未见顶),大凤段以含花岗质砂砾岩与下伏燕山早期斑状花岗岩($\gamma_5^{2(1)}$)呈不整合接触。南雄群总厚度大于1 322.1 m。

坪岭段:16.棕色、暗紫红色粉砂质泥岩夹细粒砂岩,含钙质团块,底部见薄层砾岩;含介形类、轮藻和腹足类,厚50 m。

浈水段(K_2zs):15.棕红色粉砂质泥岩夹含砾不等粒砂岩、砂砾岩;含介形类、腹足类。14.棕红色粉砂质泥岩夹泥质粉砂岩,含砾不等粒砂岩、砂砾岩;含轮藻。13.棕红色粉砂质泥岩夹粉砂岩、砂砾岩;含介形类。12.棕红色粉砂质泥岩与泥质粉砂岩夹含砾不等粒砂岩,含介形类、轮藻、腹足类。该段厚261.4 m。

主田段(K_2z):11.棕红色粉砂质泥岩夹灰绿色泥灰岩;含介形类、轮藻、腹足类。10.棕红色粉砂质泥岩夹灰绿色薄层状钙质泥岩;含介形类、轮藻。9.棕红色粉砂质泥岩夹灰绿色薄层状钙质泥岩;含介形类、轮藻、腹足类。8.棕红色粉砂质泥岩夹灰绿色钙质泥岩薄层或条带;含介形类、轮藻。7.棕红色粉砂质泥岩夹钙质粉砂岩、薄层状钙质泥岩;含介形类、轮藻。6.棕红色粉砂质泥岩夹薄层泥灰岩、钙质粉砂岩;含介形类、轮藻。5.棕红色粉砂质泥岩夹钙质粉砂岩、钙质泥岩薄层或条带;含介形类。4.棕红色粉砂质泥岩夹钙质粉砂岩、灰绿色钙质条带或团块;含介形类、轮藻、腹足类。3.棕红色粉砂质泥岩与钙质粉砂岩互层,夹薄层泥质灰岩、砂砾岩;含钙质条带及团块。该段厚777.1 m。

大凤段(K_2d):2.灰棕色、紫棕色厚层块状砂砾岩;1.棕红色、紫棕色砾岩、砂砾岩夹棕红色泥质粉砂岩、泥质砂岩、粉砂质泥岩薄层条带。该段厚233.6 m。

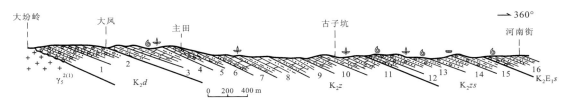

图3-4 南雄主田大凤南雄群剖面图(张显球,1981)

《广东省岩石地层》(1996)重新厘定的南雄群是指位于前白垩纪地层之上、罗佛寨群之下的一套灰棕色、棕红色、砖红色碎屑岩,由砾岩、砂砾岩、含砾砂岩、不等粒砂岩、粉砂岩和粉砂质泥岩组成。南雄群自下而上包括大凤组、主田组和浈水组,其与上覆上湖组呈整合接触,与下伏燕山早期花岗岩呈不整合接触。

南雄盆地南雄群化石丰富,已发现龟鳖、恐龙、蛋化石、腹足类、介形类、轮藻等,可以确认沉积时限为晚白垩世。

遗迹评价等级:省级。

5.南雄罗佛寨群剖面

1963年张玉萍等创建了罗佛寨组,1976年童永生等修订为罗佛寨群。现定义的罗佛寨群(K_2E_1L)指整合或平行不整合于南雄群之上的一套较细的碎屑岩,岩性主要为暗棕色、紫红色、灰绿色粉砂质泥岩夹泥岩,粉砂岩和细砂岩,自下而上可划分为上湖组(E_1s)、浓山组(E_1n)和古城村组(E_2g)。上湖组、浓山组的正层型为郑家坚等(1964)测制的南雄罗佛寨剖面(地理位置:E 114°25′47″,N 25°05′14″);古城村组源自张显球(1982)以南雄坪岭剖面(地理位置:E 114°31′,N 25°15′)创名的古城组。

《广东省区域地质志》(1988)有关南雄盆地上白垩统—古近系划分沿革中采用了张显球(1984)测制的南雄坪岭剖面(图3-5)。剖面位于盆地东北部大塘圩西侧,从上坪岭村北开始,经逆龙巷、古城至真仙岩南,全长约4 km,由南东向北西测制,层序描述如下。

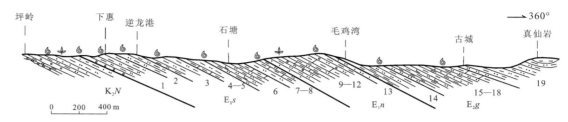

图3-5 南雄罗佛寨群剖面图(张显球,1984)

古城村组(E_2g):20.棕色粉砂质泥岩。19.暗棕色夹灰绿色、灰黄色条带状粉砂质泥岩。18.棕红色泥岩、钙质泥岩,下部夹灰黑色粉砂质泥岩、粉砂岩;富含介形类、蕨类和被子植物孢粉。17.棕红色粉砂岩夹细砂岩条带,中部夹灰黑色泥岩。16.浮土。15.棕红色与灰黑色泥岩夹薄层钙质粉砂岩与细砂岩;含介形类。14.棕红色、灰黑色泥岩夹薄层条带状钙质粉砂岩、细砂岩;含孢粉、腹足和介形类。

浓山组(E_1n):13.暗棕色粉砂质泥岩夹钙质粉砂岩,局部见砾状粗砂岩;含介形类。12.暗棕色粉砂质泥岩夹灰绿色泥灰岩、钙质粉砂岩,底部见砂砾岩透镜体;含介形类、腹足类。11.上部棕色粉砂质泥岩夹薄层钙质粉砂岩,下部见浅灰棕色含砾粗砂岩,以钙质粉砂岩为主。10.以暗棕灰色粉砂质泥岩为主,夹绿色泥灰岩、钙质粉砂岩,底部夹砂砾岩或粗砂岩;含介形类、轮藻。9.暗棕色粉砂质泥岩,含钙质团块,夹钙质粉砂岩;含介形类、轮藻。

上湖组(E_1s):8.棕色粉砂质泥岩夹灰绿色钙质泥岩、泥灰岩;见虫管、藻叠层石、龟类、腹足类、富含介形类、轮藻。7.灰棕色、棕红色含粉砂质泥岩,含钙质团块,夹灰绿色泥灰岩;含介形类。6.上部粉砂岩与钙质粉砂岩;下部浮土覆盖。5.暗棕色粉砂质泥岩;4.上部暗棕色粉砂质泥岩,下部暗棕色泥岩夹钙质泥岩;含介形类、腹足类。3.暗棕色粉砂质泥岩,下部浮土覆盖。2.暗棕色粉砂质泥岩,含钙质团块,中部夹钙质粉砂岩,下部夹钙质粗砂岩;含介形类、轮藻和腹足类。1.按棕色粉砂质泥岩,含钙质团块,夹浅色钙质粉砂岩;含介形类、轮藻。

南雄盆地罗佛寨群古生物繁茂,已发现脊椎动物、腹足类、介形类、轮藻以及孢子花粉等,可以确认沉积时限为古新世—早始新世。

遗迹评价等级:省级。

6.曲江下黄坑组剖面

曲江县黄坑老鼠寨剖面属奥陶系下黄坑组($O_{1-2}xh$)的层型剖面。下黄坑组由广东省地质局761地质大队4分队(1959)创名于曲江县黄坑镇的下黄坑山,代表含阿伦尼格期(Arenigian)燕形对笔石及兰维利期(Lianvirnian)紧密围笔石群的以黑色碳质页岩、硅质页岩为主的地层。另外,南颐(1962)在始兴县沈所镇右拔水(长坑水)建立长坑水组,指始兴花山水库一带含卡拉道克期(Caradocian)纤细丝笔石化石群的一套黑色硅质岩、硅质页岩夹碳质页岩的地层序列。2000年,广东省佛山地质局将长坑水剖面作为下黄坑组的次层型剖面。

因下黄坑组老鼠寨剖面露头不好,长坑水组层型剖面交通不便,广东省佛山地质局在1998—2000年从事1:5万周田、黄坑幅区域地质调查时,选定交通便利的石庄剖面(地理坐标:E 113°49′10″,N 24°56′20″)作为下黄坑组的典型剖面。

该剖面全长约 1.2 km,从南西往北东方向测制,涉及寒武系水石组绢云板岩、水石组砂岩段(石庄砂岩)、奥陶系下黄坑组和半坑组,顶部被白垩系长坝组陆相红盆覆盖。下黄坑组分为 8 层,总厚度 180.79 m,底部与水石组砂岩段(石庄砂岩)整合接触,顶部与半坑组粉砂岩整合接触,岩性以灰黑色薄层状硅质泥岩、硅质板岩、硅质岩为主,夹少量绢云板岩,含大量笔石化石,普遍含同生沉积黄铁矿,反映了当时为深海—半深海封闭的滞流还原环境。

遗迹评价等级:省级。

7. 曲江大塘曲江组剖面

曲江组(C_1q)由宜昌地质矿产研究所广东石炭纪煤组(1979)以曲江县大塘镇黄岭剖面(E 113°42′,N 24°45′)为层型创名,代表粤北韶关一带大塘期晚期沉积。许寿永等(1979)认为,在曲江大塘向斜的黄岭及松山下等地以往所称的"梓门桥段"均与湘中的梓门桥组不尽相同,为避免混乱,建议采用曲江组一名。《广东省区域地质志》(1988)及《广东省岩石地层单位清理报告》(1990)均使用梓门桥组。《广东省岩石地层》(1996)推荐使用曲江组。

该剖面由宜昌地质矿产研究所 1976 年测制,全长约 500 m,由北西向南东测制,地表风化严重,多由钻孔控制。

剖面(图 3-6)上的曲江组(C_1q)分为 21 层,总厚度 181.6 m。岩性主要为土黄色中—薄层状细粒石英砂岩、石英杂砂岩、灰白色硅质石英砂岩、页岩及碳质页岩,偶夹泥质硅质岩、泥质灰岩等,底以硅质岩的首次出现作为曲江组的底界标志,顶部出现泥灰岩、灰岩。与下伏测水组(C_1c)钙质泥岩和上覆壶天组(C_2P_1h)白云质灰岩呈整合接触。剖面上含植物、腕足类及双壳类等化石,较具代表性的属种有珊瑚 *Arachnolasma sinensis*;腕足类 *Kansuella kansuensis*, *Echinoconchus liangchowensis*;植物化石 *Neuropteris gigantea*。本组与梓门桥组的显著差别是以碎屑岩为主体,常夹硅质岩。沉积时限为早石炭世晚期。

该剖面岩层出露情况不理想,岩石强风化,原剖面多由钻孔控制,岩性与下伏测水组极为相似,难以区分。此剖面的意义主要表现为科学研究方面,可研究这一时期沉积相的变化。

遗迹评价等级:省级。

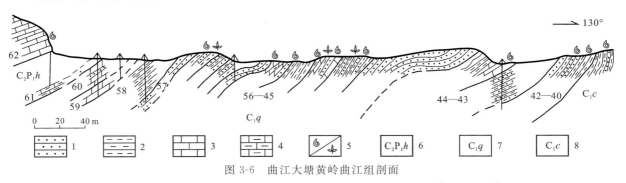

图 3-6 曲江大塘黄岭曲江组剖面

1.砂岩;2.泥岩;3.灰岩;4.泥质灰岩;5.动物化石/植物化石;6.壶天组;7.曲江组;8.测水组

8. 曲江马梓坪组剖面

1959 年广东省地质局 761 地质大队在 1∶20 万韶关幅区域地质调查中测制曲江马梓坪剖面,命名马梓坪群。1982 年广东省区域地质调查大队在 1∶20 万韶关幅修编再版时重测马梓坪谭屋剖面;广东省地质矿产局 705 地质大队 1988 年从事 1∶5 万仁化幅区域地质调查时再次重测此剖面(地理坐标:E 113°31′,N 25°07′),张显球于 1992 年将马梓坪群修订为马梓坪组,《广东省岩石地层》(1996)指定该剖面下部的火山岩划归伞洞组(K_1s),上部碎屑岩为马梓坪组(K_1m)正层型。马梓坪组为整合于伞洞组（K_1s）之上的一套杂色碎屑岩，由暗紫红色砂岩，粉砂岩和浅黄色、黄绿色、灰绿色、灰黑色泥岩组成，以岩性较细、泥岩发育、颜色带黄绿色和灰绿色为主要特征。

马梓坪剖面全长约1.3 km（图3-7），从北东往南西方向测制。层序描述如下。

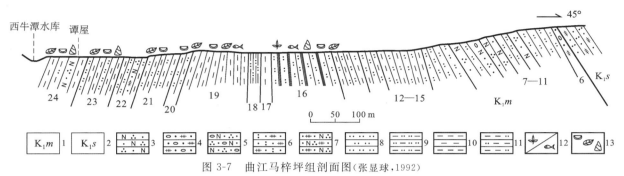

图3-7 曲江马梓坪组剖面图（张显球，1992）

1.马梓坪组；2.伞洞组；3.细粒长石石英砂岩；4.粗粒含砾杂砂岩；5.含砾长石石英砂岩；6.杂粉砂岩；7.长石石英杂砂岩；8.粉砂岩；9.泥质粉砂岩；10.泥岩；11.粉砂质泥岩；12.植物化石/鱼化石；13.介形虫/叶肢介/轮藻

马梓坪组（K_1m）	未见顶	总厚度大于987.7 m
24.紫红色厚层状泥岩和粉砂质泥岩，下部夹长石石英细砂岩		84.2 m
23.灰紫色、深紫红色厚层状泥岩夹少量粉砂岩		72.3 m
22.浅紫红色粉砂质泥岩夹粉砂岩，底部夹细粒含云母长石石英杂砂岩		44.8 m
21.紫红色泥质粉砂岩夹黄绿色粉砂质泥岩		62.4 m
20.紫红色、浅红色泥质粉砂岩		21.4 m
19.紫红色泥岩		111.6 m
18.浅红黄色粉砂质页岩，页理发育		22.8 m
17.浅红色、浅黄绿色泥岩		20.8 m
16.黄绿色粉砂岩夹灰色、浅紫色页岩		118.7 m
15—12.浅紫红色厚层泥质粉砂岩夹浅黄色、灰色粉砂岩		224.1 m
11—7.浅灰色中细粒长石石英砂岩夹粉砂岩、含砾长石石英砂岩		188.3 m
6.黄色粗粒至含砾杂砂岩夹粉砂岩		16.3 m

———— 整合 ————

下伏地层：伞洞组（K_1s）灰白色、灰紫色厚层状含凝灰质杂粉砂岩

马梓坪组化石丰富，含介形虫 *Darwinula contracta*、叶肢介 *Orthestheria wangzhuangensis*，*Halysestheria guangtongensis* 及轮藻 *Maedlerisphaera* sp. 等，其沉积时限为早白垩世。

遗迹评价等级：省级

9. 曲江长坝组剖面

曲江长坝组剖面位于韶关市东北约10 km韶赣公路边，地理坐标：E 113°42′，N 24°50′。剖面起于黄塘村东，向北西经老岭下东、土管冲西、长坝鸡场至浈江北岸止，全长约6.5 km。1988年广东省地质矿产局705地质大队测制并建立了长坝组（$K_{1-2}c$）层型岩石地层单位，张显球1992年开展了长坝组年代地层学和生物地层对比研究（图3-8）。现在定义的长坝组指丹霞盆地和星子盆地中不整合于下伏基岩之上的一套山麓-湖泊相沉积的红色类磨拉石建造。过去统称为"南雄群"，它与南雄盆地原南雄群的化石组合面貌无法对比，层位偏低，时代较早，岩性组合也有所不同，故建此长坝组。

长坝组($K_{1-2}c$)厚达 2000 m,划分 4 个岩性段。第一段($K_{1-2}c^1$):棕红色厚层中粗粒砂岩与褐红色砾岩互层。第一段下部多被稻田和浮土覆盖,仅出露少量棕红色细砂岩;中部为紫红色、棕红色砾岩;上部以棕红色砾岩为主夹棕红色砂砾岩、含砾中砂岩。厚度大于 483.22 m。第二段($K_{1-2}c^2$)下部以紫红色泥质铁质粉砂岩为主;中部为紫红色钙质粉砂岩夹少量含砾细砂岩,局部可见钙质结核;上部紫红色泥质粉砂岩夹少量粗砂岩。该段棕红色泥质粉砂岩含微体化石,经鉴定有大量介形虫,种类多,主要有蒙古介、圆形蒙古介、普通女星介、安乡女星介、柔星女星介等。厚度 1 001.06 m。第三段($K_{1-2}c^3$)以褐红色砾岩为主,夹褐红色含砾砂岩、细砂岩,厚度 341.93 m。第四段($K_{1-2}c^4$)主要为一套紫红色泥质粉砂岩,厚度 624.69 m。

长坝组($K_{1-2}c$)与上覆丹霞组(K_2d)中粗粒砂岩、砾岩、砂砾岩呈整合接触,与下伏测水组(C_1c)石英砂岩呈不整合接触。长坝组整体为湖相沉积,由下到上可分为"粗—细—粗—细"的两个明显沉积旋回,每个旋回底部较粗的碎屑物组成可以反映出盆地发展过程中多次充填冲积扇、河道淤积特点,盆地形成早期,底部有火山活动,形成以玄武质、流纹质凝灰岩为主的火山沉积岩,往上盆地有含钙质层、泥灰岩或砂屑灰岩的沉积,至盆地演化的晚期,其上部沉积为含膏盐的较细碎屑岩。根据介形虫组合推定其时代属早白垩世晚期—晚白垩世早期。

遗迹评价等级:省级。

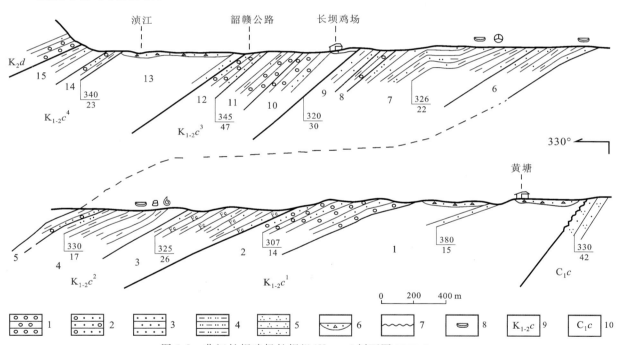

图 3-8 曲江长坝鸡场长坝组($K_{1-2}c$)剖面图(张显球,1992)
1.砾岩;2.含砾砂岩;3.砂岩;4.泥质粉砂岩;5.石英砂岩;6.角砾;
7.不整合接触;8.介形虫;9.长坝组;10.测水组

10. 连州城东连县组剖面

连县组(C_1l)剖面位于连州市东约 10 km 的城东半岭村,地理坐标:E 112°17′,N 24°43′,由吴望始等 1980 年测制修订,指一套深灰色中厚层状白云质灰岩与白云岩。现定义的连县组为整合于石磴子组与长垯组之间的一套灰色、深灰色、灰黑色中厚层—厚层状白云质灰岩和白云岩,中部夹薄层状灰黑色泥质灰岩,层面常夹灰黑色泥岩或碳质泥岩,底界止于豹皮状泥质灰岩和疙瘩状灰岩的出现。

剖面长约 2550 m,连县组分为 6 个岩性段,总厚度大于 403.29 m,普遍含珊瑚 *Psendouralinia* 及

腕足类 *Eochoristites neipengtaiensis* 等,其沉积时限为早石炭世早期。层序描述如下。

上覆地层:石磴子组(C_1s)中厚层深灰色灰岩

──────── 整合 ────────

连县组(C_1l)　　　　　　　　　　　　　　　　　　　　　　　总厚度大于 403.29 m

6. 灰色中厚层白云质灰岩,细粒结晶,风化面灰黑色　　　　　　　　　　5.0 m

5. 中厚—厚层白云质灰岩,中粒结晶,风化面深灰色,刀砍状,含珊瑚 *Syringopora* sp.,
   Lophophyllum sp.,*Kueichowpora* sp.　　　　　　　　　　　　172.24 m

4. 中厚—厚层白云质灰岩夹灰岩团块,含丰富大型珊瑚 *Psendouralinia gigantea*　37.40 m

3. 薄—中厚层泥质灰岩,含燧石结核或燧石小块,层间夹灰黑色碳质泥岩,含小型单体
   珊瑚 *Koninckophyllum* sp.,*Cyathaxonia* sp.;腕足类 *Fusella* sp.　　58.35 m

2. 深灰色中厚—厚层白云质灰岩和白云岩,细—中粒结晶,局部含灰岩团块(呈假角砾
   状),风化面黑色,含少量珊瑚 *Syringopora* sp.　　　　　　　　　　52.90 m

1. 深灰色中厚—厚层白云质灰岩和白云岩,细—中粒结晶,风化面灰黑色,白云岩中含
   珊瑚 *Syringopora* sp.(未见底)　　　　　　　　　　　　　　　　77.40 m

遗迹评价等级:省级。

11. 南雄大塘坪岭剖面

大塘坪岭剖面位于南雄市东北约 25 km 的大塘镇(现称油山镇)约 2 km,地理坐标:E 114°30′,N 25°15′,是我国目前研究程度最高的一条白垩系—古近系(K—E)界面剖面。1970 年广东省地质矿产局 706 地质大队发现大塘坪岭,之后童南生、陈丕基、赵资奎以及国内外科学考察队开展了详细的调查研究。剖面(图 3-9)从杨梅坑村北小水沟主田组上部测起,向北至逆龙坑村西上湖组中部止,全长 2300 m,地层厚度近 700 m。大塘剖面沉积物纵向变化是下部细、中部粗、上部又变细,三分性明显,按岩性特征划分为 3 个岩组,自上而下分别为上湖组、浈水组和主田组,呈整合接触。

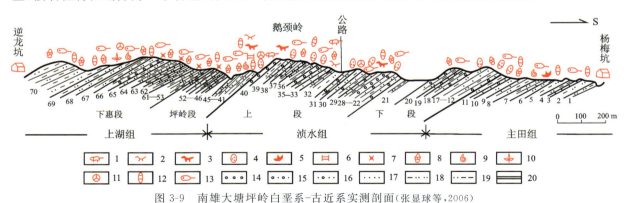

图 3-9　南雄大塘坪岭白垩系-古近系实测剖面(张显球等,2006)

1.龟鳖类;2.蜥蜴类;3.恐龙类;4.恐龙蛋;5.恐龙足迹;6.哺乳类;7.阶齿兽;8.腹足类;9.叶肢介;10.轮藻;11.孢粉;
12.双壳类;13.介形虫;14.砾石;15.砂砾岩;16.含砾砂岩;17.砂岩;18.泥质粉砂岩;19.粉砂质泥岩;20.页岩

上湖组:包括 41—70 层,划分出坪岭段和下惠段,为一套暗紫色、深褐色富含钙质结核的泥质粉砂岩和粉砂质泥岩,夹薄层状、透镜状含砾砂岩、粗—中粒砂岩,局部夹灰绿色薄层状泥岩或页岩,富含介形虫、轮藻等微体化石,还产哺乳类、龟鳖类、鳄类、叶肢介、瓣鳃类、腹足类及孢粉化石。未见顶,厚 288.3 m。

浈水组:包括 12—40 层,可分为上下两段,以粗碎屑岩发育不同于上覆上湖组和下伏主田组,由

灰紫色砂砾岩,含砾粗砂岩,中粗粒砂岩与红褐色、棕红色粉砂岩,粉砂质泥岩互层,富含恐龙及恐龙蛋化石,还产有蜥蜴类、龟鳖类、介形虫、瓣鳃类、腹足类、轮藻及少量孢粉化石。厚295.5 m。

主田组:包括1—11层,主要为一套紫红色、红褐色泥质粉砂岩,粉砂质泥岩,间夹薄层状、条带状细砂岩,砂岩局部含少量砾石,富产介形虫、轮藻等微体化石,并产少量腹足类、叶肢介。未见底,厚度大于105 m。

遗迹评价等级:国家级。

12. 连平忠信组剖面

该剖面位于连平县忠信镇高寨,地理坐标:E 114°47′,N 24°13′,由南颐等在1962年测制,并由南颐、马国干命名于连平忠信组(C_1zx),《广东省岩石地层》(1996)指定此剖面为忠信组的副层型。忠信组原指帽子峰组与黄龙组之间的一套碎屑岩,现定义为大湖组与曲江组之间的一套含煤碎屑岩。

连平县忠信高寨剖面(图3-10)长约1.5 km,由南西向北东测制,下部以灰白色厚层状粗粒石英砂岩为主,夹灰白色砂砾岩及紫红色薄层粉砂岩;中部以灰色、灰黑色含碳粉砂质页岩,铁质粉砂岩,细粒石英砂岩为主,含腕足类及海百合等生物碎屑;中上部夹碳质页岩及劣质煤层;上部由棕黄色石英砂岩、砂砾岩与紫红色含铁泥质粉砂岩组成,出露总厚度大于497 m。未见顶。

忠信组分布于和平-新丰地层小区及梅县地层小区,横向上煤层不连续,纵向上有粗—细—粗的粒度变化。含腕足类 *Marginifera viseeniana*,*Echinoconchus elegans*;珊瑚 *Aulina carinata*,*Arachnolasma sinense*,*A. simplex* 以及植物 *Archaeopteridium-Sphenopteris obtusiloba* 组合带分子和 *Rhodeopteridium hsianghsiangensis* 等;时代为早石炭世维宪期的中晚期。

遗迹评价等级:省级。

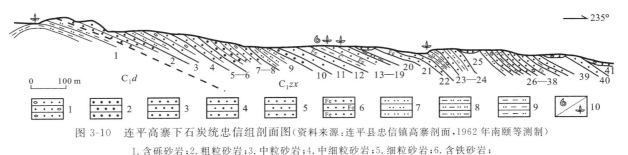

图3-10 连平高寨下石炭统忠信组剖面图(资料来源:连平县忠信镇高寨剖面,1962年南颐等测制)
1.含砾砂岩;2.粗粒砂岩;3.中粒砂岩;4.中细粒砂岩;5.细粒砂岩;6.含铁砂岩;
7.粉砂岩;8.泥质粉砂岩;9.粉砂质泥岩;10.动物/植物化石

13. 湛江平岭湛江组剖面

湛江平岭湛江组剖面地理坐标:E 110°18′,N 21°10′,由广东省地质矿产局水文工程地质一大队1989年进行1:5万湛江城市区域地质调查时测制,以平岭20号湛江组(Qp_1z)实测剖面作为正层型。湛江组指平行不整合覆于望楼港组之上的一套具多个由粗—细韵律结构的砾砂层、砂层、粉砂层及黏土层(局部夹基性火山岩)的地层,与上覆北海组(Qp^2b)砂砾层呈平行不整合接触。

该剖面(图3-11)全长约300 m,由南西往北东方向测制。剖面上湛江组未见底,顶部与上覆地层北海组砂砾层平行不整合接触,分为30层,由深灰色—灰色或黄色黏土、亚黏土与杂色砂层、砂砾层及砾石层组成,以夹铁质胶结层为特征,总厚度大于61.12 m。沉积层中普遍含大量植物碎片和3个杂色黏土夹层;发育各种形态的交错层理和透镜状层理;细粒沉积层中发育水平的互层和韵律层理,局部发育块状层理;沉积物粒度由北西往南东变细,厚度北西往南东增厚。以上特征反映了该剖面属河控三角洲的沉积环境。

该剖面第11层灰色黏土层中采获丰富植物化石,经广东省地质科学研究所张焕新鉴定为:Bauhinia sp.,Diospyrosa sp.,Myrica sp.,Rhus sp.,Salix sp.,Phoebe sp.,Chukrasia subtabularia 等,同层中还发现淡水双壳类和琥珀,确定地质时代属第四纪。结合遂溪县月城镇西综合厂剖面黏土间砂层中获地质年龄910 ka及北海组砂砾层热释光年龄值341 ka,该组覆于新近纪上新世望楼港组之上,伏于北海组砂砾层之下,现暂定为下更新统。

遗迹评价等级:省级。

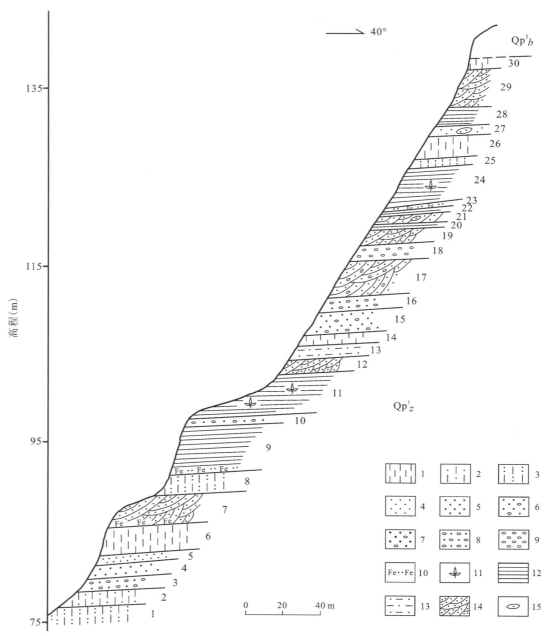

图 3-11 湛江平岭湛江组剖面

1.黏土;2.亚黏土;3.亚砂土;4.细砂;5.中砂;6.含砾中砂;7.含砾粗砂;8.砾砂;9.细砾;10.铁质层;11.植物化石;12.水平层理黏土;13.水平层理亚黏土;14.交错层理砂;15.透镜状层理

14. 阳春春湾组剖面

阳春县春湾组剖面地理坐标：E 112°01′，N 22°02′，由广东省地质局区域地质调查队周国强、陈培权1984年测制命名为"春湾组"，《广东省岩石地层》(1996)定义该剖面为春湾组($D_{2-3}c$)的正层型。春湾组指整合于老虎头组和天子岭组之间的一套以细砂岩为主，夹泥质、钙质泥岩及薄层灰岩的地质体，底部以钙质粉砂岩的消失、紫红色砾岩的出现与老虎头组分界。化石较为丰富，沉积时限为中泥盆世晚期—晚泥盆世。

该剖面(图3-12)测制方向北东30°，全长约2.5 km，其中春湾组顶底齐全，厚度约510.8 m。地层层序描述如下。

上伏地层：天子岭组(D_3t) 灰黑色灰岩

——————— 整 合 ———————

春湾组($D_{2-3}c$)

总厚度510.8 m

6. 土黄色变质粉砂岩，致密坚硬　　　　　　　　　　　　　　　　　　　　　　　　23.7 m
5. 上部土黄色及浅灰色细砂岩夹灰岩，下部紫红色粉砂质页岩夹灰绿色粉砂质页岩
　　及灰黑色生物灰岩。上部产腕足类：*Cyrtospirifer* sp.　　　　　　　　　　　126.5 m
4. 褐黄色、土黄色、灰白色砂岩及粉砂岩与页岩互层，底部页岩产腕足类：*Tenticospirifer* sp.　　　　　　　　　　　　　　　　　　　　　　　　　　　　　　　　150.8 m
3. 紫红色夹灰色钙质砂岩，产腕足类：*Ambocoelliidae*　　　　　　　　　　　　110.0 m
2. 紫红色夹土黄色钙质、泥质粉砂岩，含腹足类、海百合茎、轮藻及鱼类：*Antiarchi*等　99.8 m

——————— 整 合 ———————

下伏地层：老虎头组(D_2l) 紫红色细砂岩

遗迹评价等级：省级。

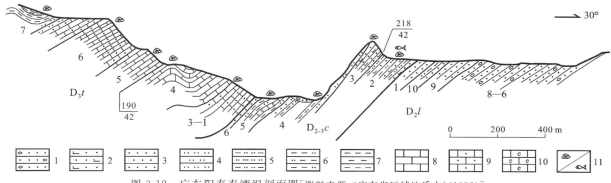

图3-12　广东阳春春湾组剖面图[资料来源:《广东省区域地质志》(1986)]
1.含砾砂岩；2.钙质砂岩；3.细砂岩；4.粉砂岩；5.泥质粉砂岩；6.粉砂质泥岩；7.泥岩；
8.灰岩；9.砂屑灰岩；10.生物碎屑灰岩；11.腕足类/鱼类化石

15. 郁南连滩组剖面

郁南连滩组剖面地理坐标：E 111°43′，N 22°56′，由广东省地质局763地质大队在1960年从事1∶20万罗定幅区域地质调查时测制。《广东省岩石地层》(1996)指定穆恩之1948年测制的连滩大尖山剖面为正层型。后笔者通过资料对比，认为穆恩之测制的剖面不完整，应以1∶20万罗定幅区调时

重测的剖面为保护对象。

连滩组（S_1l）现指整合于古墓组与岭下组之间的一套以含丰富笔石的灰色、灰白色、黄白色条带状页岩为主夹粉砂岩、砂岩的地层序列；下以细粒长石石英砂岩大量出现为古墓组顶界，上以浅灰色千枚岩、泥质粉砂岩大量出现为岭下组底界。地质时代属早志留世。

该剖面沿北西方向测制，从连滩镇至大尖、大尖顶到二尖，全长约 2.4 km。连滩组富含笔石，下部以 *Glyptograptus perstculptus* 为代表的中轴完整、双列胞管笔石大量存在为特征，并开始出现简单管状的 *Pristiograptus atavus*，笔石体直双列的 *Climacograptus* 两枝攀合的 *Orthograptus* 时有出现。向上出现笔石体弯曲、始端胞管孤立、末端胞管呈三角形的 *Demirastrites*，而过渡为早志留世组合特色。中部以胞管孤立与呈三角形的单笔石类大量出现和繁盛为特征，以 *Demirastrites*、*Rastrites*、*Streptograptus*、*Monograptus* 等属为代表。上部以 *Ortavites*、*Stomatograptus*、*Streptograptus*、*Spirograptus*、*Pseudoplegmetograptus* 早志留世组合最为常见，以笔石体平旋和螺旋与胞管体壁退化出现网格为特征。顶部以弓笔石类（*Cyrtograptus*）繁盛为华南地区中志留世早期的特点（于志松等，2017）。

岩层出露良好，连滩组笔石研究程度较高，分为 10 个笔石带，具地质野外观察实习和地质科普教育的意义。此剖面为粤中地区早古生代标准的地层剖面，具较大的科学研究意义。

遗迹评价等级：省级。

16. 开平金鸡组剖面

开平金鸡组剖面地理坐标：E 112°29′，N 22°10′，由广东省地质局 762 地质大队在 1959 年从事 1:20 万开平幅区域地质调查时测制。《广东省岩石地层》（1996）定义该剖面为金鸡组（J_1j）正层型。1959 年孙云铸等曾以开平金鸡剖面创建了金鸡群以代表粤中地区的早侏罗世沉积，岩性由底部硅质角砾岩、含煤砂岩及页岩和中上部的石英砂岩夹泥质碳质页岩组成。1961 年尹赞勋等在金鸡组剖面采到头足类、双壳类共 10 属 15 种，1976 年陈金华等在上述地点又采获大量双壳类，共计 18 属 34 种，认为时代属赫塘晚期—普林斯巴早期。

剖面全长约 600 m，从南西往北东方向测制，分为 22 层（图 3-13）。

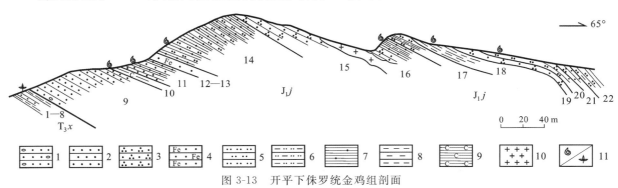

图 3-13 开平下侏罗统金鸡组剖面

1.砾质砂岩；2.砂岩；3.石英砂岩；4.铁质砂岩；5.粉砂岩；6.泥质粉砂岩；7.砂质页岩；8.泥岩；9.炭质页岩；10.花岗岩；11.动物化石/植物化石

小坪组（T_3x）：第 1—8 层，为砾岩、细砂岩、泥岩夹劣质煤，厚 14.1 m。

金鸡组（J_1j）：第 9—22 层，底部以砾岩与下伏小坪组分界，未见顶。金鸡组下部为灰色、深灰色砾状砂岩，含砾砂岩中粗粒砂岩，夹薄层状页岩、碳质页岩、煤线和劣质煤层，表明当时海盆高低不平，海水处于局限流通状况，属于海湾-潟湖沉积，局部发育了泥炭沼泽；中、上部为一套灰色、灰白色碎屑岩，岩性为细粒石英砂岩、粉砂岩、粉砂质泥岩互层，以沉积旋回发育和富含底栖的海生双壳类和浮游的菊石为特征。随着沉积物的填平补齐和海侵加大，海水循环良好，海底位于浪基面附近的陆棚沉积。

开平金鸡剖面作为华南海相下侏罗统金鸡组的标准地点,菊石和双壳类化石异常丰富,其中菊石计有 12 个属 11 个种,主要有平环裸菊石(*Psiloccras planorbis*)、香港菊石(*Hongkongites hongkongensis*)、邦棱肋香港菊石(*Hongkongites*)、邦纳德白羊石(比较种)(*Arietites* cf. *bonnandii*)、乌布托菊石(*Uptonis* sp.),自下而上可分 3 个带,分别是 *Psilocera planorbis* 带、*Arietites semicostatus* 带和 *Uptonia* 带,该剖面上的菊石可与欧洲早侏罗世赫唐期至辛涅缪尔期 *Psiloceras planorbis* 和 *Arietites semicostatus* 菊石对比,在国内极其稀有;双壳类共计有 21 个属 30 个种,主要有沙裂蛤(*Hiatella arenida*),周裂岭(相似种)(*H.* cf. *notuntata*)。

遗迹评价等级:省级。

二、岩石剖面

广东省岩石剖面类地质遗迹共 15 处,其中侵入岩剖面 4 处,分别是兴宁霞岚基性杂岩体剖面、连州潭岭-保耳垌多期花岗岩剖面、陆河高潭花岗岩剖面、高州新垌紫苏花岗岩剖面;火山岩剖面 7 处,分别是仁化沙湾伞洞组火山岩剖面、海丰高基坪群火山岩剖面、梅县嵩灵组火山岩剖面、普宁龙潭坑组火山岩剖面、罗定分界炉下火山岩剖面、湛江湖光岩组火山岩剖面、信宜贵子坑坪火山岩剖面;变质岩剖面 4 处,分别是信宜罗罅组变质岩剖面、信宜黄华江云开群变质岩剖面、阳西沙扒变质岩剖面、海丰丁家田变质岩剖面。

1. 兴宁霞岚基性杂岩体剖面

霞岚杂岩体剖面地理坐标:E $115°40'31''$,N $24°28'39''$。由广东省佛山地质局在 2000 年从事 1∶5 万罗岗、大坪幅区域地质调查时测制。霞岚岩体(图 3-14)位于粤东北兴宁罗岗镇,呈岩盆状出露,平面上呈北北东向条带状展布,中间为温公花岗岩体拦腰切断而分为霞岚、澄清两部分,出露面积 11.85 km^2。岩体层状构造较发育,岩性较杂,以基性—中性岩石为主,少量超基性岩。该岩体发现了规模可观的钒钛磁铁矿床,矿床分为原生矿床和风化壳型矿床两亚类,后者是前者的风化产物。

该剖面全长约 6 km,大致方向从北往南测制。根据广东省地质局 723 地质大队钻探资料,霞岚岩体于霞岚南部侵入壶天组灰岩中,进而发生大理岩化、矽卡岩化。根据野外调查(余心起等,2009),辉长岩与花岗岩之间界线有多种接触方式。辉长岩局部有 20~30 cm 的细粒边,细粒边从辉长岩往花岗岩方向逐渐变细,辉长岩侵入花岗岩中;部分界线则呈港湾状、不规则状,花岗岩具颗粒加粗的细边;与辉长岩的接触带可见花岗岩中大量 3mm 左右的微粒基性岩包体,另可见闪长岩、辉长岩复合包体以及闪长岩、辉长岩等暗色岩浆包体,形态多样、大小不一,直径多为几厘米至几十厘米(图 3-15),与寄主岩也呈截然、模糊或过渡等多种关系。

此前,陈忠权等(2002)测得霞岚杂岩中基性端元 Sm—Nd 等时线年龄(171 ± 14)Ma,Rb-Sr 等时线年龄(178 ± 4)Ma,与霞岚杂岩共生的温公花岗岩体 Rb-Sr 等时线年龄(180 ± 1)Ma;邢光福等(2001)测得霞岚辉长岩全岩+单矿物(辉石+斜长石)Rb-Sr 等时线年龄为(179 ± 4)Ma。而最新的花岗岩与辉长岩 SHRIMP 锆石 U-Pb 年龄为(195 ± 1)Ma 和(196 ± 2)Ma(余心起等,2009),表明花岗岩早于辉长岩的形成,而二者年龄大致相近,进一步表明霞岚杂岩为岩浆混合作用产物,早侏罗世基性岩浆注入引起深部陆壳物质的熔融,并形成了酸性岩浆,然后二者发生混合。霞岚杂岩成岩年代为早侏罗世,显然华南地区早侏罗世并不是无岩浆活动的"宁静期"。

遗迹评价等级:省级。

2. 连州潭岭-保耳垌多期花岗岩剖面

该剖面地理坐标:E $114°22'52''$,N $24°36'06''$,由广东省佛山地质局从事 1∶5 西江、四甲城幅区域

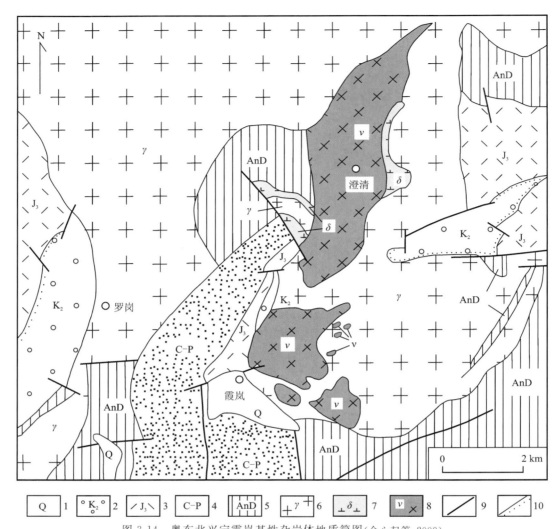

图 3-14　粤东北兴宁霞岚基性杂岩体地质简图（余心起等，2009）
1.第四系；2.上白垩统；3.上侏罗统；4.石炭系—二叠系；5.前泥盆系；6.花岗岩；
7.闪长岩；8.辉长岩；9.断层；10.角度不整合界线

地质调查时测制。剖面大致沿东南方向测制，从潭岭镇经何家岭至保耳垌结束，全长 22 km。剖面上均以中山陡坡地形为主，岩性以酸性花岗岩为主，主要岩性有早侏罗世的中粒斑状黑云母二长花岗岩、中侏罗世的细粒斑状黑云母二长花岗岩和早白垩世的微细粒黑云母二长花岗岩，它们呈岩基、岩株、岩瘤出露，同位素年龄分别是 K-Ar 法测得的 180 Ma、Rb-Sr 法测得的（163±3）Ma 和 K-Ar 法测得的 113Ma。剖面上脉岩较为发育，主要有细粒花岗岩、花岗斑岩、云英岩、伟晶岩、脉石英等，走向多为南北向和东西向，与原生节理的关系密切。一些脉岩的产出与成矿有直接的关系。

早侏罗世的中粒斑状黑云母二长花岗岩颜色呈灰白色、浅肉红色、肉红色，具似斑状结构，块状构造，斑晶主要为钾长石，呈半自形板柱状，见有卡氏双晶，含量约 15%，大小一般介于（0.8~1.0）cm×（1.0~3.0）cm 之间，内部一般包含有细小的长石、黑云母矿物。基质矿物成分主要为钾长石、斜长石、石英和黑云母组成。

中侏罗世的细粒斑状黑云母二长花岗岩颜色呈浅灰黄色、浅肉红色、肉红色，具似斑状结构，块状构造，斑晶成分以钾长石为主，少量的石英，含量为 7%~15%。钾长石斑晶呈自形板状、板柱状，部分具卡氏双晶，常见微纹状钠长石条纹连晶，格子双晶较少见，属微纹长石；石英斑晶呈近圆状，常为单

图 3-15 辉长岩呈角砾状(黑色)分布在花岗岩(白色)体内

晶石英,部分为石英聚晶,个别具熔蚀结构,斑晶大小一般介于(0.5～0.8)cm×(1.0～1.4)cm之间。基质矿物成分主要为钾长石、斜长石、石英和黑云母。

早白垩世的微细粒黑云母二长花岗岩颜色呈浅灰白色、浅灰黄色,岩石为花岗结构、文象结构,块状构造。矿物成分主要由钾长石、斜长石、石英和黑云母组成。岩石中有极少量的钾长石、石英斑晶。

研究该侵入岩剖面,对理解大东山岩体的形成和探索该地区的成矿特征与成矿规律提供了良好的科学指导意义。

遗迹评价等级:省级。

3. 陆河高潭花岗岩剖面

该剖面地理坐标:E 115°25′43″,N 23°17′12″,系广东省区域地质调查队1984年从事1∶5万公平幅、高潭幅区域地质调查时测制。高潭岩体为粤东莲花山构造岩浆岩带的主要岩体之一,呈长条状或不规则椭圆状沿高潭背斜、银瓶山背斜轴部侵入,长轴北东向,构成燕山期北东向花岗岩带的主体。前人在高潭岩体获得的黑云母K-Ar年龄和Rb-Sr等时线年龄值分别为129Ma和(131±0.6)Ma,表明高潭岩体中细粒斑状黑云母二长花岗岩侵入时代为燕山四期(γ_5^{3-1}),属早白垩世早期。

高潭中细粒斑状黑云母二长花岗岩剖面全长约8.3km,从北西往南东方向测制。岩性主要为灰白色中粒斑状黑云母二长花岗岩,局部为细粒斑状黑云母花岗岩。岩石具中粒似斑状花岗结构,块状构造。基质由长英矿物及黑云母组成,极个别点可见少量原生角闪石,矿物粒径2～5mm,黑云母多呈鳞片状集合体不均匀分布。岩石斑晶平均含量为41.96%,成分主要为钾长石,极少量为斜长石和石英。钾长石斑晶呈厚板状,大小一般为1～2cm,最大为3.5～2cm,格子双晶发育,并有溶蚀现象,长石斑晶具有定向分布现象。副矿物有磁铁矿、钛铁矿、磷灰石、褐帘石、钍石、锆石、黄铁矿、辉钼矿等。

遗迹评价等级:省级。

4. 高州新垌紫苏花岗岩剖面

该剖面地理坐标:E111°03′55″,N 21°58′23″,系广东省区域地质调查队1999年从事1∶5万大井镇、高州市、那霍镇幅区域地质调查时测制。

1∶5万那霍镇幅区调将紫苏花岗岩厘定为云炉序列西塘单元,2004年1∶20万阳江幅区域地质调查认为紫苏花岗岩是加里东期变质成因的片麻状花岗岩；陈斌等(1994)对云炉地区的紫苏花岗岩及其中的包体进行了研究,发表《粤西云炉紫苏花岗岩及其麻粒岩包体的主要特点和成因讨论》,提出高州—云炉存在一递变变质带,并报道岩体中有麻粒岩包体出现,认为这种紫苏花岗岩是麻粒岩在水不饱和条件下发生深融作用的结果。广东的紫苏花岗岩有两处,一处位于高州市新垌镇云炉圩附近,另一处位于电白黄岭镇附近。新垌紫苏花岗岩单颗粒锆石U-Pb同位素年龄值为(450±10)Ma、(503±27)Ma、(457±39)Ma,电白黄岭镇北西约3 km附近采集紫苏花岗岩的锆石SHRIMP年龄为(435.9±4.6)Ma,成岩时代均属加里东期。

高州新垌紫苏花岗岩体(图3-16)呈不规则的椭圆状,长轴方向平行区域片麻理,呈北西-南东走向,出露面积11 km²。紫苏花岗岩剖面全长约3.4 km,从南西往北东方向测制。岩性为灰白色片麻状中粒中粗斑状紫苏辉石黑云母二长花岗岩,局部为片麻状中细粒中粗斑状黑云母二长花岗岩。岩石具片麻状构造,似斑状结构、基质花岗结构、半自形—他形粒状结构,局部粒状镶嵌结构。造岩矿物粒径,一般为2～5 cm,部分大于5mm,少数小于2mm。造岩矿物组成：紫苏辉石含量1%～5%,岩石中似斑晶含量为20%～25%,成分为钾长石,呈半自形板状、椭球体状,斑晶具有定向分布,绝大部分与片麻理协调平行,少部分为角度斜交。斑晶大小以30～50 mm为主,少数大于50 mm。基质主要由斜长石、石英、黑云母、紫苏辉石组成,钾长石较少。岩石主要副矿物有石榴石、钛铁矿、锆石、磷灰石。

遗迹评价等级：省级。

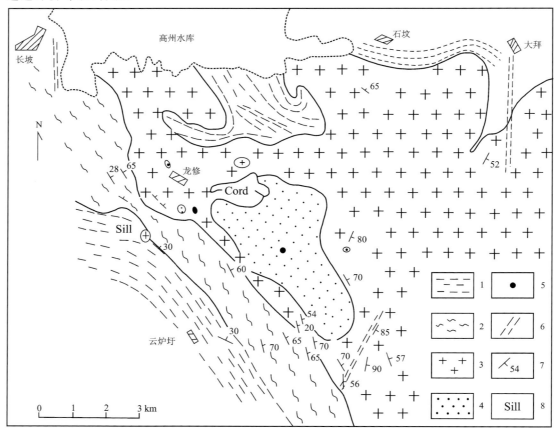

图3-16 高州新垌紫苏花岗岩地质简图(周汉文等,1996)

1.片麻岩；2.混合岩；3.钾长黑云母花岗岩；4.紫苏花岗岩；5.紫苏闪长岩；
6.韧性剪切带；7.片麻理产状；8.矽线石、堇青石出露点

5. 仁化沙湾伞洞组火山岩剖面

该剖面地理坐标：E 113°31′30″，N 25°07′35″，由广东省地质矿产局705地质大队1988年从事1∶5万仁化、梨市幅区域地质调查时测制。《广东省岩石地层》(1996)指定此剖面为伞洞组的正层型。

仁化沙湾剖面(图3-17)全长约200 m，由北东往南西测制。

伞洞组(K_1s)未见底，顶部与马梓坪组(K_1m)碎屑岩呈整合接触，分为9层，总厚度大于93.7 m。伞洞组下部为暗灰—暗灰紫色玄武岩、熔结凝灰岩、岩屑玻屑凝灰岩，上部为沉凝灰岩、凝灰质粉砂岩、凝灰质泥岩。由下而上，火山岩的岩性岩相较明显，由喷溢相→火山碎屑流相→喷发沉积相，前二者厚仅14.6 m，喷发沉积相厚达79.1 m，说明沉积作用占主导，为早期具火山活动的火山湖泊。

该剖面未获化石及同位素年龄等地质年代资料，因上覆的马梓坪组时代为早白垩世，暂定伞洞组时代为早白垩世。

伞洞组主要分布在粤北丹霞盆地周边，是粤北早白垩世早期火山活动的物质表现。

遗迹评价等级：省级。

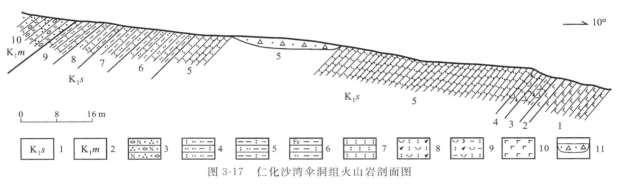

图3-17 仁化沙湾伞洞组火山岩剖面图
1.伞洞组；2.马梓坪组；3.含砾细粒长石石英砂岩；4.凝灰质泥质粉砂岩；5.凝灰质粉砂质泥岩；6.含铁质凝灰质粉砂质泥岩；7.沉凝灰岩；8.流纹质岩屑凝灰岩；9.流纹质岩屑玻屑熔结凝灰岩；10.玄武岩；11.浮土

6. 海丰高基坪群火山岩剖面

该剖面地理坐标：E 114°59′32″，N 22°54′06″，由广东省区域地质调查队1989年从事1∶5万白云、梅陇、海丰、鲘门幅区域地质调查时测制。原高基坪群自下而上划分为热水洞段、水底山段、南山村段和大安洞段。刘建雄等1994年修订高基坪群自下而上为热水洞组、水底山组和南山村组，《广东省岩石地层》(1996)指定此剖面为热水洞组、水底山组和南山村组的正层型。

该剖面(图3-18)全长约10 km，从南东往北西方向测制。层序描述如下。

热水洞组($J_{2-3}r$)：包括1—6层，总厚度1754 m，喷发不整合于吉水门组黑色泥岩之上，顶部与水底山组呈平行不整合接触，岩性以流纹质熔结凝灰岩为主，顶部见有熔岩，底部见英安-流纹质熔结凝灰岩，夹少量火山碎屑沉积岩，局部含集块和角砾，属火山碎屑流相。

水底山组(J_3sd)：包括7—11层，总厚度180.40 m，平行不整合于热水洞组之上，被南山村组喷发不整合覆盖，岩性下部为沉凝灰岩、凝灰质粉砂质泥岩、黑色泥岩等，属火山喷发沉积相；中部为流纹质熔结集块角砾岩(厚72.8m)，属火山碎屑流相；顶部为黑色千枚状页岩夹灰白色凝灰质砂岩，属火山喷发沉积相。黑色泥岩中含大量的植物化石、孢粉、叶肢介及鱼类 Lycoptera sp. 化石。

南山村组(K_1n)：包括12—22层，总厚度大于1 121.40 m，喷发不整合于水底山组之上，岩性下部主要为流纹质熔结凝灰岩，含角砾、晶屑、玻屑等，中部主要为英安质熔结凝灰岩，属火山碎屑流相。上部为侵出相的流纹质凝灰熔岩和次火山岩相的二长斑岩等。

高基坪群广泛分布于粤东地区,据岩性组合总体可分为火山爆发、平静期、火山爆发,分别对应热水洞组、水底山组和南山村组,此剖面为粤东晚侏罗世—早白垩世陆相火山岩的重要层型剖面,具有重要的区域对比价值。

遗迹评价等级:省级。

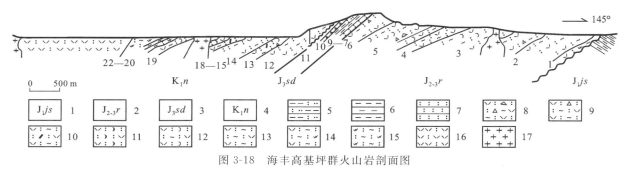

图 3-18 海丰高基坪群火山岩剖面图

1.吉水门组;2.热水洞组;3.水底山组;4.南山村组;5.凝灰质粉砂质泥岩;6.泥岩;7.沉凝灰岩;8.流纹质含集块角砾熔结凝灰岩;9.流纹质含角砾熔结凝灰岩;10.流纹质晶屑熔结凝灰岩;11.流纹质玻屑凝灰岩;12.流纹质浆屑熔结凝灰岩;13.流纹质熔结凝灰岩;14.流纹英安质熔结凝灰岩;15.英安质熔结凝灰岩;16.流纹质凝灰岩;17.花岗斑岩

7. 梅县嵩灵组火山岩剖面

该剖面位于梅县上溪口村嵩山(嵩灵)管理区,地理坐标:E 116°16′,N 24°34′,由广东省区域地质调查队于1970—1971年从事1:20万梅县幅区域地质调查时测制,并命名为称金鸡群,分为下亚群、中亚群和上亚群,广东省区域地质调查队在《广东地质科技》1972年第一期上发表《1:20万梅县幅区测地质新成果新看法》一文,命名为嵩灵群。1987年广东省区域地质调查队在《粤东下侏罗统初步研究报告》中修订嵩灵群,限定为中、上亚群,将下亚群划入小坪组(T_3x)。《广东省岩石地层》(1996)将该剖面修订命名为下侏罗统嵩灵组(J_1s)的正层型剖面。

该剖面全长约5.5 km,从北往南测制。嵩灵组属层型剖面的南段,长约1.7 km(图3-19)。

嵩灵组室内可分为12层,修订后的层型剖面称第12—23层(原1:20万梅县幅的野外层号为第88—131层),总厚度大于879.6 m,底部以火山岩为标志呈喷发不整合在小坪组之上,未见顶。

剖面上岩性组合明显可分为两段,下部为含煤地层夹火山岩,上部为火山岩。剖面底部为厚31 m的流纹质玻屑凝灰岩及绿色杏仁状安山岩;下部含煤地层,夹少量英安质角砾状凝灰岩;上部为安山质凝灰岩、安山岩。含煤地层中采集的大量植物化石,多为网叶蕨—格子蕨,见双壳类 *Pleuromya* sp.。

遗迹评价等级:省级。

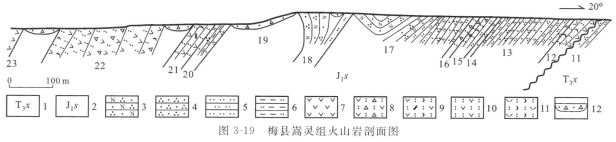

图 3-19 梅县嵩灵组火山岩剖面图

1.小坪组;2.嵩灵组;3.细粒长石石英砂岩;4.细粒石英砂岩;5.粉砂岩;6.粉砂质泥岩;7.安山岩;8.安山质角砾凝灰岩;9.安山质晶屑玻屑凝灰岩;10.安山质凝灰岩;11.流纹质玻屑凝灰岩;12.浮土

8. 普宁龙潭坑组火山岩剖面

该剖面地理坐标：E 115°50′31″,N 23°08′20″,由广东省区域地质调查队 1990 年从事 1∶5 万葵潭、兵营幅区域地质调查时测制。《广东省岩石地层》(1996)指定此剖面为龙潭坑组(J_2l)正层型。

龙潭坑组剖面长约 2 km,走向 42°,分为 26 层,厚 806.5m(图 3-20)。剖面上岩性表现为火山碎屑流相的流纹质凝灰岩、英安-流纹质凝灰岩和喷发沉积相的凝灰质砂岩、凝灰质粉砂岩呈互层状产出,由多个喷发韵律组成。下部岩性为紫红色、黄白色沉集块岩,沉凝灰岩,砂岩和砂砾岩,夹流纹质凝灰岩;上部岩性为灰色、灰白色流纹质凝灰岩,夹紫红色、黄白色沉集块角砾岩,砂岩;底部以凝灰质砂砾岩为标志,与下伏蓝塘群呈不整合接触;顶以喷发沉积相的凝灰质砂岩、凝灰质粉砂岩消失为限,被高基坪群喷发不整合所覆盖。

龙潭坑组分布于海丰、普宁等地,常表现为由多个喷发韵律组成的岩石组合,火山爆发期与平静期多次更替,具有较高的地质野外观察实习和地质科普教育价值。

遗迹评价等级：省级。

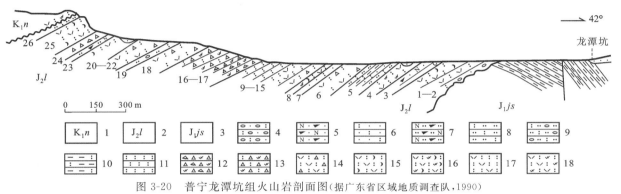

图 3-20　普宁龙潭坑组火山岩剖面图(据广东省区域地质调查队,1990)

1.南山村组;2.龙潭坑组;3.吉水门组;4.凝灰质砂砾岩;5.细粒长石岩屑砂岩;6.凝灰质砂岩;7.长石岩屑粉砂岩;8.凝灰质粉砂岩;9.含砾凝灰质粉砂岩;10.凝灰质泥岩;11.凝灰岩;12.英安质沉集块角砾岩;13.英安质沉凝灰角砾岩;14.流纹质角砾凝灰岩;15.流纹质玻屑凝灰岩;16.英安-流纹质玻屑凝灰岩;17.流纹质凝灰岩;18.英安-流纹质凝灰岩

9. 罗定分界炉下火山岩剖面

该剖面地理坐标：E 111°18′32″,N 22°31′46″,由广东省佛山地质局 2002 年开展 1∶25 万阳春幅区域地质调查时测制。剖面全长约 500 m,由北东往南西沿水沟测制。剖面上细碧-角斑岩系整合于云开群石英绢云千枚岩之下,未见底,出露宽度约 260 m,分为 16 层,总体上基岩露头良好。

该套岩性较难识别,野外认识与室内鉴定结果相差较大,从沟口往南西,岩石野外命名依次为片理化含石英质砾硅质、条纹状硅质岩、硅质岩、含石英质砾硅质岩、硅质岩、纹层状硅质岩、硅质岩和纹层状硅质岩,而镜下鉴定定名为片理化硅英斑岩、辉石角斑岩、千枚状细粒石英砂岩、硅英斑岩、硅英斑岩、硅英斑岩、石英角斑岩、石英角斑岩、石英云母千枚岩和石英角斑岩。1985 年填绘的 1∶5 万罗镜幅地质图也曾将该套岩石厘定为泥盆系桂头群。

测制剖面时,明确这套火山岩与下伏云开群呈整合接触,且接触界线清晰。然而在沟口西侧高约 100 m 的简易公路上可清楚见到两者呈整合接触。同时在公路壁界线附近,可见硅英斑岩与石英绢云千枚岩呈互层状产出,界线上采集含晶屑石英绢云千枚岩,晶屑成分为石英。

区域上在贵子镇坑坪一带采集的 7 个细碧岩样品,Sm-Nd 等时线和 Rb-Sr 等时线年龄分别为 (667±43)Ma 和 (663±17)Ma,属早震旦世。地质图编制时将分界一带的硅英斑岩和石英角斑岩当作早震旦世坑坪细碧-角斑岩系的组成部分。

分界一带的硅英斑岩和石英角斑岩明显整合于云开群之下,应属云开群的组成部分,这就给我们带来疑虑:分界火山岩与坑坪一带的细碧-角斑岩是同一期火山作用的产物,还是存在两种不同时期的细碧-角斑岩系?对此套岩性识别及归属经历了多次反复,至今仍存疑问。这一带的火山岩对于研究华夏造山带和云开陆块构造演化具有重大的科学价值,比较稀有。

遗迹评价等级:省级。

10. 湛江湖光岩组火山岩剖面

该剖面位于湛江湖光镇湖光岩楞岩寺,地理坐标:E 110°16′22″,N 21°08′32″,由广东省地质局第一水文地质大队1961年以楞岩寺剖面命名,广东省地质局1972年重测。《广东省岩石地层》(1996)定义湖光岩组(Qp^3h)为喷发不整合覆盖于北海组(Qp^2b)或石卯岭组(Qp^2s)之上的一套基性火山岩,主要由玄武岩、玄武质火山角砾岩、玄武质凝灰岩组成多个火山喷发旋回或韵律。

该剖面未见顶,总厚度大于29.75 m。湖光岩组分为18个岩性组,7个喷发韵律,韵律从粗到细呈正递变,下部为杂色玄武质火山角砾岩及玄武质凝灰岩,中部为灰色、深灰色橄榄玄武岩夹玄武质凝灰岩及火山角砾岩,上部为灰褐色—黑褐色玄武质火山角砾岩与凝灰岩,在火山口周围见火山集块岩(图3-21)。

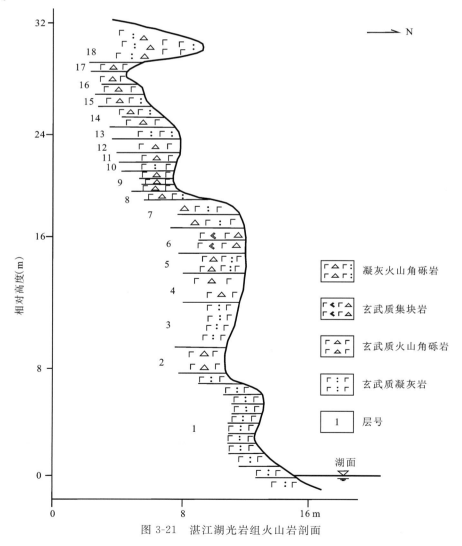

图3-21 湛江湖光岩组火山岩剖面

该剖面岩层出露良好，较为完整，无变质变形，具有较高的地质野外观察实习和地质科普教育价值，为广东地区第四纪火山岩地层的重要层型剖面，具有一定的科学研究意义。

遗迹评价等级：国家级。

11. 信宜贵子坑坪火山岩剖面

该剖面地理坐标：E 111°08′01″，N 22°36′47″，由广东省佛山地质局于2002年从事1:25万阳春、阳江幅区域地质调查时测制，新建坑坪细碧-角斑岩系。该剖面全长约4 km，沿公路从北东向南西测制，露头良好，交通便利。

该剖面上坑坪细碧-角斑岩系岩性为基性杂岩（变质层状显微辉长岩、变质辉长辉绿岩）、基性火山岩（变玄武岩、细碧岩）、酸性火山岩（石英角斑岩）、绿泥片岩（原岩可能为凝灰岩或钙质泥岩）和硅质岩，总体特征为基性火山岩、酸性火山岩、深水硅质岩伴生，属双峰式火山岩组合。

该套岩系以残片形式出露于"云开古陆"北部贵子镇坑坪和龙虎岗一带，其四周被断层所围限。由于构造变形分解和地表强风化改造，大多数灰绿色轻变质海底基性岩流被定义为云开群灰黄色变质长石砂岩和片岩，但其弱变形域可看到变余间粒结构、基性杂岩透镜体等岩石特征。

坑坪细碧-角斑岩剖面呈现洋壳上部组合的岩石特征，具大陆裂谷火山岩系性质。这套显示初始洋壳特征的细碧-角斑岩系及其地球化学属性，加之共生硅质岩组合、巨厚深水复理石，甚至有超基性岩伴生产出，暗示其古构造环境可能代表了大陆裂谷转化为小洋盆阶段下形成大洋岩石圈的一部分。初步研究认为，坑坪细碧-角斑岩系是早震旦世具大陆裂谷-初始洋盆性质的火山岩。

该剖面坑坪细碧-角斑岩系对研究华夏造山带和云开陆块的构造演化有着重大的学术价值，在省内十分稀有。

遗迹评价等级：省级。

12. 信宜罗罅组变质岩剖面

该剖面地理坐标：E 111°20′09″，N 22°31′37″，由广东省地质科学研究所(1990)测制，南颐(1991)在《信宜及阳春两县北部变质岩系的时代及其划分》一文中命名罗罅组。《广东省岩石地层》(1996)指定此剖面为云开群(PtY)罗罅组($Pt_1 l$)正层型。广东省区域地质调查队在广东1:50万地质编图时测有"信宜罗罅剖面"(1975)。广东省地质科学研究所(1990)在1975年剖面位置原地重测，称"罗罅-铜古坪剖面"。

该剖面全长约3.6 km，由北往南测制。罗罅组底部整合于先经围组细碧-角斑系之上，未见顶，室内分为36层，总厚度大于1 307.23 m。下部为厚层状变质长石石英砂岩、粉砂岩夹绢云母片岩；上部以浅变质细粒长石石英砂岩、绢云母千枚岩为主，于顶、底部见阳起石绿帘石岩，中上部夹英安斑岩。剖面罗罅组下部灰绿色绢云母片岩中含较多微古植物：*Leiopsophosphaera solida*，*L. minor*，*Trachysphaeridium rugosum*，*Polyporata obsoleta*，*Leiofusa bicornuta* 等，以纹饰结构简单的单细胞藻类为主。

关于剖面上罗罅组的时代，1988年广东省地质科学研究所与宜昌地质矿产研究所获得的英安斑岩 U-Pb 年龄(911±11) Ma。结合区域地质资料，《广东省岩石地层》厘定罗罅组地质时代为蓟县纪—青白口纪。

该剖面岩层出露良好，岩性特征明显，具有较高的地质野外观察实习和地质科普教育价值。同时对研究云开古陆的构造演化具有重要作用，是研究云开地区前寒武纪板块构造的关键地点之一，具有较高的科研价值。

遗迹评价等级：省级。

13. 信宜黄华江云开群变质岩剖面

信宜黄华江云开群变质岩剖面,地理坐标:E 111°02′55″,N 22°34′27″,由广东省区域地质调查队 1978 年从事 1∶5 万贵子幅区域地质调查时测制,《广东省岩石地层》(1996)指定此剖面为云开群的正层型,并厘定其成岩时代为 1472~828Ma。云开群是至今仍有争议的地层单位,现一般称作云开岩群。

该剖面从北往南测制,全长约 5 km,室内分为 25 层,厚度大于 3 054.8 m,顶底均被片麻状花岗岩侵蚀。剖面自下而上分为罗罅组、丰垌口组、兰坑组和沙湾坪组。

罗罅组:第 1 层。岩性以长石二云母石英片岩为主,夹片状云母石英岩,厚度大于 120.1 m。

丰垌口组:第 2—6 层。岩性主要由石英二云母片岩、二云母石英片岩和片理化变质长石石英砂岩组成,局部见黑云斜长变粒岩,厚 772.1 m。

兰坑组:第 7—13 层。岩性以二云母石英片岩、石英二云母微片岩为主,夹少量硅质岩,常夹碳质千枚岩,局部夹锰质大理岩、白云母-水云母蚀变岩,白云母-水云母保留纤状或纤柱状的假象,厚 337.4 m。

沙湾坪组下段:第 14—20 层。岩性为变质长石石英砂岩与石英二云母片岩互层,厚 832 m。

沙湾坪组上段:第 21—25 层。岩性为白云母石英片岩夹片状石英岩,云母主要为白云母,下部见少量黑云母,厚度大于 993.2 m。

此剖面为研究云开群的重要剖面,具较高的基础地质科学研究价值。

遗迹评价等级:省级。

14. 阳西沙扒变质岩剖面

该剖面(图 3-22)位于阳江市阳西县沙扒镇以西约 10 km 的海边福湖岭,地理坐标:E 111°32′55″,N 21°30′37″,中山大学陈国能教授科研团队于 2016—2019 年对剖面进行了深入研究(张俊浩等,2017)。剖面上出露的混合岩(前人认为是晚志留世片麻状中细粒黑云母二长花岗岩),未熔部分呈暗色的条状或包体与已熔的浅色体构成条纹状、条带状、眼球状、肠状等构造。此外,部分岩石中还可见揉皱、铁镁质暗色微粒包体(MME)、捕房体以及石英脉充填。

混合岩即是部分熔融作用的初级阶段,产生浅色体和残留的暗色体。随着温度的升高,熔化程度增大,形态特征由条纹状→条带状→断块状,当均匀化(即充分分异)之后则形成花岗岩。在(结构)非均匀的混合岩和相对均匀的花岗岩之间,常可见到过渡类型的岩石,即所谓高度熔融岩(通常是指混合花岗岩或残影状混合岩),其中常保留有缓慢流动的证据。

该剖面从上至下依次发育有角岩、条纹状弱混合岩化混合岩(图 3-23A)、条带状夹眼球状强混合岩化混合岩(图 3-23B)、块状混合岩(图 3-23C)、混合花岗岩、二长花岗岩(图 3-23D)。前人研究认为,混合岩为地壳深部物质经高级变质作用(混合岩化)的产物,其定位于地壳深部;而花岗岩为地壳深部物质部分熔融(或混合岩化)所产生的熔体(或浅色体)侵入至异地(上地壳)定位固结而成,因此(原地)混合岩与花岗岩应具有不同的定位深度,即二者在空间位置上不可能存在交集。而广东阳西沙扒剖面揭露的地质现象恰恰相反,二者却存在于同一露头,呈渐变接触,且在空间上"混合岩在上部,花岗岩在下部"。

该剖面是研究花岗岩成因的重要剖面,具有较高的地质野外观察实习和科学研究价值。

遗迹评价等级:省级。

15. 海丰丁家田变质岩剖面

丁家田变质岩剖面位于汕尾市海丰县黄羌镇北东山区,地理坐标:E 115°27′34″,N 23°13′24″,由

图 3-22 阳西沙扒变质岩剖面露头

图 3-23 阳西沙扒变质岩剖面不同岩石类型
A.条纹状弱混合岩化混合岩；B.条带状夹眼球状强混合岩化混合岩；C.块状混合岩；D.混合岩底部的二长花岗岩

广东省区域地质调查队在1984年从事1∶5万公平、高潭幅区域地质调查时测制。该剖面为广东莲花山动热变质带的组成部分,变质作用发生在燕山期断裂带内,与断裂活动密切相关。该剖面全长约5.4 km,从北西往南东方向测制。

受变质的岩石地层为上三叠统—下侏罗统银瓶山组、上龙水组和长埔组,变质岩石组合有石榴石十字石石英二云母片岩、石榴石石英二云母片岩、十字石二云母片岩和变质长石石英砂岩、变粒岩等。根据特征变质矿物及矿物共生组合可分为两个带:石榴石二云母片岩带、红柱石十字石片岩带。

该剖面为燕山期低压高温动热变质带,也是广东省重要的锡矿产地,具较高的科学研究价值。

遗迹评价等级:省级。

三、构造剖面

广东省构造类地质遗迹选9处为重要地质遗迹,其中断裂剖面8处,分别是南雄苍石寨断裂剖面、曲江将军石断裂剖面、郁南宋桂双凤断裂剖面、阳春合水坳头水库断裂剖面、阳春山坪断裂剖面、鹤山宅梧石门村断裂剖面、高要禄步大车冈断裂剖面、佛山陈村西淋岗断裂剖面;不整合剖面1处,即乐昌坪石河流阶地。

1. 南雄苍石寨断裂剖面

南雄苍石寨断裂剖面位于苍石寨北北东约700 m处,地理坐标:E 114°12′33″,N 25°08′16″,为人工开挖公路形成的陡坎面(图3-24),属吴川-四会断裂带北延的南雄断裂带。断裂构造北侧为早古生代地层和花岗岩,而断层东南则是南雄盆地白垩纪—古近纪地层。断裂构造影像清晰。

图3-24 南雄苍石寨断裂剖面图

该剖面上见南雄盆地丹霞组砾岩、砂砾岩与北西侧志留纪深坑岩体中粒斑状黑云母二长花岗岩呈断裂接触,断层产状110°～135°∠35°～50°。从南东向北西方向可细分为7个层:

①砾岩。杂色,砾石含量为10%～15%,大小为0.5～2 cm,以石英质为主,多呈次棱角状、次圆状。

②弱片理化砾岩。厚2.7 m,呈紫红色,砾岩结构已破坏,弱片理化,砾石含量为10%～15%,大小为0.5～2 cm,以石英质为主,多呈次棱角状、次圆状,与①层界线较为清晰,界面产状为110°∠31°。

③条带状片理化砾岩。厚1.1 m,以白色、紫红色等杂色构造的条带状构造发育为特征,条带细者

宽度约2mm,宽者4~10 cm。砾石含量为15%~20%,大小为0.5~2 cm,以石英质为主,可见构造角砾岩砾石。产状为110°∠35°。

④碎粉岩。厚度1.9 m,呈紫红色、黄白色,多呈粉状、松散状,为断层后期最强的撞压构造。

⑤挤压碎裂岩。厚度0.3 m,呈灰色、灰黑色,岩石较坚硬,有铁、锰质成分,构造镜面发育,并发育绿泥石化。

⑥硅化构造角砾岩。厚度1.1 m,呈灰色、褐灰色、白色,为硅化岩再破碎产物,角砾多为硅化岩,呈棱角状。

⑦糜棱岩。厚度大于15 m,呈黄白色、褐黄色,糜棱页理发育,局部见构造透镜体,宽为1.0~1.5 cm,岩石中可见石英呈眼球状、拔丝状等,长石斑晶局部保留。原岩为花岗岩。产状为135°∠50°。镜下特征表明岩石中粗晶矿物细碎作用明显,多带构造明显,碎基的重结晶作用显著,反映岩石发生糜棱岩化的温度及压力较高。

该剖面反映了断裂在深部构造层次和浅部构造层次的变形特征,对研究吴川-四会断裂带的北延问题,和断层多期次、不同深度层次的表现特征具有重要的研究意义。

遗迹评价等级:省级。

2. 曲江将军石断裂剖面

曲江沙溪镇将军石断裂剖面为吴川-四会断裂带乌石断裂的一个野外观测露头,地理坐标:E 113°39′00″,N 24°38′04″。

吴川-四会断裂带乌石断裂分布在乌石、关山一线,呈50°方向展布,全长约24 km。断面多倾向北西,局部倾向南东,倾角65°~70°。断裂主要发育于侏罗纪花岗岩中,卫星影像照片上线性构造明显。构造岩由构造角砾岩、硅化岩、绢云母化碎裂岩组成,一般宽10~20 m,局部可达数百米。

曲江沙溪镇将军石断裂剖面发育于早侏罗世花岗岩中,地貌表现为垄岗状凸起(图3-25),构造岩带宽380 m,具明显的分带性,中心部位为构造角砾岩和绢云母化碎斑岩,两侧为绢云母化硅化碎裂花岗岩。绢云母化硅化碎裂花岗岩中可见到后期的硅化岩脉。构造岩在镜下普遍可见石英颗粒重结晶、波状消光现象。脉石英有波状消光、角砾化和再结晶现象。以上说明该断裂是多期活动,早期以压性为主,最后一期表现为张性活动。

吴川-四会断裂带乌石断裂构造岩规模较大,断裂性质早期以逆冲挤压为主,挤压破碎带宽24 m,下部为宽约3m的挤压透镜体带,晚期表现为张性活动,挤压透镜体非常发育,具有较高的地质野外观察实习和科学研究价值。

遗迹评价等级:省级。

3. 郁南宋桂双凤断裂剖面

郁南宋桂双凤断裂剖面位于宋桂镇双凤村南东约6 km公路边,地理坐标:E 111°50′39″,N 22°57′32″。剖面上见中泥盆统信都组(D_2x)砂岩(西盘)沿断层逆冲于下白垩统罗定组(K_1l)红层之上。断层走向70°左右,倾向北西,倾角60°~75°。挤压破碎带宽24 m,断层带的上部发育一组断面,断面旁侧岩石强烈挤压破碎,形成宽1~3 m的碎裂、碎斑岩;断层带下部为宽约3m的挤压透镜体带,挤压透镜体非常发育(图3-26);断层带中部为碎裂砂岩,岩石受到强烈挤压,岩层产状紊乱,呈现无序状态,岩石破碎。受断裂影响,断层下盘白垩系红层倾角变陡,达70°左右,断层上盘中泥盆统信都组(D_2x)砂岩比较破碎,岩层陡倾,局部近直立,其中发育一组近平行的次级破碎带。

罗定-广宁断裂带宋桂双凤断裂剖面,挤压破碎带宽24 m,下部为宽约3m的挤压透镜体带,挤压透镜体非常发育,具有较高的地质野外观察实习和科学研究价值。

遗迹评价等级:省级。

图 3-25　将军石断裂硅化岩呈垄岗状凸起　　　　图 3-26　宋桂断裂带中的挤压透镜体

4. 阳春合水坳头水库断裂剖面

阳春合水坳头水库断裂剖面位于阳春市合水镇坳头水库坝处，地理坐标：E 111°54′18″，N 22°17′49″，是城垌断裂的一个野外观测露头。

城垌断裂是逆断层，为阳春-新兴断裂带中段主干断裂，形成于加里东期。上盘为桂头群（$D_{1-2}G$）砂岩、含砾砂岩和粉砂岩及粉砂质页岩组成的碎屑岩，下盘为上泥盆统天子岭组（D_3t）灰岩和帽子峰组（D_3C_1m）砂泥岩或钙质碎屑岩。此断裂是北东向构造体系与东西向构造体系的交截面，断裂东侧南华系—石炭系呈东西走向，西侧晚古生代地层呈北东走向。

断层破碎带宽大于 200 m，自南西往北东方向依次为碎裂岩带、挤压破碎带、硅化碎裂岩带、压碎岩带（图 3-27）。碎裂岩带宽约 50 m，由桂头群（$D_{1-2}G$）砂岩、粉砂岩及天子岭组（D_3t）灰岩破碎而成，其中发育一组裂隙，其两侧岩层产生牵引弯曲，指示断层上盘上升，为逆断层；挤压破碎带宽约 20 m，带中岩石强烈破碎，局部成断层泥；硅化碎裂岩岩带出露宽约 100 m，中间部分由于水库坝基覆盖而断续出露，岩石破碎并具轻微硅化，局部强烈硅化而面硅化岩；压碎岩带宽约 20 m，岩石强烈压碎，具绢云母化、绿泥石化等蚀变，见构造透镜体。

该剖面可分出碎裂岩带、挤压破碎带、硅化碎裂岩带及压碎岩带等，具有较高的地质野外观察实习和科学研究价值。

遗迹评价等级：省级。

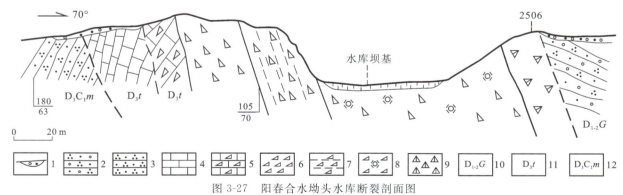

图 3-27　阳春合水坳头水库断裂剖面图

1. 残坡积；2. 含砾石英砂岩；3. 细粒石英砂岩；4. 灰岩；5. 碎裂状灰岩；6. 碎裂岩；7. 挤压破碎带；
8. 硅化碎裂岩；9. 压碎岩；10. 桂头群；11. 天子岭组；12. 帽子峰组

5. 阳春山坪断裂剖面

阳春山坪断裂剖面位于阳春市三甲镇山坪村,地理坐标:E 111°27′20″,N 22°10′27″,是永宁韧性剪切带的一个野外观测露头。

永宁韧性剪切带属中深构造层次的变形,力学性质为右旋韧性走滑剪切。基本上贯穿整条吴川-四会断裂带,主要发育于加里东期片麻状花岗岩中,宽窄不一,以阳春山坪、永宁一带发育最好,可分为多条韧性剪切带,影响宽度达15km。这些韧性剪切带空间上具有分隔性,由宽度不一、呈带状展布的韧性剪切带组合而成,走向上分支复合,共同构成宏伟的北东向构造带。构造岩从弱变形到强变形,依次为糜棱岩化花岗岩、花岗质初糜棱岩、花岗质糜棱岩和超糜棱岩。

该剖面上构造岩分带明显(图3-28),从弱变形域到强变形域,依次为糜棱岩化花岗岩、花岗质初糜棱岩、花岗质糜棱岩、超糜棱岩。超糜棱岩由于构造分异强烈,野外往往表现为云母石英片岩,室内薄片也鉴定为云母石英片岩或原岩为副变质岩的糜棱岩。对于强变形的花岗岩,部分被前人误填为副变质岩,我们这次将此识别出来,它们最主要的特征是野外可追溯到变形弱的花岗岩原岩,与弱变形花岗岩呈渐变过渡,且常可见到残存的长石碎斑,具有较高的地质野外观察及教学实习价值。

遗迹评价等级:省级。

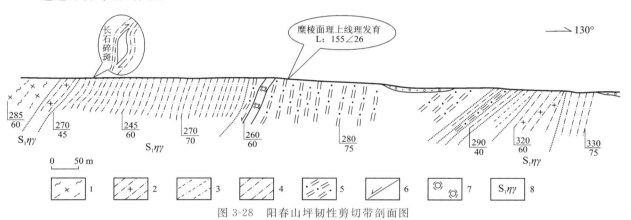

图3-28 阳春山坪韧性剪切带剖面图

1.片麻状细粒黑云二长花岗岩;2.糜棱岩化花岗岩;3.花岗质初糜棱岩;4.花岗质糜棱岩;
5.超糜棱岩;6.正断层;7.硅化岩;8.早志留世二长花岗岩

6. 鹤山宅梧石门村断裂剖面

鹤山宅梧石门村断裂剖面位于鹤山宅梧镇石门村,地理坐标:E 112°43′10″,N 22°39′59″,是北东向恩平-苍城断裂的野外观测露头。

恩平-苍城断裂是恩平新丰断裂带的西侧边界断裂,该断裂南起阳江海陵岛,往南西入南海,往北东经合山、那龙、恩平、开平苍城至高明三洲一带为北西向西江断裂截切,延伸长度超过200 km。断裂总体走向30°~40°,倾向北西,倾角35°~70°。沿断裂发育的断层破碎带宽数米至数十米,局部宽达150 m,主要由断层角砾岩、碎裂岩及硅化岩组成。地貌上该断裂是不同地貌单元分界线,南东盘皂幕山区为低山区,山形陡峻,山脊尖突,北西盘则为丘陵台地。沿断裂还发育断层崖、断层三角面。

该剖面中寒武统高滩组($\in_2 g$)与侏罗纪花岗岩呈断裂接触,靠近断裂的寒武纪地层发生强烈的千糜岩化。见较粗糙的断面,呈缓波状延伸,发育宽约25 m的硅化岩,沿断裂形成延长几千米、高达150 m的断层崖,断层地貌特征非常明显(图3-29)。

此剖面反映了断裂在不同构造层次的变形特征以及断裂的地貌特征,具有较高的地质野外观察及教学实习价值。

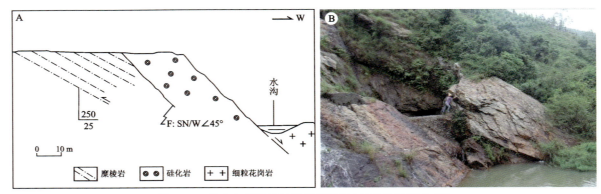

图 3-29　鹤山宅梧石门村断裂剖面图（A）及断面照片（B）

遗迹评价等级：省级。

7. 高要禄步大车冈断裂剖面

该剖面地理坐标：E 112°15′54″，N 23°11′09″，为吴川-四会断裂带之官塘断裂，位于高要禄步北西的大车冈村公路边，断层上盘的志留系逆冲于下盘三叠系之上。断裂整体走向 15°～30°，倾向北西，倾角 65°～88°。挤压破碎带宽 32 m，带中岩石表现出强烈的挤压特点，志留纪千枚岩发生强烈揉皱、碎裂，揉皱带宽约 9m（图 3-30）；在三叠纪岩层中，由于岩石力学性质不同，岩石表现出不同的变形特征，在由片理化泥质粉砂岩、粉砂质泥岩组成的软弱层中，岩层发生强烈褶曲，伴有碎裂作用，在砂岩夹粉砂岩中，岩石碎裂，挤压透镜体发育；在挤压破碎带中叠加了一组断裂面，见倾斜擦痕，指示上盘上冲，断面旁侧岩石强烈破碎，形成碎斑岩，沿着裂隙充填褐铁矿。挤压带中及下盘的三叠纪岩石具片理化，反映岩石早期曾受韧性剪切变形，挤压破碎带是叠加在早期韧性剪切带之上。

遗迹评价等级：省级。

图 3-30　大车冈断裂剖面露头的挤压破碎带（镜头向北东）

8. 佛山陈村西淋岗断裂剖面

西淋岗断裂剖面位于珠江三角洲北部佛山陈村，地理坐标：E 113°27′57″，N 22°58′52″。该断裂为区域北东向广州-从化断裂的南延部分。断层总体走向 30°，倾向北西，倾角 72°，断裂错断了 3 套第四纪晚期以来沉积物，垂向断距为 0.53 m；断层兼有脆性破裂和塑性变形特征，以砂质为主的强干层表现为脆性破裂，而以黏土和淤泥为主的软弱层表现为塑性变形，出现拉薄拖曳现象。在明显错断的沉积层中获得最新的沉积物年龄为（20 012±561）aB.P.（图 3-31），表明该断裂自晚更新世以来至少经历一期相对急速活动，而并非长期以"蠕滑"的方式活动。

断裂点向北东方向延伸约 500 m 处可见,该断裂出露于基岩中(图 3-32),基岩破碎带宽约 10 m,总体走向 10°～30°,主断面呈舒缓波状,产状 280°～290°∠50°～80°。断裂的上盘为燕山晚期花岗岩(γ_5^{3-2}),下盘为下白垩统白鹤洞组(K_1bh)砾岩。断面上显示断裂经历多期活动:① 早期断裂呈右旋走滑,在断面上可见被硅化的近水平擦痕;② 中期断裂表现为挤压逆冲,花岗岩逆冲至白鹤洞组红色砾岩之上,并在断裂面附近残留挤压透镜体;③ 晚期断裂以高角度正断层的形式活动,形成锯齿状断裂面,并在断裂面顶部发育梳状节理。热释光测年数据指示其最后一次活动时间为(10.06 ± 0.63)ka,反映了北东向广从断裂继承性活动在地壳表层的响应。

遗迹评价等级:省级。

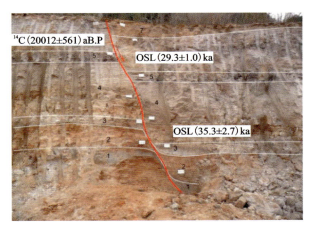

图 3-31 西淋岗断裂切割第四系

图 3-32 西淋岗断裂北东延伸 500 m 处断裂露头

9. 乐昌坪石河流阶地

乐昌坪石河流阶地剖面位于坪石盆地中,地理坐标:E 113°2′36″,N 25°17′21″。盆地红层岩性主要为南雄群和丹霞组碎屑岩。目前保留并识别出Ⅵ级阶地(T_1—T_6),均为基座阶地(上部为冲积物,下部为基岩),除 T_6 仅保存河床相外,其他阶地上覆皆为河流冲积相二元结构,其中 T_1 阶地的河流二元结构最为完整(图 3-33、图 3-34)。

T_6 阶地:海拔 210 m。阶地河床相冲积层厚为 1～2 m,其下部的热释光(TL)年龄为距今 819 ka。

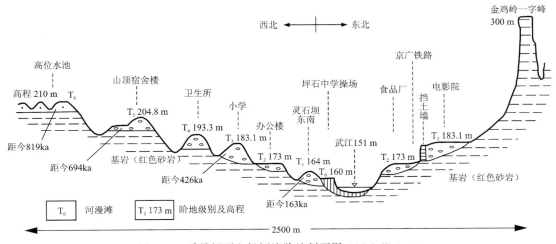

图 3-33 乐昌坪石六级河流阶地剖面图(刘尚仁等,2011)

T_5阶地：海拔204.8 m，不连续分布的两段。T_5的河流相厚为2～6 m，二元结构明显。河漫滩相呈红褐色，为含黏土的砂质粉砂，河漫滩相底部的热释光（TL）年龄为距今694 ka。

T_4阶地：海拔193.3 m。T_4顶部被人为耕作，河漫滩相特征不明显。河流相冲积层顶部呈灰黑色，下部呈棕黄色，厚约4 m，为含黏土的砂质粉砂。

T_3阶地：海拔183.1 m，剖面结构完整。T_3顶部被开挖填土，河漫滩相较难辨认，仅在东南侧能观察到20～10 cm的薄层，下部河床相中有透镜体结构。河漫滩相底部的热释光（TL）年龄为距今426 ka。

T_2阶地：海拔173.0 m，沿武江两岸分布。剖面受到强烈的人为改造，河流冲积层仅保存有40 cm，呈棕黄色。河漫滩相为砂质粉砂-黏土，河床相为含砾的砂质粉砂-黏土。

T_1阶地：海拔164 m，河流相二元结构保存最厚，约5 m，整体呈黄棕色。其中河漫滩相厚约3 m，为含黏土的粉砂质砂；河床相厚约2 m，为含砾石的黏土-粉砂质砂。河漫滩相底部的热释光（TL）年龄为距今163 ka。

T_0河漫滩：高出现代河流水面5～15 m，最宽处约400 m。河漫滩已被用于耕作，表层有机质含量高，土壤呈灰黑色，为黏土质粉砂。

图3-34 乐昌坪石河流阶地露头

坪石河流阶地是第四纪层状地貌，含有丰富的地球信息，具有重要的科学价值，也是难得的天然教学场所和科普基地：① 河流阶地反映了区域地壳运动。韶关坪石存在6级河流阶地，表明坪石盆地自819 ka以来，经历了6次地壳抬升；② 坪石Ⅵ级河流阶地的信息显示自早更新世末期武江没有发生明显的改道；③ 对研究粤北地区新构造运动、金鸡岭丹霞地貌的成因有重要意义。坪石Ⅵ级河流阶地高60 m，残留河床相冲积红土砂卵砾石厚度1.5 m，热释光年龄为819 ka，由此计算粤北地壳的构造抬升速度为0.73 m/10 ka。

遗迹评价等级：省级。

四、重要化石产地

广东省化石产地类地质遗迹选择19处为广东省重要地质遗迹,其中古人类化石产地2处,为曲江狮子岩古人类、封开河儿口黄岩洞古人类;古动物化石产地15处,分别为韶关天子岭腕足类化石产地、乐昌西岗寨珊瑚腕足化石产地、乐昌小水组双壳类化石产地、乐昌罗家渡双壳类化石产地、连州月光岭䗴类化石产地、连州其王岭珊瑚化石产地、连州湟白水珊瑚腹足类化石产地、郁南干坑双壳类化石产地、河源丹霞组恐龙动物群、南雄爬行哺乳类化石产地、兴宁四望嶂组双壳类化石产地、蕉岭白湖船山组䗴类化石产地、茂名盆地脊椎动物化石产地、云浮云安三叶虫化石产地、三水盆地脊椎动物化石产地;古生物群化石产地2处,即南澳金鸡组菊石蕨类化石产地、花都华岭古生物化石产地。

1. 曲江狮子岩古人类

狮子岩位于曲江县城西南约2 km处,地理坐标:E 113°34′27″,N 24°39′32″,由南北并列一高一矮两座玲珑秀丽的石灰岩孤峰构成(图3-35),由北遥望如卧狮酣睡,由南远眺则如雄狮起舞,因而得名狮子岩,岩内洞穴纵横,洞中套洞,穴中有穴,产出形态各异的石钟乳、石笋和石柱等。狮子岩以出土"马坝人"头盖骨和"石峡文化"遗址而名誉中外(苏秉琦,1978)。狮子岩在相对高度35 m以下发育3层溶洞,自下而上为:第一层溶洞发育于残山四周的麓脚,高度与塘水面相当,洞顶一般平坦有钟乳石,堆积物为钙华,且呈水平层状,上部为含磷石灰华层,发现少量动物化石,新石器时代的石器、陶器和瓷器较丰富。第二层比高约10 m,洞穴堆积厚约4 m,上部为含磷石灰华,中为石灰华与黏土互层,下部为黏土、砂质黏土,可见水平层理。本层洞北旁有走向260°的巨大垂直裂隙状洞穴,其堆积顶面向西倾斜,发现古人类头骨化石一具,并定名为"马坝人"(图3-36)。第三层溶洞形成较早,洞底与第二、第一层溶洞相连。洞顶趋于平坦,钟乳石发育,相对高度2~25 m,洞顶四周有支洞,堆积有红色砂质黏土,洞壁上可见含磷很高的花斑状石灰华。1958年在溶洞内发现"马坝人"头骨化石和共存的剑齿虎、剑齿象、鬣狗、犀牛、大熊猫等19种动物化石,地质时代为中更新世之末或晚更新世之初。在与"马坝人"同期的洞穴沉积层中,还发现有大量第四纪动物化石,包括虎、大熊猫、熊、狗、獾、中国犀、貘、东方剑齿象、鬣狗、野猪、鹿、羊、猴等几十种。1977年在狮子岩两石山之间出土了大量的新石器时代晚期的文物,被命名为"石峡文化",更使狮子岩名声大振(广东省博物馆、曲江县文化局石峡发掘小组1978;李岩,2011)。考古学家和艺术家在银岩内塑造了12.6万年前"马坝人"的生活群像,在桂花岩内再现了四五千年前"马坝新人"生活群像。景区内还建有一座大型的"马坝人"博物馆和张九龄纪念馆。

图3-35 曲江马坝狮子岩

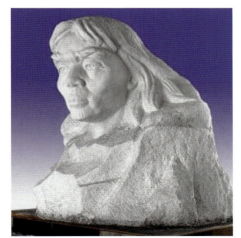

图3-36 "马坝人"复原头像

该区由上石炭统-下二叠统壶天组（C_2P_1h）灰岩组成。狮子岩四周为中更新世的冲积层（即Ⅲ阶地和Ⅰ阶地的表面），溶洞洞穴堆积层的部分岩性为红色黏土和红色砂质黏土，与Ⅲ阶地上部堆积物相同。

狮子岩本身是造型奇特的碳酸盐岩地貌，"马坝人"遗址的发掘使得其具有地质学和考古学双重意义。"马坝人"是介于中国猿人和现代人之间的古人类，为12.9万年前的旧石器时代的古人类，为完善我国原始人类发展的序列提供了相当重要的资料。

遗迹评价等级：国家级。

2. 封开河儿口黄岩洞古人类

黄岩洞遗址位于封开县渔涝镇三叠纪石灰岩孤峰——狮子岩西南山麓，地理坐标：E 111°48′06″，N 23°30′37″。发掘资料（李始文，1987）表明，洞内主要有4类堆积。

（1）棕黄色亚黏土堆积，位于上层廊道右侧岩壁局部地方和下层洞厅至西支洞，其中以下层西支洞堆积最厚。堆积中含有大量动物化石，动物种类主要有中国犀、华南巨貘、东方剑象、大熊猫洞穴亚种等，地质年代为更新世晚期。

（2）黄褐色砂土堆积，胶结稍硬，堆积面积较大，分布于整个洞厅，东北角堆积略厚，为0.5~0.8 m，堆积中有灰烬、炭屑、出土大量打制石器、磨制石器、现代物种动物牙齿（图3-37）、骨骼以及螺蚬等贝壳；

（3）灰褐色砂土堆积，胶结略松软，位于洞口右侧叠压于黄色堆积之上，长1 m，宽1.5 m，厚0.20~0.80 m，含炭屑、灰烬、烧土、烧骨、动物骨骼及大量螺、蚌壳，出土两件人类颅骨。

（4）浅灰色砂黏土堆积，胶结略松软，位于上层廊道右侧，堆积面积较小，含螺蚌壳及炭屑，发现一件石英石片石器。

该遗址于1961年8月发现，是岭南旧石器时代向新石器时代文化过渡的典型。1964年发掘出两件古人类头颅化石，成年人的那个相当完好（图3-38），^{14}C年龄为距今（11 930±200）a，属晚期智人。

黄岩洞遗址发现打制石器1000多件，种类有砍砸器、刮削器、石核、石锤、穿孔器等，大多数保留砾石自然面，制作粗糙，加工简单，器物的刃部经加工十分陡直，刃角多在70°以上，大多数采用锤击法，单面单向直接加工而成，属旧石器时代向新石器时代过渡阶段，代表中石器时代的岭南地区石器工业。

图3-37 黄岩洞出土的亚洲象臼齿

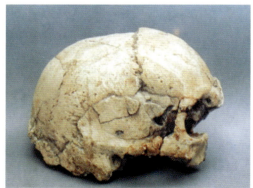

图3-38 黄岩洞出土的古人类颅骨化石

古人类遗址的发掘和发现，将岭南古人类的历史推向约15万年前，证明封开是岭南最早的人类生存和发展之地。区内挖掘发现的古人类化石从14.8万年前一直到距今1万多年，其系列和完整性是岭南地区独一无二的，为研究岭南地区古文化的演化提供了极为宝贵的资料，具有考古学和历史学价值。

遗迹评价等级:国家级。

3. 韶关天子岭腕足类化石产地

韶关天子岭腕足类化石产地位于广东省韶关市浈江区,地理坐标:E 113°32′05″,N 24°49′14″。化石产于天子岭十里亭剖面天子岭组灰岩中(图3-39),富含腕足类准云南贝(未定种)(*Yunnanellina* sp.)、汉伯准云南贝(*Y. hanburyi*)、三褶准云南贝(*Y. triplicata*)、云南贝(未定种)(*Yunnanella* sp.)等。广东省地质科学研究所(1983)以它为标准,建立了 *Yunnanellina-Yunnanella-Xinshaoella* 组合带。

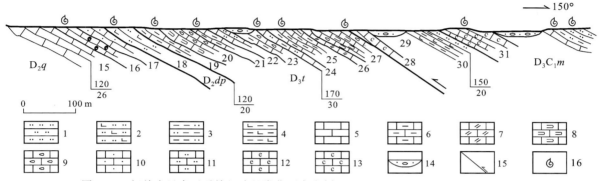

图3-39 韶关十里亭天子岭组腕足化石产出剖面(据广东省地质科学研究所修编,1983)
1.粉砂岩;2.钙质粉砂岩;3.粉砂质泥岩;4.钙质泥岩;5.灰岩;6.泥质灰岩;7.白云质灰岩;8.豹斑状瘤状灰岩;
9.含核形石灰岩;10.砂质灰岩;11.粉砂质灰岩;12.生物碎屑灰岩;13.碳质灰岩;14.残积层;15.断层;16.化石

化石产出层位描述如下。

27. 灰色、灰黑色厚层状灰岩,花斑状和瘤状构造,核形石发育,常以腹足类等化石碎片构成中心。产腕足类:*Yunnanellina hanburyi*,*Cyrtospirifer* sp.,*Schuchertella* cf. *hunanensis*;牙形刺:*Polygnathus* sp.,*Icriodus cornutus*,*Drepanodus circularis*,*Palmatolepis subperlobata*(未见顶)。

26. 灰黑色厚层状细晶含白云质灰岩,含核形石及叠层石,偶见含硅质结核,产牙形刺:*Apatognathus varians*,*Centragnathodus delicatus*,*Ozarkodina homoarcuata*,*Palmatolepis quadrantinodosalobata*。

25. 灰色薄层—中厚层状泥质灰岩夹薄层钙质页岩,具瘤状构造,产腕足类:*Yunnanellina abrupta*,*Cyrtospirifer* sp.,*Schuchertella hunanensis* 和牙形刺。

24. 灰色厚层状含粉砂泥质灰岩,具瘤状构造及条带状构造,产腕足类:*Yunnanellina hanburyi*,*Yunnanellina triplicata*;牙形刺:*Spathognathodus strigosus*,*S. stabilis*,*Apatognathus scalenus*。

23. 灰色厚层状含核形石泥晶灰岩,产牙形刺 *Polygnathus semicostatus* 等。

22. 灰色、深灰色条带状粉砂质灰岩,产牙形刺:*Hindeodella* sp.,*Spathognathodus* sp. 等。

21. 灰色厚层状瘤状含泥质灰岩,产腕足类:*Schuchertella hunanensis*,*Productella*,*Athyrisgurdoni*,*Yunnanellina*,*Pleuropugnoides sublivoniciformis*,*Tenticopirifer hsikuangshanensis*;牙形刺:*Drepanodus circularis* 等。

20. 灰色厚层状核形石灰岩,瘤状和花斑状构造,产腕足类:*Ptychomaletoechia hunanensis*,*Tenicsospirifer vilis*;牙形刺:*Polygnathus* cf. *brevilaminus*,*Nothognathella brevidonta*,*Icriodus cornutus* 等。

19. 灰色、灰绿色薄—厚层状泥质灰岩或粉砂质灰岩,产腕足类:*Cyrtospirifer subextensus*,*Tenticopirifer vilis*;牙形刺:*Drepanodus circularis*,*Icriodus cornutus*。

遗迹评价等级:省级。

4. 乐昌西岗寨珊瑚腕足化石产地

乐昌西岗寨珊瑚腕足化石产地地理坐标：E 113°22′34″，N 25°10′09″，属于韶关市乐昌市乐城街道管辖。乐昌西岗寨剖面（图 3-40）为广东省棋梓桥组（D_2q）次层型剖面，化石主要产于棋梓桥组第 9 层灰色、深灰色白云质泥岩夹泥质灰岩中见腕足类 Emanuella sp.，Desquamatia sp. 和珊瑚 Disphyllum frechi；第 10 层泥质灰岩与灰质白云岩中见腕足类 Desquamatia sp. 等；第 12 层灰岩、叠层石中见珊瑚 Thamnopora retardata；第 13 层厚层状硅化灰岩、泥质灰岩见珊瑚 Thamnopora cf. retardata，Temnophyllum cf. leei 及层孔虫；第 14 层白云质灰岩、白云岩含珊瑚 Disphyllum sp. 等。其次，在佘田桥组泥质灰岩、泥灰岩中亦含珊瑚腕足类化石。

遗迹评价等级：省级。

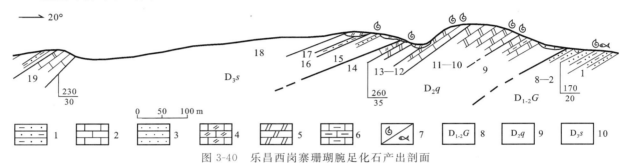

图 3-40 乐昌西岗寨珊瑚腕足化石产出剖面

1.泥质砂岩；2.灰岩；3.砂岩；4.白云质灰岩；5.白云岩；6.泥质灰岩；7.珊瑚化石/鱼类化石；
8.桂头群；9.棋梓桥组；10.佘田桥组

5. 乐昌小水组双壳类化石产地

乐昌小水组双壳类化石产地属于韶关市乐昌市坪石镇管辖，地理坐标：E 113°07′51″，N 25°21′49″。双壳类化石产于小水组碎屑岩中。小水组（T_3xs）指整合于红卫坑组和头木冲组之间的一套灰色粉砂岩和粉砂质泥岩，夹少量细砂岩及褐色页岩，含丰富的海相双壳类化石，底部以砂岩为标志与下伏地层分界。该化石产地产出的双壳类化石包括：Modiolus niugdunensis，Isocardioides yini，Protocardia cf. antilonga，Pleuromya sp.，Mytilus sp.，Oxytoma sp.，Plagiostoma xiaoshuiersis，P. transversa 等，还含有植物化石 Ptilozamites cf. chinensis。乐昌小水组双壳类化石产地双壳类化石（图 3-41）与广东省其他地区相比，属种最多、化石量最丰富，在广东省极为少见。

遗迹评价等级：省级。

6. 乐昌罗家渡双壳类化石产地

乐昌罗家渡双壳类化石产地属于韶关市乐昌市坪石镇管辖，地理坐标：E 113°07′24″，N 25°21′05″。双壳类化石产于头木冲组碎屑岩中。头木冲组原指晚三叠世海相层之上的海退系列含煤碎屑岩。岩性以灰白色石英砂岩为主，夹深灰色粉砂质泥岩、泥岩、煤线及可采煤层，以含大量植物和双壳类化石和具细砂岩、粉砂岩，夹碳质泥岩的韵律为特征。该组富含双壳类（图 3-42）和植物类化石，双壳类以 Jiangxiella 及 Modiolus 为代表，时代属诺利晚期（Norian）—瑞替期（Rhaetian）。双壳类化石还包括 Mysidiella sp.，Myophoria sp. 等。植物化石包括 Cladophlebis sp.，Pterophyllum sinense，Clathropteris meniscioides，Equisetites sp. 等。

遗迹评价等级：省级。

图 3-41 小水组双壳类化石图

图 3-42 罗家渡双壳类化石图

7. 连州月光岭䗴类化石产地

该产地位于清远市连州市连州镇月光下村,地理坐标:E 112°19′47″,N 24°46′32″。化石产于月光下剖面 5、6 层的茅口组。茅口组指整合于栖霞组与童子岩组(局部地区为平行不整合关系)之间的一套碳酸盐岩;下部以浅灰色灰岩为主,上部以深灰色灰岩为主,常含硅质、燧石团块,局部夹薄煤层及页岩。茅口组富含䗴类化石。月光下䗴类化石产地所含䗴类属种和个体比较多,包括 *Schwagerina brevipola*、*Neoschwagerina margaritae*、*N. cheni* var. *hsinghaiana*、*Yabeina* sp.、*Afghanella* sp.、*Misellina lepida*、*Sumatrina longissima*、*Verbeekina* cf. *verbeeki*、*V. grabaui*、*S. megalocula*、*Paraschwagerina* sp. 等。

遗迹评价等级:省级。

8. 连州其王岭珊瑚化石产地

连州其王岭珊瑚化石产地属于清远市连州市东陂镇管辖,地理坐标:E 112°18′09″,N 25°00′52″(图 3-43),珊瑚化石产于东岗岭组灰岩中。东岗岭组(D_2d)岩性主要为灰黑色礁状灰岩、灰色瘤状灰岩以及厚层状白云质灰岩。富含珊瑚(图 3-44)、腕足类(图 3-45)和层孔虫等化石。其中珊瑚化石包括 *Hexagonaria* sp.、*Temnophyllum* sp.、*Thamnopora* sp.、*Endophyllum* sp.、*Alveolites* sp.、*Microplasma* sp.。化石数量多,种类丰富,保存非常完整。

遗迹评价等级:省级。

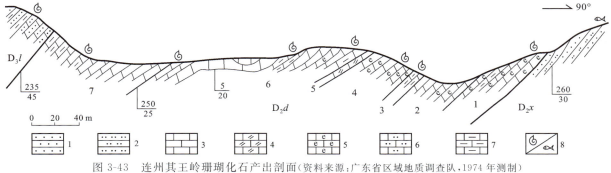
图 3-43 连州其王岭珊瑚化石产出剖面(资料来源:广东省区域地质调查队,1974 年测制)
1. 砂岩;2. 粉砂岩;3. 灰岩;4. 白云质灰岩;5. 生物碎屑灰岩;6. 粉砂质灰岩;
7. 泥质灰岩;8. 珊瑚化石/鱼类化石

图 3-44 连州其王岭群体珊瑚化石

图 3-45 连州其王岭腕足类——石燕

9. 连州湟白水珊瑚腹足化石产地

连州湟白水珊瑚化石产地属于清远市连州市连州镇管辖，地理坐标：E 112°18′28″，N 24°46′20″。化石主要产于石磴子组和梓门桥组灰岩中。石磴子组由中—厚层状深灰黑色、灰色生物碎屑粉晶泥晶灰岩夹白云质灰岩，白云岩，燧石灰岩，薄层泥质灰岩组成，有时夹薄层状泥质页岩、碳质页岩或钙质页岩。以珊瑚类、腕足类和有孔虫居多，有珊瑚 Dorlodotia asiatica，Arachnolasma sinense，Yuanophyllum sp.，Kueichouphyllum heishihkuanense，K. sinense 及腕足类 Megachonetes Zimmermanni，Vitiliproductus groberi，Gigantoproductus ex gr. giganteus 以及有孔虫 Dainella 等。梓门桥组岩性为灰岩、白云质灰岩夹白云岩，含珊瑚 Yuanophyllum kansuense，Kueichouphyllum sinense，Arachnolasma sinense 及腕足类 Kansuella kansuensis-Gigantoproductus edelburgensis 组合，Rugosochonetes kansuensis-Marginifera viseeniana 组合及有孔虫 Archaediscus mellitus-Gribrostomum speciosus 组合。

遗迹评价等级：省级。

10. 郁南干坑双壳类化石产地

该产地位于云浮市郁南县建城镇干坑村道旁，地理坐标：E 111°40′11.01″，N 23°07′28.82″。化石产于中上奥陶统东冲组、兰瓮组碎屑岩中，包括双壳类：Praenucula cf. sharpei，P. sp.，Homilodonta regularis，Similodonta similis，S. cf. cerys，S. sp.，Trigonoconcha acuta，Concavodonta sp.，Arcodonta sp.，Sthenodonta cf. eastii，S. sp.，Nuculites cf. cylindricus，N. sp.，Phestia sp.，Cardiolaria sp.，Inaequidens cf. davisi Mytilarca sp.，Cyrtodonta sp.，Modiolopsis spp.，Carminodonta sp.，Famatinodonta sp. 等及若干未命名的新属，目前已鉴定 16 属 22 种（牛志军等，2018）。此外，还产有三叶虫、腕足类和海百合茎等（图 3-46）（严成文，2014）。双壳类化石个体小、丰度高、分异度高，以古栉齿类占绝对优势。

该化石产地丰富了我国及世界奥陶纪双壳类动物群，为研究云开地区中上奥陶统的划分对比以及华南陆块古地理重建增添了新的古生物学证据，特别是为研究双壳类的早期演化和奥陶纪早期双壳类辐射演化提供了关键信息。

遗迹评价等级：国家级。

11. 河源丹霞组恐龙动物群

河源丹霞组恐龙动物群属于河源市源城区和东源县管辖，地理坐标：E 114°43′20″，N 23°45′10″，已建立河源恐龙化石省级自然保护区，核心保护面积 2.2 km²（图 3-47A）。

图 3-46 广东郁南干坑部分古生物化石图
1—3.*Orthis*(正形贝);4.*Birmanites*(缅甸虫);5.三叶虫尾甲;6.腹足类化石;7.海百合茎

图 3-47 河源丹霞组恐龙化石
A.河源恐龙化石自然保护区;B.河源恐龙蛋馆;C.恐龙蛋;D.恐龙足迹;
E.黄氏河源龙正型标本;F.黄氏河源龙前肢及尾椎

河源盆地爬行动物恐龙化石分布于河源市黄沙大道福新工业园、黄沙村黄泥塘、东源县电视塔工地、坝尾沙场等地的丹霞组。蛋类化石分布于河源市南湖山庄、明珠工业区鞋厂、河埔大道石峡山、源城区风光村、南郊红石柱村、石光埔村、洗米坑、啸仙中学、氮肥厂、长坑、船厂东、麻竹窝、深坑、陈田、东源县电视塔工地、仙塘、黄沙服装厂、木京坝尾沙场、木京水电站、乌石粘、枫树坪等地的丹霞组中。

从1996年3月发现第一窝恐龙蛋化石至今,河源共出土恐龙蛋化石589窝。2005年初,河源市博物馆馆藏恐龙蛋化石达10 180枚,数量列世界第一,从而获得吉尼斯世界纪录(图3-47B、C)。恐龙蛋计有风光村树枝蛋(*Dendroolithus fengguangcunensis*)、三王坝村副圆形蛋(*Paraspheroolithus sanwangbacunensis*)、瑶屯巨形蛋(*Macroolithus yaotunensis*)、长形长形蛋(*Elongatoolithus elongatus*)和短圆形蛋(*Oolithes spheroides*)(方晓思等,2005)。此外,在河源市河埔大道石峡山还发现8组共168个恐龙足迹化石(图3-47D)等。据统计,河源还出土7具恐龙骨骼化石个体,计有晰臀目:母驼龙属(*Ingenia*)、窃蛋龙类(*Oviraptosaurs*)和黄氏河源龙(*Heyuannia huangi*)(图3-47E、F)。

"恐龙之乡"河源市因蕴藏着大量恐龙蛋及恐龙骨骼化石,对研究恐龙灭绝之谜意义重大。河源盆地窃蛋龙类化石的发现在华南尚属首次,已知时代是晚白垩世坎潘期—马斯特里赫特期(张显球等,2005)。窃蛋龙类化石的发现,为河源盆地的红层的划分、对比和时代确定提供重要依据。

遗迹评价等级:世界级。

12. 南雄爬行哺乳类化石产地

南雄爬行哺乳类化石产地属于韶关市南雄市管辖,于2005年5月经广东省人民政府批准为恐龙化石群省级自然保护区,2013年认定为国家级重点保护古生物化石集中产地。化石产地共有3个保护分区(图3-48),保护一区位于南雄城南—主田镇一带,地理坐标为:E 114°18′15″—114°22′30″,N 25°03′35″—25°06′35″,总面积为12.52 km²;保护二区位于湖口镇—水口镇公路西南一带的龙凤塘-上湖洞-罗佛寨等地,地理坐标:E 114°22′25″—114°26′00″,N 25°08′00″— 25°11′05″,总面积为17.91 km²;保护三区位于黄坑镇东北一带的杨梅坑-坪岭等地,地理坐标:E 114°30′00″— 114°32′00″,N 25°14′00″— 25°16′45″,总面积为11.78 km²。

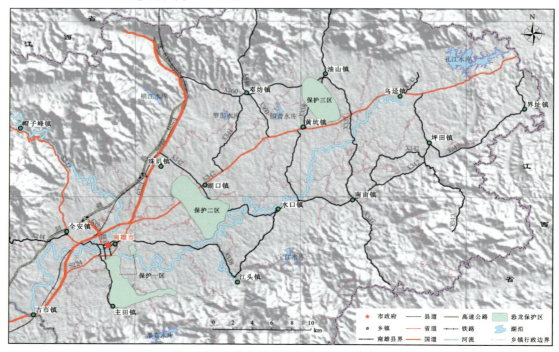

图3-48 南雄爬行哺乳类化石产地分布图

南雄盆地爬行动物化石主要产于南雄群中。恐龙蛋主要分布于南雄城南、乌迳、瑶屯、大凤-河南街、下修仁、始兴古市、马市、黄沙潭、竹田岭等地,爬行动物化石有龟鳖目、鳄目、蜥臀目、鸟臀目、恐龙蛋(图3-49)、恐龙牙齿(图3-50)、恐龙骨骼等,此外在坪岭剖面主田组见恐龙脚印。董枝明(1979,1980)和张显球(1987)研究,称为 Tyrannosauridae – Hadrosauridae 组合。

哺乳动物化石分布于南雄大塘坪岭剖面的浓山组,南雄珠玑、修仁、湖口、哑斗坳、凤门坳等地的上湖组或浓山组。哺乳动物化石有亚兽目,裂齿目,踝节目,钝脚目:南雄阶齿兽(Bemalambda nanhsiungensis)、肿骨阶齿兽(Bemalambda pachyoesteus)、粗壮阶齿兽(Bemalambda crassa),灵长目,贫齿目:东方蕾贫齿兽(Ernanodon antelios),食肉目等。综合童永生等(1976)及张显球(1987)研究成果,划分 Bemalambdiae 组合带和 Archaeolambdidae 组合。

南雄盆地恐龙蛋化石已发现6科12属19种,拥有世界独有的蛋化石,且类型多样,密集分布,保存完好,层数很多,国内外较为罕见,科学价值高。此外,还有南雄阶齿兽、罗佛寨亚兽等古近纪哺乳动物化石和乌迳南雄龟、湖口龟等龟鳄化石,以及介形虫、轮藻类等化石,古生物化石种类超过60属110种,是我国重要的古生物化石集中产地。

遗迹评价等级:国家级。

图3-49 南雄长形恐龙蛋化石

图3-50 南雄恐龙牙齿化石

13.兴宁四望嶂组双壳类化石产地

兴宁四望嶂组双壳类化石产地属于梅州市兴宁市黄槐镇管辖,地理坐标:E 115°47′42″,N 24°29′43″。双壳类化石产于四望嶂组碎屑岩中。该组主要岩性为灰黑色、深灰色、褐黄色微薄—中厚层状钙质粉砂岩,钙质泥质粉砂岩与钙质泥岩互层,夹深灰—灰黑色薄—中层状泥灰岩。前人于四望嶂组采有丰富的化石,计有双壳类:$Eumorphotis\ multiformis$(多饰正海扇),$E.\ multiformis\ rudaecosta$,$Unionites\ fassaensis$,$Promyalina$ sp.,$Leptochondria$ sp.,$Posidonia$ sp.,$Bahevellia\ costata$,$Claraia\ concentrica$,$C.$ cf. $hubeiensis$,$C.\ aurita$,$C.\ clarai\ desquamata$,$C.\ stachei$,$C.$ cf. $clarai$,$C.\ hunanica$,$C.\ longyanensis$,$C.\ griesbachi$,$C.\ dieni$,$Pseudoclaraia\ wangi$(王氏假克氏蛤)及菊石 $Ophiceras$ sp. 等。多饰正海扇($Eumorphotis\ multiformis$),壳近长卵形,铰边长直,略膨凸。前耳近平坦,不成弧形。壳面具有规则的四级放射线。四望嶂组地质时代属早三叠世,沉积环境为泥质潮坪相沉积。

遗迹评价等级:省级。

14.蕉岭白湖船山组䗴类化石产地

该产地位于梅州市蕉岭县文福镇白湖村(图3-51),地理坐标:E 116°12′09″,N 24°45′29″。白湖剖面10、13、14、16、17层船山组富含䗴类:后平常假希瓦格䗴($Pseudoschwagerina\ postvulgaris$)、缪勒氏假希瓦格蜓（P. moelleri）、简单麦蜓（Triticites simplex）、中华麦蜓（T. chinensis）、朱氏麦蜓（T. chui）。简单麦蜓（Triticites simplex），壳中等，亚圆柱形至长纺锤形。该产地是标准蜓类化石产地，其中麦蜓是晚石炭世道遥期的标准化石，假希瓦格蜓是紫松期的特征化石，具有较高的学术研究价值。白湖剖面是省内仅有的晚石炭世至早二叠世过渡性质的地质剖面，在14层除了麦蜓和假希瓦格蜓，尚有球希瓦格蜓，是研究晚石炭世与早二叠世地层界线的理想基地。

遗迹评价等级：省级。

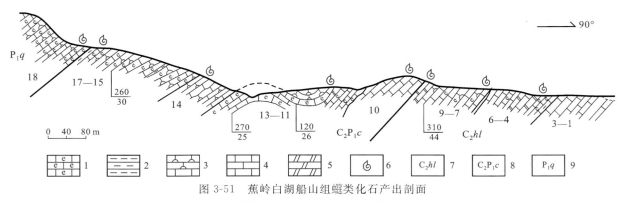

图 3-51　蕉岭白湖船山组蜓类化石产出剖面

1.生物碎屑灰岩；2.泥岩；3.含燧石结核灰岩；4.灰岩；5.白云岩；6.蜓类化石；7.黄龙组；8.船山组；9.栖霞组

15. 茂名盆地脊椎动物化石产地

茂名盆地脊椎动物化石产地属茂名市茂南区和电白区羊角镇管辖，地理坐标：E 110°50′50″—110°58′17″，N 21°38′36″—21°43′30″。

茂名盆地铜鼓岭组富含恐龙蛋化石，茂名乙烯生活区、官渡、迎宾路、车上学村、茂东火车站前、茂南区农行综合楼工地6处发掘出土了11窝6个种属共100多枚恐龙蛋化石。恐龙蛋：圆形蛋（Oolithes spheroides）、长形长形蛋（Elongatoolithus elongatus）（图3-52）。

茂名盆地油柑窝露天油页岩采矿场油柑窝组富含脊椎动物化石，有鲤形目的茂名鲤（Cyprinus maomingensis）（图3-53）、龟鳖目的茂名无盾龟（Anosteira maomingensis）、印痕鳖（Aspideretes impressus）、湖泊等长龟（Isometremys lacuna），以及鳄目的石油马来鳄（Tomistoma petrolica）。

茂名盆地的脊椎动物化石，特别是茂名无盾龟个体多，保存完整，极具观赏价值。恐龙蛋为茂名盆地红层的划分、对比和时代确定提供了重要依据，同时也是研究广东省中、新生代地层和古生物的重要基地。

遗迹评价等级：省级。

图 3-52　长形恐龙蛋化石

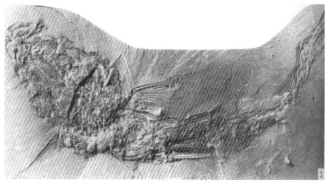

图 3-53　茂名鲤化石

16. 云浮云安三叶虫化石产地

云浮云安三叶虫化石产地地理坐标：E 111°57′25″，N 23°01′34″。三叶虫主要存在于岭下组（S_1lx）灰绿色薄层含粉砂质页岩，灰色、浅灰黑色薄层页岩与粉砂质页岩互层，粉砂质页岩与页岩，薄层页岩夹薄层页岩与粉砂岩的下部。该组主要有三叶虫：*Coronocephalus rex*，*Otarion* cf. *diffractum*，*O. tuangtungensis*；腕足类：*Plectodenta nanbsiangensis*，*Brachyzyga pentameroides*，*Chonetes* cf. *proliferus*，*Leptaena* sp.，*Orbicaloidea* sp.，*Stenochisma* cf. *althi*，*Rhipidomella* sp.；腹足类：*Hormotoma hutsingensis*，*Ecculiomphalus* sp.，*Potella* sp.，*Poleumitia changyiensisi*；双壳类：*Proetus* cf. *latilimcata* 及竹节虫：*Tentaculites* sp. 等。

三叶虫纲霸王王冠虫 *Coronocephalus rex* 的产出数量最多，其主要特征为头鞍前叶呈扁圆形或椭圆形，向上平凸，表面瘤点密集且成对出现，形似王冠。头鞍沟长，有三对，都不横穿前头鞍叶，其中第三对不横穿头鞍（伍鸿基，1990）。小耳虫属包含衍射小耳虫（比较种）*Otarion* cf. *diffractum* 与广屯小耳虫 *Otarion guangtungensis*，属征为头部半圆形，具长的颊刺。外边缘窄，内边缘较宽，边缘沟清楚。头鞍沟一对，斜伸至颈沟分出一对显著的基底叶。眼小，无眼脊。尾小而短，壳面具疣点。

根据区域对比得知，云浮云安岭下组的地质时代归属于罗德洛世晚期（高斯特期—卢德福特期）。

遗迹评价等级：省级。

17. 三水盆地脊椎动物化石产地

三水盆地位于广东省中部，面积约为 3300 km²，为一近菱形的白垩纪—古近纪盆地。三水盆地恐龙蛋化石与骨骼化石非常丰富（图 3-54），化石赋存层位为上白垩统三水组（K_2ss）和大塱山组（K_2d），已发现有佛山河口、平洲、大塘工业园，四会大沙工业园、清远石角高咀，广州番禺、白云区等 10 多处化石点。

2006 年以来先后在河口文塔三水二桥、河口地质队基地西侧和北江大堤涵洞 3 处发现恐龙蛋化石，前两处为圆形蛋类，其中一窝有 20 多枚，长径 9～11.5 cm，短径 5.5～7.5 cm，蛋壳厚 2～3 mm，壳面粗糙，经中国地质博物馆方晓思研究员鉴定为下坪披针蛋 *Lanceoolithus xiapingensis*，后者为长形蛋类，壳薄，厚约 1 mm，表面有蠕虫状花纹，为安氏长形蛋 *Elongatoolithus andrewi*。

2007 年在三水区大塘工业园区上白垩统三水组中发现多窝恐龙长形蛋类和圆形蛋类化石，以及大量分散的恐龙蛋皮，并首次发现恐龙骨骼化石。圆形蛋类直径 8.5～10 cm，蛋壳厚 2～2.5 mm，壳面粗糙，有的近乎光滑，未见花纹，有石塘羽片蛋 *Pinnatoolithus shitangensis*、南雄羽片蛋 *Pinnatoolithus nanxiongensis*、下坪披针蛋 *Lanceoloolithus xiapingensis*。长形蛋类长径 14～15 cm，短径 5～6.5 cm，蛋壳厚 1 mm 左右，壳面有点状、蠕虫状花纹。切片鉴定有瑶屯巨形蛋 *Macroolithus yaotunensis*、长形长形蛋 *Elongatoolithus elongatus* 和安氏长形蛋 *Elongatoolithus andrewi*。

2019 年朱旭峰等在三水盆地发现首个始丰石笋蛋（*Stalicoolithus shifengensis*）蛋窝。蛋窝位于佛山南海大沥镇北村的三水组红层中，保存有 3 个近完整的蛋化石和两个印痕。恐龙蛋呈球形，平均直径为 10.5 cm；蛋壳较厚，平均厚度为 3.50 mm，由柱状消光的壳单元组成，锥体层与柱状层界线不明显；锥体层的厚度为 0.25 mm，约占蛋壳厚度的 1/14，锥体在弦切面下呈花瓣状；柱状层可分为内层、中间层和外层，其中中间层和外层发育大量次生壳单元，气孔道呈蠕虫状。

四会大沙镇是重要的恐龙化石产地。2010 年有市民在罗坑村北部芙蓉岗首次采集到恐龙骨骼化石和恐龙蛋化石，2017 年该地又陆续发现有恐龙化石。2018 年、2019 年，四会博物馆派出工作人员在大沙工地现场采集有恐龙化石标本和恐龙蛋壳标本。大沙镇发现的恐龙化石标本有恐龙牙齿、骨骼和恐龙蛋化石，初步判断属霸王龙、伤齿龙、窃蛋龙等（林聪荣等，2020）。四会市博物馆藏 3 件大沙镇产出的恐龙牙齿化石（图 3-55），恐龙牙齿化石 SHS115，保存长度约为 8.2 cm，牙齿保存部分略微弯

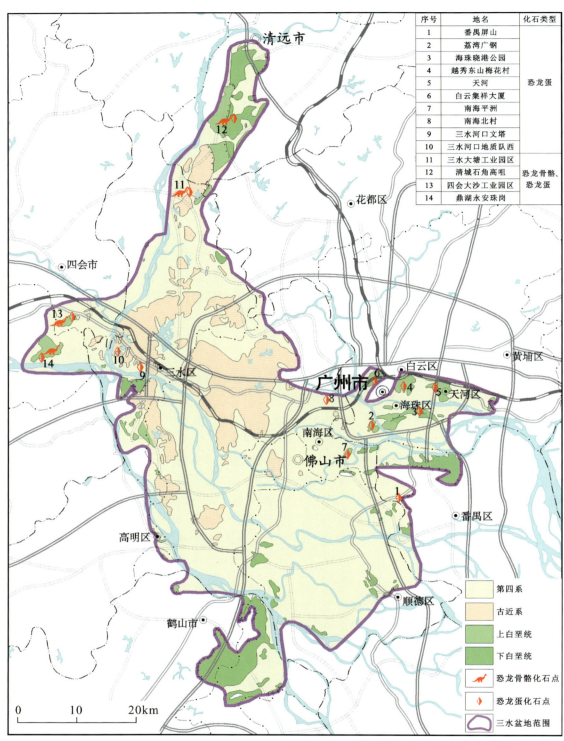

图 3-54　三水盆地恐龙化石分布图

曲,釉质层较薄,一侧边缘有锯齿,牙齿齿尖、齿根缺失,拟为霸王龙。恐龙牙齿化石 SHS114,保存长度约为 3.8 cm,牙齿保存部分略微弯曲,整体呈锥形,釉质层较薄,边缘锯齿、齿尖齿根缺失。恐龙牙齿化石 SHS113,保存长度约为 7 cm,牙齿保存部分略微弯曲,整体呈锥形,边缘有锯齿,齿尖锋利。牙齿中部、齿根缺失。SHS114 和 SHS113 拟为伤齿龙类。

图 3-55　四会大沙镇恐龙牙齿化石(林聪荣等,2020)

大沙镇产出的典型恐龙骨骼化石标本有 4 件(图 3-56),恐龙股骨化石 SHS3 保存长度约为 31 cm,股骨体微内凹,下端一侧外侧髁保存较好,有 3 个髁间,股骨上端缺失。恐龙胫骨化石 SHS4,保存长度约为 35.5 cm,胫骨体呈柱体,下端内外髁保存较好,有 1 个髁间,胫骨上段缺失。恐龙盆骨化石 SHS8,保存长度约为 37 cm,宽 21 cm,髂骨翼部分缺失。恐龙胫骨及椎骨化石 SHS206,其中胫骨化石保存长度约为 30 cm,胫骨体呈柱体微曲,下端内外髁保存完整,有 1 髁间。椎骨化石保存长度约为 9.7 cm,椎弓呈"C"形,一侧椎体外凸。

图 3-56　四会大沙镇恐龙骨骼化石(林聪荣等,2020)
SHS3.股骨；SHS4.胫骨；SHS8.盆骨；SHS206.胫骨及椎骨

同时,三水盆地古近系华涌组(E_2h)见鱼类、鳄类、蛙类以及鸟类等化石。禅城紫洞华涌组黑色凝灰质页岩含大量以鲤科鱼类为主的鱼化石(图3-57),个体数量丰富,种类较多,有骨舌鱼、骨唇鱼、湖泊剑鲌、洞庭鳜等,鱼体较大,有些个体长达20多厘米。黑色凝灰质页岩含2个鳄类化石,头部很清楚,头长5.5 cm,后部宽3 cm,前端尖长,呈三角形,眼眶大,呈椭圆形,尾巴长。灰色泥岩含多个保存尚完好的龟化石,龟化石个体小,体长一般10～165 cm,头部、躯干、四肢清晰可见。灰色泥岩含两只青蛙化石,保存尚好,体长5 cm,头部、躯干、四肢清晰可见,上颌边缘长满细梳状排列的牙齿(图3-58)。在南海区华涌组见鸟化石,化石不完整,仅出露鸟爪(图3-59)。

华涌组鱼群与蛙、龟、鳄、鸟等多门类脊椎动物同层出现,为古近纪地层划分对比、时代确定、沉积环境分析和脊椎动物化石研究增添了新资料。青蛙是水陆两栖动物,很难保存为化石,完整的青蛙化石世界上也极为少见。两栖类处于水生鱼类和陆生爬行类之间的过渡类型,在生物演化发展史上,从水生到陆生是一次重要的飞跃,青蛙对研究生物进化有重要意义,因此非常珍贵。三水盆地发现的青蛙化石产于5000万年左右的华涌组中,是我国华南地区,也是我国古近纪地层首次发现的青蛙化石。

遗迹评价等级:国家级。

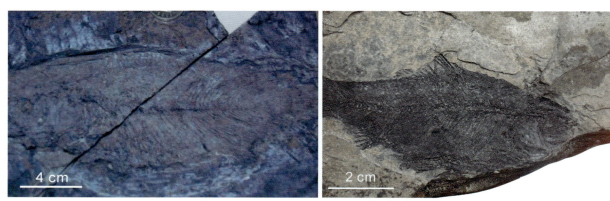

图3-57　紫洞骨舌鱼化石

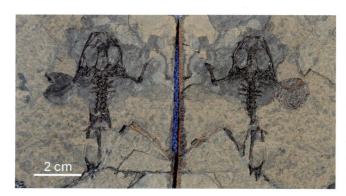

图3-58　紫洞青蛙化石

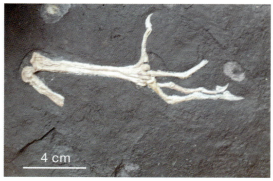

图3-59　紫洞张氏三水鸟爪化石

18. 南澳金鸡组菊石蕨类化石产地

南澳金鸡组菊石蕨类化石产地位于南澳镇水头沙村,化石产于英管岭山麓的下侏罗统金鸡组(J_1j)水头沙剖面,化石产地地理坐标:E 114°27′60″,N 22°34′42″。

区内金鸡组系一套海陆交互相滨海-浅海相砂岩和泥质岩沉积,总厚度大于600 m。水头沙剖面金鸡组上部层位砂岩和砾岩中见大量双壳类和菊石化石,其中双壳类6属11种,主要包括 Astarte,

Luciniol，*Mesomilthra*，*Pseudotrapezium*，*Protocardia* 以及 *Homomya* 等，共生菊石以 *Hongkongites hongkongensis* 为代表。

植物化石产于金鸡组中部深灰色和灰黑色薄层状含碳质粉砂质斑点状板岩中，化石数量十分丰富，化石形态和叶脉轮廓清晰，尤其是羽叶和羽轴保存较好。初步鉴定出 15 属，分别归入蕨类植物的木贼类和真蕨类（图 3-60），裸子植物的本内苏铁类、尼尔桑类以及松柏类五大类群。主要的属包括木贼类 *Equisetites*，*Neocalamites*；真蕨类 *Clathropteris*，*Dictyophyllum*，*Cladophlebis*；本内苏铁类 *Otozamites*，*Ptilophyllum*，*Zamites*，*Nilssonia*，*Williamsoniella*；松柏类 *Pagiophyllum*，*Elatocladus*，*Sphenolepis* 以及 *Taeniopteris* 等。

图 3-60　南澳金鸡组蕨类苏铁等植物化石（王永栋等，2014）
A 和 B. 木贼 *Equisetites* spp. 的叶鞘及关节盘化石；C. 真蕨 *Clathropteris* sp.；D. 蕨类 *Clathropteris* cf. *meniscoide*，图中 a 为共生的 *Otozamites* sp. 羽片；E. 本内苏铁类 *Otozamites* cf. *hsiangchiensis* 的羽叶及叶柄；F. 松柏类 *Pagiophyllum* sp. 的叶片

蕨类植物中的木贼类主要保存为 Equisetites 的茎部叶鞘和关节盘。真蕨类则以双扇蕨科为代表，且以 Clathropteris 为主并颇具代表性，化石标本多保存为蕨叶的一部分，中脉粗直，一级侧脉清晰，与中脉以较大角度斜生，侧脉间互相连接形成较为规律而整齐的长方形网格，网格内见更细的脉网。

本内苏铁类以耳羽叶（Otozamites）占主导地位。标本羽叶和完整叶柄保存完好，单个羽叶保存长度达 28～30 cm。Otozamites 单个裂片顶端尖锐，多为镰刀状或呈伸长的三角形。叶脉自裂片基部下半部放射状伸出，分叉多次。与大量 Otozamites 保存在一起的松柏类植物以具小型鳞片叶的 Pagiophyllum 为主，鳞片叶小而短，排列紧密，螺旋排列于小枝上，宽度不超过 1 mm，长 2～3 mm。

根据菊石-双壳类化石组合，南澳金鸡组菊石蕨类化石产地金鸡组地质时代属早侏罗世赫塘期—辛涅缪尔期（Hettangian-Sinemurian）。

南澳金鸡组菊石蕨类化石产地对开展广东早中生代含煤地层对比和区域早侏罗世古生态、古气候和古地理环境研究具有重要科学价值，是珠三角地区价值较高的古生物化石科普场所。

遗迹评价等级：省级。

19. 花都华岭古生物化石产地

花都华岭古生物化石产地位于广州市花都区炭步镇大涡村、华岭、讴村、骆村所围绕的北西向山体中，地理坐标：E 113°3′12.01″，N 23°18′12.35″。古生物化石主要为蕨类、苏铁类等植物化石以及伴生少量双壳类、昆虫等，化石赋存于上三叠统小坪组（T_3x）碎屑岩中。

据广东省地质调查院实施完成的"广州市花都区重要古生物化石产地地质调查"项目成果，花都华岭古生物化石产地已鉴定植物化石属种总计 39 属 75 种，其中节蕨类 4 属 10 种（图 3-61），真蕨类 11 属 23 种（图 3-62），种子蕨类 3 属 4 种（图 3-63），本内苏铁类 8 属 19 种，松柏类 2 属 3 种（图 3-64），苏铁类 3 属 6 种（图 3-65），银杏类 5 属 7 种（图 3-66），种子化石 1 属 1 种，以及未定属种 2 属 2 种，新类型有 16 属。

小坪组植物组合中裸子植物占据优势地位，约占整个植物群的 56%，蕨类植物次之，约占整个植物群的 44%。裸子植物中，本内苏铁类占据绝对优势，Pterophyllum（侧羽叶属）与 Ptilophyllum（毛羽叶属）数量大，且多样性丰富；种子蕨以 Thinnfeldia（丁菲羊齿属）、Protoblechnum（原始乌毛蕨属）与疑似种子蕨化石果为主；真蕨植物多样性丰富，其中 Cladophlebis（枝脉蕨属）、Dictyophyllum（网叶蕨属）更为富集，Clathropteris（格子蕨属）较少，在少数层位富集；节蕨类中 Neocalamites（新芦木）茎干与 Equisetites（似木贼）茎干与关节盘在几个层位较为富集，松柏类以苏铁杉为代表，在多个层位富集。

花都炭步地区上三叠统小坪组沉积早期为三角洲平原河漫滩环境，气候湿热，沼泽森林发育，晚期则为水体较深的湖泊-沼泽环境。花都华岭植物化石属种丰富，多数形态保存清晰，少数保存有角质层及原位孢子，并见多属植物生殖器官化石，最具有特色的是保存有 1 块本内苏铁类 Williamsonia（威廉姆逊属）生殖器官化石，国内外较为罕见。另外，由于独特的海陆交互相沉积，植物化石中伴生有双壳类及昆虫类等动物化石（林启彬，1989）。

花都华岭古生物化石产地对研究广东珠江三角洲地区晚三叠世沉积古地理、古环境以及古生物演变具有极其重要的地学价值，也是较难得的古生物科普教育基地。

目前，该地质遗迹已得到初步保护，禁止人为破坏。花都区政府已组织编写了重要古生物化石产地遗迹保护方案，明确了地质遗迹保护范围及相应保护措施。下一步拟开展地质遗迹保护区（地质公园、国家重点保护古生物化石集中产地）建设工作。

遗迹评价等级：国家级。

图 3-61 节蕨类典型化石

A. 似木贼；B. 新芦木；C. 似根；D. 杯叶

图 3-62 真蕨类典型化石

A. 网叶蕨；B. 枝脉蕨；C. 格子蕨；D. 楔羊齿

图 3-63 种子蕨类典型化石

A. 丁菲羊齿；B. 原始乌毛蕨

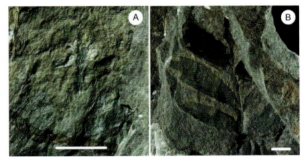

图 3-64 松柏类典型化石

A. 伏脂杉；B. 苏铁杉

图 3-65 苏铁类典型化石

A. 尼尔桑；B. 篦羽叶

图 3-66 银杏类典型化石

A. 拜拉；B. 似银杏；C. 狭轴穗

（图中标尺长度＝1 cm）

五、重要岩矿石产地

广东省岩矿石产地类地质遗迹中 21 处入选重要岩矿石产地类地质遗迹,其中典型矿床类露头 10 处,分别为连平大顶铁矿产地、梅县玉水铜矿产地、曲江大宝山多金属矿产地、仁化凡口铅锌矿产地、云浮大降坪硫铁矿产地、信宜银岩斑岩锡矿产地、茂名金塘油页岩矿产地、高要河台金矿产地、长坑-富湾金银矿产地、从化亚髻山正长岩矿产地;典型矿物岩石命名地 3 处,分别为肇庆广宁玉产地、信宜金垌南方玉产地、肇庆端砚产地;矿业遗址 8 处,分别是五华白石嶂钼矿遗址、韶关芙蓉山煤矿遗址、南海西樵山古采石遗址、番禺莲花山古采石遗址、东莞石排燕岭古采石遗址、东莞大岭山采石遗址、深圳鹏茜大理石采矿遗址、深圳凤凰山辉绿岩采矿遗址。

1. 连平大顶铁矿产地

大顶铁矿是华南地区大型露天磁铁矿山,地理坐标:E 114°36′22″,N 24°07′15″,属河源市连平县管辖。矿区占地面积 8.04 km²,目前保有 5000×10⁴ t 的铁矿石储量,平均矿石品位达 43%,是广东华南最大的优质铁矿供应基地。大顶铁矿处于南岭东西向构造-岩浆岩带之佛冈复式岩体东端,东以北东向河源深大断裂为界与中国东南沿海中生代火山岩带毗邻,属于华南褶皱系东南部的闽南、粤东铁矿带内。矿区中心为石背穹隆构造,穹隆以石背花岗岩体为中心,形成轴线为 NE66°~75°的背斜,背斜长为 20~22 km,宽为 12~16 km。穹隆中心部位存在一系列张性断裂,铁多金属矿床主要产于岩体外接触带张性断裂构造中(图 3-67)。

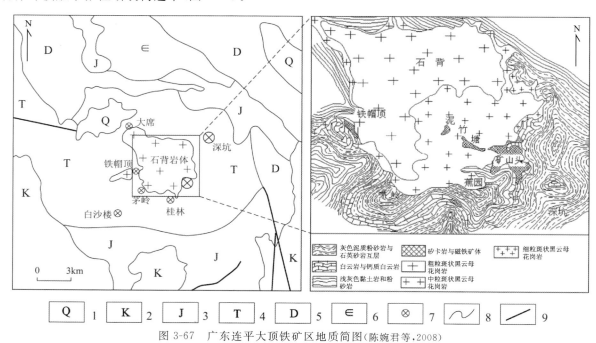

图 3-67　广东连平大顶铁矿区地质简图(陈婉君等,2008)
1. 第四系;2. 白垩系;3. 侏罗系;4. 三叠系;5. 泥盆系;6. 寒武系;7. 矿床;8. 地质界线;9. 断层

大顶铁矿床是中国大顶式铁矿成矿模型的典型矿床。铁矿床主要包括矿山头、泥竹塘、蕉园、深坑、铁帽顶和茅岭 6 个独立铁矿床,矿床成因类型为高温热液接触交代矽卡岩型磁铁矿。矿石矿物主要由磁铁矿组成,并伴有少量的假象赤铁矿、褐铁矿、赤铁矿、锡石等矿物。林小明等(2016)测定石背岩体粗粒斑状黑云母花岗岩(DD001)和中粒斑状黑云母花岗岩(DD002)LA-ICP-MS 锆石 U-Pb 年龄为(174.3±3.6)Ma 和(176.9±4.3)Ma,表明大顶矽卡岩型磁铁矿成矿作用与早侏罗世晚期岩浆活动关系密切。

遗迹评价等级:省级。

2. 梅县玉水铜矿产地

玉水铜矿位于广东省梅县县域北北东方向 13 km 处,地理坐标:E 116°10′35″,N 24°24′54″,属一中型高品位隐伏铜矿床,因共伴生铅、锌、银和镉等金属成矿元素,又称为玉水铜多金属矿床。玉水铜矿是 20 世纪 80 年代中期发现的富铜多金属矿田,由于矿床的成矿地质条件特殊,矿床规模小,但品位特富,是国内外罕见的富铜的铜多金属矿床,经济价值大,引起了全国矿床地质工作者的极大兴趣。铜多金属矿体分布于上石炭统—下二叠统壶天组(C_2P_1h)碳酸盐岩及下石炭统忠信组砂岩中。矿体沿层间破碎带及断裂破碎带产出,矿石呈块状、浸染状和细脉状(郭锐等,1999)。

铜多金属矿体的矿石按空间产出特征可分为层间断裂破碎带中的块状矿石、忠信组砂岩及壶天组碳酸盐岩中的细脉浸染状和条带状矿石,以及其他断裂构造带中的脉状和块状矿石。玉水矿田产出的铜矿物种类较多,主要有黄铜矿、斑铜矿、辉铜矿,其次为锌黝铜矿、锌砷黝铜矿、硫铅铜矿和硫铜银矿(陈炳辉等,1994)。平均铜品位约 4%,铅矿主要为方铅矿,锌矿主要为闪锌矿,银主要以类质同象的形式存在于铜铅矿物中,一般含量在 80 g/t 以下,为伴生金属矿物。根据 1998 年广东省地质局 723 地质大队提交的矿区详查地质报告,共探得储量:1 号、3 号矿体 C+D 级铜铅锌矿石量约 403.9403×10^4 t,C+D 级金属量:铜 98 825 t,铅 182 576 t,银金属量 39.58 t。

玉水矿床属海相火山岩型矿床,其成因与海西期海底火山喷发的含矿热液沉积有关。海底火山活动使受静压下渗的海水加热,发生循环对流并溶解、淋滤基底地层中的含矿物质,使之成为含矿的热卤水。含矿热卤水沿断裂向上迁移,上升至开始出现能够接受碳酸盐岩沉积的海底时,其中的局限小盆地就具备了容纳和保存还原性热卤水沉积物的物理化学条件。热液中的成矿物质与海水中的硫结合形成铜铅锌银矿物,沉积在此局限小盆地中,且根据热液喷出口的远近和矿物溶解度的相对大小,形成金属元素的水平和垂直分带。铜的溶解度相对较低,故集中于距含矿热液喷出口最近的位置。由于断裂的连续继承性活动,在局部形成一些受断裂构造控制的网脉状多金属矿石。玉水铜多金属矿成矿模式见图 3-68。

遗迹评价等级:省级。

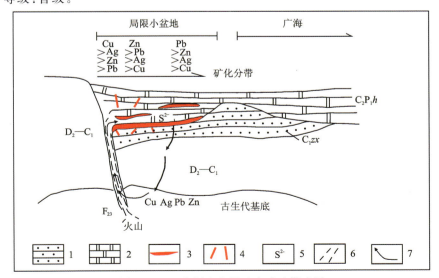

图 3-68 玉水铜多金属矿床成矿模式图
1.砂岩;2.碳酸盐岩;3.层状矿体(多金属矿层、矿化凝灰岩层);4.网脉状矿体;
5.海水还原硫;6.火山通道;7.流体运移方向

3. 曲江大宝山多金属矿产地

曲江大宝山矿床（图3-69）位于曲江县城南东15 km，地理坐标：E 113°43′08″，N 24°33′25″，属乌市镇管辖，是一个含铜、铅锌、钨、钼和铁等多种矿产的超大型矿床。区内出露地层有寒武系变质砂板岩，中-上泥盆统浅海相泥质碎屑岩、碳酸盐岩，下侏罗统石英砂岩、粉砂岩、页岩，下白垩统英安质火山岩夹砂页岩（刘莎等，2012）。

区内北北东、北东和近东西向断裂控制成岩与成矿作用，矿床（体）沿次英安斑岩内断裂上下盘呈似层状、透镜状和不规则状产出（图3-70）。围岩蚀变主要为钾长石化、绢云母化、硅化、绿泥石化和矽卡岩化，矿石主要矿物组合为磁黄铁矿、黄铁矿、黄铜矿、闪锌矿、方铅矿、磁铁矿、辉铋矿、自然铋、白钨矿、毒砂、石英、方解石等，矿石类型主要为含铜磁黄铁矿石和含铜黄铁矿-磁黄铁矿石。

图3-69　大宝山矿床露天开采区

图3-70　大宝山矿床矿化露头

矿区主矿体上部褐铁矿体的储量为 $2000×10^4t$，下部大型铜硫矿体储量为 2800 余万吨，并伴有钨、铋、钼、金、银等多种稀有金属和贵金属。主产品为成品铁矿石、铜精矿、硫精矿和一级电解铜。

大宝山多金属矿是我国南岭成矿带典型的多金属硫化物矿床，有关矿床类型的认识主要有：① 燕山期岩浆活动有关的高中温热液填充代矿床；② 海相热液喷气沉积矿床；③ 陆相火山-次火山沉积矿床。2014 年该矿区获批准建立国家矿山公园。

遗迹评价等级：国家级。

4. 仁化凡口铅锌矿产地

仁化凡口铅锌矿位于仁化县董塘镇，地理坐标：E 113°36′35″，N 25°06′50″。矿石主要成分平均品位：Pb 4.89%、Zn 9.12%、S 35.66%，伴生元素有 Ag、Cu、Hg、Ge、Cd、Se、Te 和 Ga 等。截至 2010 年，矿区累计查明资源储量：铅锌 $914.7×10^4t$（金属量）、共生硫铁矿 $6436×10^4t$（矿石量）、伴生银 5393 t（金属量）。该矿床属超大型矿床。

矿产地位于曲江-仁化华里西构造盆地北缘，九峰-诸广山东西向岩浆岩带与北北东向吴川-四会断裂带北段交接复合部位。矿区主要出露晚古生代地层，发育近南北向和近东西向的次一级褶曲和以北北东向为主的断裂。铅锌矿化发育在中—下泥盆统桂头群上部碎屑岩和上石炭世-下二叠统壶天组下部白云岩之间，大部分矿体产于中、上泥盆统中（图 3-71）。

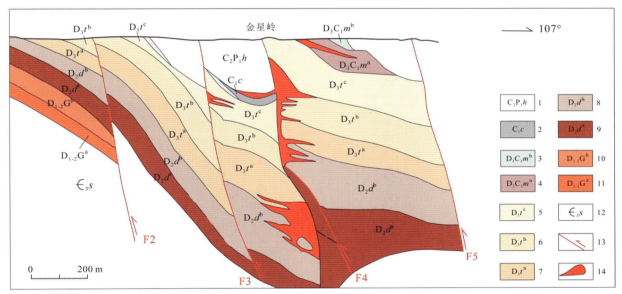

图 3-71　凡口铅锌矿区地质剖面（王涌泉，2009）

1.壶天组白云岩；2.测水组砂页岩；3—4.帽子峰组上段砂页岩、下段砂页岩夹泥灰岩；5—7.天子岭组上段花斑状灰岩、中段瘤状灰岩、下段鲕状灰岩、生物碎屑灰岩；8—9.东岗岭组上段泥质页岩、粉砂岩、下段白云岩、瘤状灰岩；10—11.桂头群上段及下段砂页岩夹砾岩；12.水石组浅变质砂页岩；13.逆断层；14.硫铁铅锌银矿体

矿产地包括水草坪、铁石岭、富屋、凡口岭 4 个矿床，其中以水草坪矿床规模最大，占全矿区铅锌储量的 99%。矿体形态较复杂，呈瓜藤状、似层状、楔形状、透镜状、不规则囊状（张术根等，2009）。矿石主要由闪锌矿、方铅矿和黄铁矿组成，存在致密块状黄铁铅锌矿石、致密块状黄铁矿矿石和浸染状黄铁铅锌矿石 3 种类型。矿石构造有块状、条带纹层状、浸染状，以及脉状、角砾状和斑点状构造等（苏晶文等，2005）。矿石中主要金属矿物有闪锌矿、方铅矿、黄铁矿，次要金属矿物有毒砂、黄铜矿、雌黄铁矿、辉钼矿、黝铜矿、硫锑铅矿、辉锑矿、辰砂等，非金属矿物有石英、方解石、白云母、绢云母、重晶石、萤石、电气石等（王涌泉等，2009）。

凡口铅锌矿床成因复杂，成因类型仍存在争议。成矿规律研究及认识大体可划分为 3 个阶段：

①第一阶段。1980年以前,主要成因观点为中低温热液脉状矿床;②第二阶段。1980—2006年,主要成因观点为喷流沉积或沉积改造;③第三阶段。2006年至今,密西西比河谷型(MVT)。目前,主流成矿观点仍是喷流沉积或沉积改造。按赋矿围岩类型划分,凡口铅锌矿床则属碳酸盐岩型矿床。2014年该矿区获批准建立国家矿山公园。

遗迹评价等级:国家级。

5. 云浮大降坪硫铁矿产地

大降坪硫铁矿床位于广东省云浮市西北4.5 km处,地理坐标:E 112°00′46″,N 22°57′49″。矿石有用组分主要为S,平均品位31.04%,共(伴)生组分为Fe、Sn和Tl。查明硫铁矿石量20 160.5×10^4 t,铁矿石量2 248.1×10^4 t,伴生铊金属量7323 t,属超大型矿床。矿区处于大绀山旋扭构造带上,褶皱和断裂发育,褶皱主要有水源坑顶扇形向斜和大台倒转背斜,断裂主要为一组北西转向北北东的弧形断裂。含矿地层为南华系大绀山组一套经过变质作用的斜坡相陆源碎屑沉积-火山沉积组合,岩性为石英云母片岩、二云母片岩,以及薄层状变质碳质粉砂岩、千枚岩、泥质结晶灰岩、钙质石英岩、黄铁矿等(图3-72)。

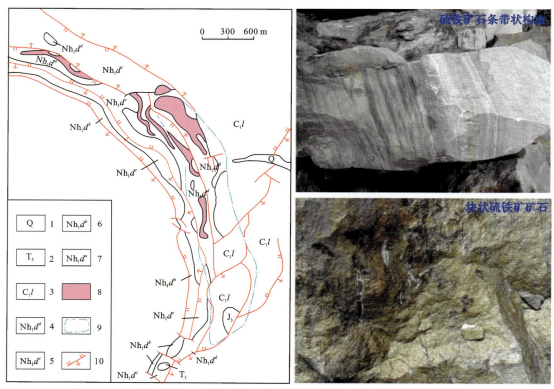

图3-72 大降坪硫铁矿区地质简图及矿石照片

1.第四系;2.上三叠统;3.下石炭统连县组;4—7.南华系大绀山组a～d段;8.铁帽;9.黄铁矿体投影界线;10.断裂

矿区由大降坪、尖山、长排岭3个矿段组成,其中大降坪矿段矿体规模最大,储量占全矿区的85.7%。矿体产状与地层产状基本一致,基本形态大致呈层状、似层状和透镜体状。矿石结构以他形—自形粒状结构为主,其次为压碎结构、交代溶蚀结构、粒状镶嵌结构等。矿石构造以条带状和致密块状构造为主,其次为角砾状构造、浸染状构造和粉状构造。矿石矿物成分主要为黄铁矿,局部见磁黄铁矿、闪锌矿、方铅矿等,矿石有用组分硫的平均品位31.04%。

矿体埋藏浅,大部分可露天开采。矿体在地表除部分水沟内见黄铁矿外,其余均为氧化铁帽。按氧化程度,矿体由地表往下,大致可划分为褐铁矿(铁帽)、硫铁矿粉矿和原生矿3个带。

大降坪矿床成因主要存在两种成因:其一为喷气喷流成因型,其二为沉积-变质改造型。王鹤年等(1996)测得大降坪矿段南采场Ⅲ矿体顶部的硅质岩 Rb‐Sr 同位素年龄为(630.1±7.3)Ma,认为大降坪硫铁矿块状黄铁矿成矿时代为新元古代晚期。张宝贵等(1994)认为该矿床是一个典型的同生热水沉积‐后期热液叠加改造型矿床。

遗迹评价等级:国家级。

6. 信宜银岩斑岩锡矿产地

信宜银岩斑岩锡矿床位于广东省信宜市东,地理坐标:E 111°18′11″,N 22°21′35″,处于云开加里东隆起区大田顶混合岩田中部。矿石有用组分以 Sn 为主,共(伴)生 W 和 Mo。矿区查明 Sn 金属量 $14.6×10^4$ t,Sn 平均品位 0.358%,为大型矿床。

矿区变质地层岩性为云开岩群($Pt_{2-3}Y$)云母石英片岩、黑云石英变粒岩、黑云堇青钾长变粒岩、二云变粒岩等,与矿化有关的岩浆岩为石英斑岩和花岗斑岩(傅昌来等,1992)。花岗斑岩呈筒状侵位,隐伏于地下百米左右,地表以脉状产出。锡矿体呈倒杯状产于花岗斑岩体中上部,仅小部分分布于岩体外接触带斑岩脉内,主矿体长 633~780 m,宽 578~653 m,厚 11~274 m。矿石呈浸染状或细脉—细脉浸染状,分为钨锡钼矿石和锡矿石两种类型,前者有用矿物为黑钨矿、锡石和辉钼矿,后者主要为锡石。矿石矿物组合类型有锡石‐石英‐黄玉‐硫化物、黑钨矿‐锡石‐辉钼矿和石英‐黄玉‐黄铁矿组合。蚀变类型主要为云英岩化、硅化、绢英岩化和黄玉化等(图 3‐73)。浸染状黄玉化成矿阶段的温度为 320~450℃,脉状硫化物成矿阶段的温度为 140~350℃。矿床 K‐Ar 年龄为 83.08~68.85Ma,表明成矿时代为晚白垩世。

遗迹评价等级:省级。

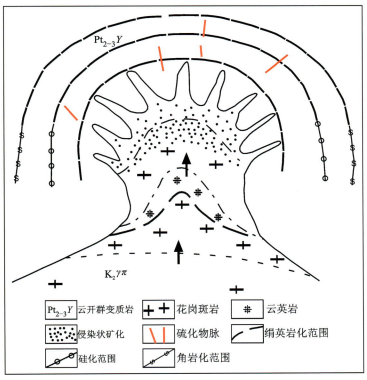

图 3‐73 银岩锡矿成矿模式图

7. 茂名金塘油页岩矿产地

茂名金塘油页岩矿床位于茂名盆地中部,地理坐标:E 110°49′00″—110°53′35″,N 21°42′17″—

21°45′00″。勘探面积约 21 km²，为茂名盆地油页岩勘探开发程度较高的矿区之一。

矿区油页岩分布广，厚度大，含油率较高（6.51%），赋存层位主要为始新统油柑窝组。油页岩以黑色、褐黑色为主，风化色为褐色、浅褐色；硬度 1～2，具韧性；沿层面方向易裂为薄片，劈开面平坦，呈土状光泽，划痕呈蜡质状光泽，新鲜油页岩呈明显的贝壳状断口（图 3-74）；用火可以点燃或冒烟，且有油味。油页岩中富含动植物化石，上部、中部多产动物化石，下部含植物化石。油柑窝组含煤 1～4 层，可采煤层 2 层，油页岩主要位于主煤层之上（严焕榕等，2006）。油页岩走向上连续性好，厚度较大，主采层平均厚度 22.75 m。

广东茂名油页岩的储量非常丰富，目前已探明的储量就有 50 多亿吨，位居全国首位，是非常宝贵的一次能源，主要为露天开采（图 3-75）。

遗迹评价等级：省级。

图 3-74 油页岩

图 3-75 油页岩露天采场

8. 高要河台金矿产地

高要河台金矿产地位于肇庆市高要区河台镇，南东距肇庆市 35 km，地理坐标：E 111°16′48″，N 23°16′54″。矿区处于吴川-四会断裂带与广宁-罗定断裂带北东段交会部位，呈北东东-南西西向条状展布，长 10 km，宽 4.5 km。河台金矿床包括高村、云西、河海、尚台、大平顶、桃子山等矿床，以高村矿床规模最大，勘探程度最高，为大型矿床。矿床产于罗定盆地周边的云开岩群与南华系大绀山组中，是一个典型的韧性剪切带蚀变糜棱岩型金矿。加里东期—燕山期各时期岩浆岩，特别是混合花岗岩也是金成矿作用的重要因素之一。

矿区糜棱岩带是张剪裂隙和主剪切裂隙的交会部位，对形成河台金矿床的富矿包具有重大意义。糜棱岩带中右行雁列排布的张剪裂隙与主剪切裂隙的交会部位，作为糜棱岩带中最大的构造裂隙位置，是含矿热液进行充填成矿形成富矿包的最佳场所。含金千糜岩中主要蚀变有硅化、绿泥石化、绢云母化和菱铁矿化等（图 3-76）。硅化与金矿化关系极为密切，两者强弱同步消长，因而河台金矿被认为是含金变质岩层经印支期岩浆作用，导致含金热液充填交代千糜岩形成岩浆热液矿床。

矿石结构以晶粒状糜棱结构为主，次为交代、包含结构，具条带状、微粒浸染状、细脉浸染状和网脉状、角砾状构造。矿石金属矿物主要为自然金、黄铜矿、黄铁矿、菱铁矿等，次为磁黄铁矿、毒砂、方铅矿和闪锌矿。矿石非金属矿物主要为石英、绢云母，次为长石、白云石、黑云母、锆石等。自然金呈不规则粒状、树枝状，圆粒状次之，自然金粒度以小于 0.01 mm 者为主，以包体金为主包裹于石英中，其次以晶隙金或裂隙金赋存于硫化物和石英晶隙（裂隙）中。矿石金品位达 10 g/t。脉石矿物主要为石英和绢云母。

河台金矿发现于 1982 年，黄金储量约 50 t，另有铜储量 1×10^4 t，是广东省目前最大的黄金生产基地。

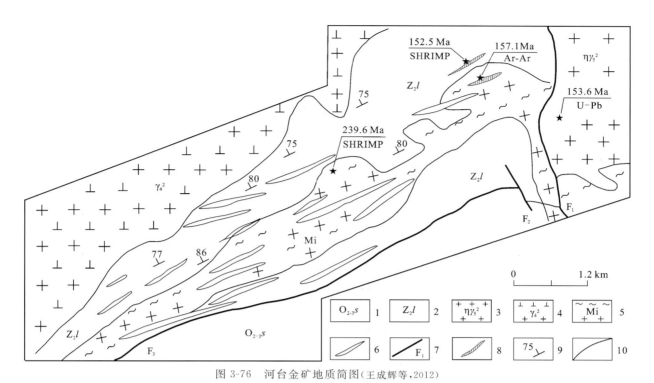

图 3-76 河台金矿地质简图(王成辉等,2012)

1.中—上奥陶统三尖群;2.震旦系乐昌群;3.燕山早期黑云二长花岗岩;4.海西期黑云母斜长花岗岩;5.混合岩、混合片麻岩;6.韧性剪切带型金矿体;7.断层及编号;8.含金石英脉;9.地层产状;10.地质界线

许多学者对河台金矿床进行了成矿作用研究。张志兰等(1988)用 Pb-Pb 法测得高村矿床含金硅化岩的年龄为 171.0 Ma,硫化物年龄为 150.0 Ma,认为成矿具多期、多阶段特征,最后一期矿化发生在燕山期;符力奋(1989)对河台金矿区双保矿床、太平顶矿床和高村矿床的硫化物进行 Pb-Pb 法测年,得到 174～148 Ma 年龄;富云莲等(1991)对河台金矿区高村和双保矿床千糜岩型矿石中的绢云母进行了 $^{39}Ar-^{40}Ar$ 法测年,获得 $(141±6)$ Ma 和 $(132±2)$ Ma 两个年龄;陈好寿等(1991)用热爆裂法获得高村、后逕、云西 3 个金矿床的石英流体包裹体 Rb-Sr 等时线年龄分别为 $(121.9±14.1)$ Ma、$(129.6±6.1)$ Ma 和 $(129.3±4.1)$ Ma;王鹤年等(1989,1992)认为加里东期的区域变质作用和基底混合岩化作用使金发生初步富集,韧性剪切成矿作用形成糜棱岩带浸染型金矿床,海西—印支期的岩浆热液叠加形成局部的富矿体;翟伟等(2004,2005)用石英全溶法和单颗粒锆石 U-Pb 法测得河台金矿床高村 11 号矿体富硫化物含金石英脉流体包裹体 Rb-Sr 等时线年龄为 $(172±2)$ Ma,含金石英脉中锆石的年龄为 $(492±16)$ Ma,认为主成矿期为加里东期,并经历燕山期的热液叠加。而最新的 SHRIMP 锆石 U-Pb 年龄(翟伟等,2006)及 Ar-Ar 年龄(王成辉等,2012)均表明河台金矿主成矿期为燕山期,与伍村岩体成岩作用有关。

遗迹评价等级:省级。

9.长坑-富湾金银矿产地

该产地位于佛山市高明区与高要区交界处,地理坐标:E 112°48′47″,N 23°00′36″。在宏观上,长坑-富湾金银矿床虽产在同一矿田,但两种类型矿体呈分离状态产出,银矿化主要产于矿田南部,金矿化主要产于矿田北部,在剖面上银矿化位于金矿化下部(图3-77)。长坑金矿床 Au 平均品位 7.92 g/t,查明资源储量金 30.4 t,属大型矿床。富湾银矿床以 Ag 为主,共伴生 Pb、Zn 和 Au,Ag 平均品位 268.2 g/t,Au 平均品位 3.36 g/t,查明资源储量银 5488 t,属超大型矿床。与区域金银成矿有关的地层为下石炭统梓门桥组和上三叠统小坪组。长坑金矿矿石呈角砾状、洞穴状,在黄铁矿较多的矿石中呈浸染状或

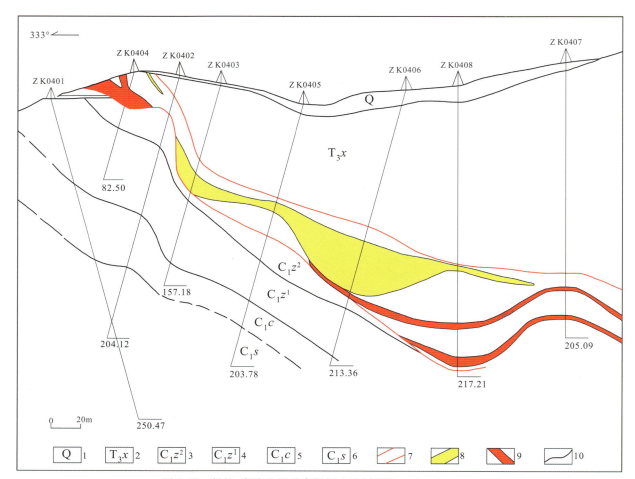

图 3-77 长坑-富湾金银矿床勘探 4 线剖面图(毛晓冬等,2002)
1.第四系;2.上三叠统小坪组;3、4.下石炭统梓门桥组上段、下段;5.下石炭统测水组;
6.下石炭统石磴子组;7.断裂带;8.金矿体;9.银矿体;10.地质界线

脉状。矿石矿物主要为石英、伊利石、黄铁矿、辉锑矿、雄黄等,矿石类型有原生矿和氧化矿,原生矿石中金的赋存形式主要为自然金,氧化矿石中金 95% 呈游离金,金的载体为蚀变伊利石等黏土矿物。富湾银矿体呈层状、透镜状及脉状,矿石呈斑杂状、浸染状、条带状及角砾状,矿石金属矿物主要有银黝铜矿、深红银矿、黝锑银矿、硫锑铅银矿、辉银矿等,矿石类型为原生矿,银以独立矿物形式存在。

据梁华英等(2000)研究,长坑金矿石 Rb-Sr 等时线年龄值为(128±3)Ma,成矿时代属早白垩世晚期。富湾银矿床方铅矿-闪锌矿-银-石英-方解石矿化脉中的石英包裹体 Rb-Sr 等时线年龄为(65±2.5)Ma(梁华英等,1998)和(65±12)Ma(毛晓冬等,2002),表明银成矿作用发生在中生代末与新生代初之间。据昌胜青等(2005)K-Ar、Rb-Sr 及稳定同位素地球化学研究表明,富湾金银矿成矿时间为(132.2±2.5)Ma;杜均恩等(1996)获得两个全岩 K-Ar 年龄分别为(132.2±2.5)Ma 和(136.8±11.3)Ma。因此,长坑-富湾金银矿田成矿作用主要发生在早白垩世晚期,庄文明等(2006)也将长坑-横江多金属成矿作用厘定为中生代燕山期大规模成矿爆发期。

众多资料表明,长坑-富湾金银矿田成矿物质均为壳源。成矿物质与成岩物质一样,均来自卷入熔融的原地岩石,而在早白垩世晚期岩浆结晶过程中,金银等成矿热液流体在向外、向上迁移过程中沉淀析出,形成矿体。不同成矿元素物理化学条件存在差异,故由下至上成矿元素存在 W-Mo-Cu/Pb/Zn-Ag-Au 分带现象。

遗迹评价等级:省级。

10. 从化亚髻山正长岩矿产地

该产地位于广州市从化区良口镇,地理坐标:E 113°36′45″,N 24°24′54″,是迄今广东省内发现的唯一碱性侵入岩体。岩体(图 3-78)主要由角闪石正长岩和方钠石正长岩组成,因富含碱性长石,可作为高级陶瓷原料。矿床储量巨大,矿石总量达 $10×10^8$ t 以上,目前已成为广东乃至华南著名的正长岩非金属矿床。

亚髻山碱性杂岩体位于北东向广州-从化深大断裂西缘,产于佛冈东西向岩浆带中。岩体呈东西向分布,长约 7 km,宽为 0.5~2 km,面积约 9 km²,空间上呈两头大、中间小的哑铃状。主体岩性为角闪石正长岩和方钠石正长岩。方钠石正长岩出露于岩体西侧,面积为 1~1.5 km²,岩石呈灰白色,具半自形粒状、自形粒状、似斑状结构,块状、斑杂状构造。角闪石正长岩出露面积约 4.5 km²,呈灰白色,具半自形粒状结构,块状构造。矿物组成:正长石 20%,条纹长石 70%,角闪石 7%,黑云母 2%,绿帘石少量。岩石主要由钾长石组成,其次为角闪石、黑云母等,多呈中细粒结晶,多为半自形—他形粒状。

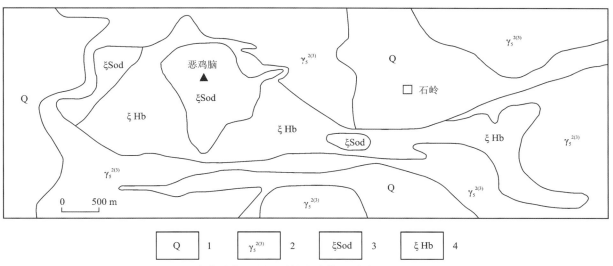

图 3-78 广东从化亚髻山碱性杂岩体地质略图(李宏卫等,2015)
Q. 第四系;$\gamma_5^{2(3)}$. 佛冈黑云母花岗岩;ξSod. 方钠石正长岩;ξHb. 角闪石正长岩

有关碱性杂岩体的形成时代,周玲棣等(1996)获得的角闪石正长岩 Ar-Ar 坪年龄为(127.5±1.2)Ma,刘昌实等(2003)获得的方钠石正长岩 Rb-Sr 同位素年龄为(144.9±5.7)Ma,而广东省地质矿产局(1988)将其归为晚白垩世。李宏卫等(2015)获得的角闪石正长岩高精度 LA-ICP-MS 锆石 U-Pb 年龄为(125.3±3.5)Ma,表明亚髻山岩体成岩时代为早白垩世,与区域早侏罗世岩石圈伸展构造背景下的壳幔岩浆作用有关。

遗迹评价等级:省级。

11. 肇庆广宁玉产地

该产地位于肇庆市广宁县木格镇—清桂镇,产于距广宁县城西南约 27 km 的五指山一带(图 3-79),地理坐标:E 112°12′00″,N 23°31′00″。五指山石洞岩体形成时代为晚奥陶世,岩性为中粗粒黑云母二长花岗岩、花岗闪长斑岩和二长花岗岩。目前发现矿脉达 40 余条,集中在五指山、东坑凹、立集顶、杨梅坪、黄田坝等地。矿脉(体)总体呈北西西向,矿体空间形态大致呈不规则的脉状,沿走向长度从数十米至 100 余米。广宁玉呈脉状充填于花岗质岩石中,是长英质脉体在成矿构造作用下经低温热液交代充填而成。

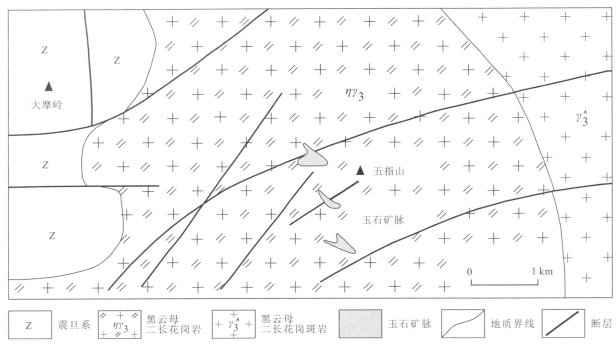

图 3-79　广宁玉矿床地质简图（郭清宏等，2008）

广宁玉，又称广绿石、广东绿或广绿玉，实为伊利石黏土岩，矿物组成主要为伊利石，含少量黄铁矿、绿泥石、磷灰石、金红石、白钛石等其他矿物。致密块状构造，质地细腻，硬度 2.5～3，密度 2.7～3.2 g/cm³。显油脂光泽、蜡状光泽，微透明至半透明或不透明。主要颜色有绿、黄、白、黑、灰，亦有红、棕、紫等色，主要用于制作工艺摆件、雕刻印章等（图 3-80）。

广宁玉品种繁多，质地细腻、温润如玉，色泽丰富优美，一块石上常有多种颜色共生。色调变化无穷，有灰白色、牛角色、淡黄色、墨绿色、翠绿色（称碧翠）、白中带绿（称丛林积雪）、黄中带绿（称黄玫瑰）、黄中带红（称秋景）、绿中带金黄色星点（称绿海金星或金星绿）、白中带绿条纹（称碧海云天）等等。牛角色者，呈微透明，形象似鱼冻，被称为"广绿冻"。以光泽照人的碧绿、绿海金星、丛林积雪、秋景、黄玫瑰等为罕见，较为名贵。广宁玉颜色绚丽，系矿物中含有不同不等量的杂质所致，其中铁质和弥散状低铁硫化物微粒起到重要作用，而细小的黄铁矿颗粒则构成所谓"绿海金星"中的"金黄色星点"。

遗迹评价等级：国家级。

12. 信宜金垌南方玉产地

该产地位于茂名市信宜金垌镇泗流村，地理坐标：E 110°57′22″，N 22°14′30″，又称"信宜玉""南方岫玉"。按国家珠宝玉石标准规范定名为岫玉或蛇纹石玉。南方玉矿体赋存于元古宇云开群的片岩类岩石的残留体内，由富镁质岩石经变质作用而成。南方玉矿点有饭豆坡点、陂底铺、古立蛇纹透闪岩和过天坡 4 处。矿体多呈透镜状产出，下部常发育 0.2～5.5 m 厚的滑石层。

南方玉具显微鳞片变晶结构、纤维变晶结构、显微叶片变晶结构等，以块状构造为主，部分呈肉冻状、叶片状等。岩石名称为含透闪石蛇纹岩，矿物成分主要包括纤蛇纹石、鳞蛇纹石和叶蛇纹石等，均为富镁层状硅酸盐矿物，化学成分通式为 $A_6[Si_4O_{10}](OH)_8$，A 主要为 Mg^{2+}、Fe^{2+}、Ni^{2+} 可代替 Mg^{2+}。含有少量金云母、滑石、方解石、透闪石、绿泥石、绿帘石等。摩氏硬度 4～5，折射率 1.57，密度 2.57 g/cm³（关崇荣等，2005）。颜色以蓝绿色调为主，有黄绿、青绿、黑色等多种颜色。透明度微透明至半透明。弱玻璃光泽至蜡状光泽，以蜡状光泽为主。

图 3-80 广宁玉雕摆件及印章(广东省宝玉石协会,2017)
A. 高瞻远瞩;B. 孔雀;C. 榕树下;D. 印章

南方玉独特之处在于色泽温润,颜色美观,质地细腻,硬度适中。因出产地质条件差异,南方玉可呈现不同质地。翠绿鲜艳,细腻纯净,透明度好,俗称"青料"的为上品(图 3-81);而浅绿带黄者次之;最差的石材色泽呈花黑,只能做大型雕塑件或基座。信宜玉雕工艺品有花卉、人物、兽口、雀鸟、宝塔、多层玉球、首饰、盆景、玉碗、茶具、酒具、王杯、餐具、杂件、文具、宝石景泰蓝等 17 大类、2200 多个花色品种。其中玉塔、玉石盆景、玉碗、玉石景泰蓝等产品蜚声中外。

信宜市泗流玉石矿是南方玉唯一产地。据《信宜县志》记载,清咸丰六年(1856 年)6 月,信宜大水,德亮围(今金垌镇泗流村)石山崩塌,冲出玉石,青绿色,光泽柔润,质地细腻坚硬。当地农民便用人工开采,并开始用手工磨制手镯、香炉等工艺品。在南玉开采加工鼎盛时期,信宜玉器加工厂达 500 多家,玉器销售个体企业 1000 多个,玉器品种数千个。产品远销东南亚、欧美等 30 多个国家和地区,成为信宜市主要经济支柱产业之一。

经过数十年的开采,1998 年信宜金垌泗流玉石矿宣布停产,至 2000 年完全闭矿。

遗迹评价等级:省级。

13. 肇庆端砚产地

该产地集中分布在肇庆城郊的北岭山、羚羊山、砚坑、西岸、蕉园、典水等地,行政上属端州区、鼎

图 3-81 南方玉雕

湖区和高要区管辖。产地范围约 215 km²，呈东西向展布，长 33 km，宽 6.5 km，包括端溪、西岸、羚羊山、北岭山、蕉园坑、典水等多个矿区。端砚石，古名端溪石，简称端石，分为紫端石和绿端石两大类。

紫端石基本色调为紫色，常制作成砚台、茶盘、摆件等工艺品（图 3-82）。紫端石的致色矿物为铁矿物，包括红色赤铁矿和黑色磁铁矿、褐色褐铁矿、绿色绿泥石以及未完全氧化的黄色菱铁矿等。因为铁矿物分布不均匀，组合比例不同，导致砚石颜色深浅不一、浓淡有别，有的显蓝，有的呈青，有的色灰，有的色如猪肝等。随着砚石中铁矿物含量的减少，砚石的石色趋向灰色且显单调。组成紫端石的矿物主要是黏土类矿物水云母以和由水云母变质而成的绢云母及少量铁矿物、高岭石和石英碎屑。铁矿物主要为赤铁矿，其次为磁铁矿、菱铁矿、绿泥石及铁氧化物褐铁矿等。砚石中含微量白云母、长石、锆石、电气石、金红石等。

图 3-82 肇庆端砚石工艺品
A. 砚台；B. 摆件

绿端石主要由白云石组成，次为水云母、石英碎屑、磁铁矿、方解石等矿物。白云石为碳酸盐类矿物，化学分子式：$CaMg[CO_3]_2$。灰白色，常因含杂质而显绿色。有时在绿色基调背景下显浅黄色、浅褐色，硬度 3.5～4，密度 2.8～2.9 g/cm³。绿端石中白云石呈微晶等粒状，粒径在 0.01 mm 以下，水云母、磁铁矿、石英、方解石充填在白云石颗粒间。绿端石中氧化镁含量占 15%，氧化钙 15%，二氧化硅 30%，三氧化二铝 11%，三氧化二铁 4%，氧化亚铁 3%，氧化钛 0.3%。绿端石氧化后常形成木纹、同心纹以及黄红色石皮,有很强的观赏性。

端砚石产于老虎头组中段老坑段,由潟湖潮坪相凝灰质泥岩、凝灰质粉砂质泥岩及沉凝灰岩受轻微区域变质形成。物质组成主要为黏土矿物、酸性火山尘及低级变质矿物,次为尘状赤铁矿、火山凝灰岩和粉砂级、砂级陆源碎屑岩。砚石矿共4层,单层厚0.3～1.5 m,呈透镜状—薄层状产出。

遗迹评价等级:国家级。

14. 五华白石嶂钼矿遗址

白石嶂钼矿床地处南岭成矿带东缘,地理坐标:E 115°32′15″,N 24°02′12″,行政上属梅州五华县水寨镇。矿区位于处于北东向紫金大断裂北西侧次一级的北西向杨塘断裂与北东向白石嶂断裂交会部位。矿床赋存于燕山二期($\gamma_5^{2(2)}$)白石嶂细粒二云母花岗岩南东端西侧与上三叠统—下侏罗统(T_3-J_1)的接触带(图3-83),是一个长约1800 m、宽200～500 m、弯向北北东的弧形矿化带,矿化面积约0.8 km²。

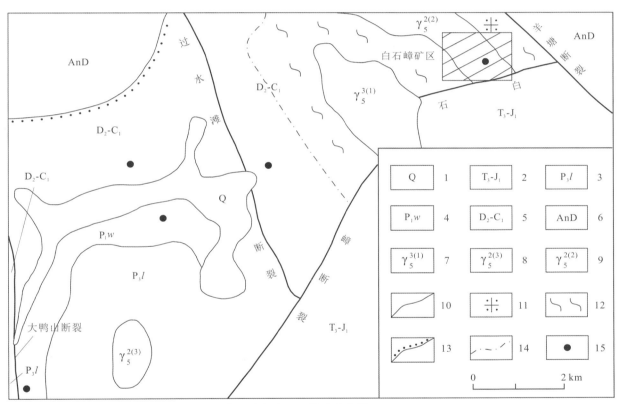

图 3-83　白石嶂钼矿区区域地质简图(古润平等,2011)

1.第四系;2.上三叠统-下侏罗统;3.上二叠统龙潭组;4.下二叠统文笔山组;5.中泥盆统-下石炭统;6.前泥盆纪变质石英砂岩;7.燕山四期二云母花岗岩;8.燕山三期黑云母花岗岩;9.燕山二期花岗岩;10.地质界线;11.云英岩化;
12.混合岩;13.不整合界线;14.岩相界线;15.钼矿点

矿体埋深东高西低,大致向西倾伏。矿体形态与岩性关系密切,石英花岗岩中的矿体集中、膨大,形态较稳定,其余岩性中则一般分散、变小、尖灭。主要矿体形态为中间合拢膨大、两端分支变小的不规则长条状,小矿体则为单独透镜状。根据矿物组分分为含钼钨石英薄脉和含钼石英细脉两种工业类型。矿石具自形—半自形粒状结构、溶蚀结构、揉皱结构、交代残余结构、树枝状文象结构等,平行脉状、网脉状为细脉型矿石独有构造,浸染状、网状构造则在薄脉型矿石较常见。辉钼矿是石英细脉型矿体中最重要的有益组分,常与辉铋矿共生;黑钨矿是薄脉型矿体的主要有益组分,呈半自形、他形板状集合体或放射状产出,常与辉钼矿、白钨矿伴生。矿体围岩主要为石英花岗岩、细粒二云母花岗岩,围岩蚀变主要有云英岩化、硅化等,自细粒二云母花岗岩向围岩地层蚀变渐弱。谢昊等(2018)获得的5个辉钼矿Re-Os同位素年龄为146.7~149.7Ma,表明白石嶂钼成矿作用发生在早侏罗世晚期。

白石嶂钼矿床以地下井开采石英脉型中型钼钨矿。矿山闭坑停产后,其地下开采巷道保存规整完好,巷道围岩稳定,形成了较大的保存完整的地下空间。开采活动揭露出外接触带上钼钨的矿化富集规律等丰富地质现象和成矿动力学形迹,直观地显示钼钨矿床的成矿演化和动力学过程。2010年获批准建立广东梅州五华白石嶂国家矿山公园。

遗迹评价等级:国家级。

15. 韶关芙蓉山煤矿遗址

芙蓉山位于韶关市武江区南部,地理坐标:E 113°34′29″,N 24°47′36″,东临北江,北接主城区,西部为正在发展中的西联新区。芙蓉山煤矿遗址于2009年正式建成韶关芙蓉山国家矿山公园。公园所在地出露的地层为下石炭统石磴子组(C_1s)、测水组(C_1c)和上石炭统-下二叠统壶天组(C_2P_1h)。其中石磴子组岩性组合为泥质灰岩与白云质灰岩互层夹生物碎屑灰岩、燧石灰岩,底部含赤色硅质条带灰岩、泥质灰岩等;测水组岩性组合为细粒长石石英砂岩、石英砂岩、钙质粉砂岩、钙质泥岩、碳质泥岩,夹煤层、煤线,中部夹灰白色厚层状含砾石英砂岩,芙蓉山矿区所采的煤炭产自该层的煤层、煤线夹层中;壶天组岩性组合以白云岩、白云质灰岩为主,夹少量泥质灰岩,局部含燧石团块灰岩。

风景区总面积约21.5 km²,芙蓉山山体长约10 km,呈马蹄形分布,最高峰犁头石海拔324 m。该地区呈现亚热带碳酸盐岩地貌的特征,以岩溶丘陵和岩溶洼地为主;孤峰、峰丛、峰林的特征不很明显;地下碳酸盐岩地貌较为发育,包括地下河和溶洞。公园内主要类型包括具有代表性的石炭系剖面(图3-84);丰富的构造遗迹,如倒转背斜、断层、节理等;大量的海相生物化石等。

芙蓉山曾是重要的煤炭矿区(图3-85),韶关芙蓉山国家矿山公园于2009年6月18日开园,是中国首批28个国家矿山公园之一。现主要开发的是北部矿业文化景区,景区分3个游览区:主题雕塑游览区、矿山情景小品游览区、矿山公园博物馆。其他景点有蓉山古刹、多普勒气象雷达观测站、芙蓉亭、芙蓉仙洞、木芙蓉园、木兰园、芙蓉湖等。

遗迹评价等级:国家级。

图3-84 芙蓉山公园中灰岩地层

图3-85 芙蓉山二区主井煤矿遗址

16. 南海西樵山古采石遗址

西樵山山体外陡内平,形状如莲花簇瓣,直径4 km,周长约13 km,面积14 km²,有72座峰峦,以大科峰(海拔344m)为最高,一般山峰海拔在300m上下,山顶相对高度常保持50~100m,远望天线相当齐平,可能代表一个古老的剥蚀面。地貌类型为低山丘陵,四周为珠江三角洲冲积平原。

佛山西樵山古采石遗址位于西樵山东北,地理坐标:E 112°58′44″,N 22°55′21″。采石方式分为露头开采和地下开采两部分,所采石料为古近系华涌组火山集块岩、粗面岩。露头开采规模约200 m×(80~100)m,采石遗留下一个个大坑,部分山体被开挖呈峭壁,规模宏大,采石场相互连为一体,很少有保留下来的孤石。而石屏风(图3-86)恰好是两个采石场连接处保留下来的孤石柱,横看似倚天长剑,侧看像云底屏风,它是古人采石后留下的一座标界。石燕岩(图3-87)是明代人工地下采石矿洞,因石燕栖息洞中而得名。洞口扁圆如唇,但走进洞内便宽阔起来。洞内采凿石块留下的支撑柱把洞分为内外两层。外洞好像一所大堂,高达数丈,能容纳1000多人,内洞洞底长年积水而形成湖泊。

这至少是目前国内迄今发现的最大、最完整、最雄宏的水下古代采石遗迹。从规模上讲,西樵山石燕岩水下采石场有数十万平方米的古代遗址现场,远超意大利中世纪时期被当作采石场的加城遗址。该遗迹整体结构保存非常完整,由于被水浸泡,真实的古代采石场生产现场得以保存。据史书记载,石燕岩采石遗址为洞穴开采,以斜井掘进后采石,始于宋朝—明朝。西樵山的采石历史至少可以追溯到新石器早期,考古工作者曾在西樵山上发现多处新石器时期的采石遗迹。

遗迹评价等级:省级。

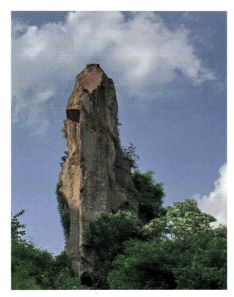

图3-86 石屏风

图3-87 石燕岩地下矿场

17. 番禺莲花山古采石遗址

番禺莲花山古采石遗址位于广州番禺莲花山省级风景名胜区东南部,地理坐标:E 113°30′00″,N 22°59′00″。采石遗址总出露规模1200 m×(50~200)m,所采石料为古近系莘庄村组(E_1x)砂岩,经采石所保留的著名景点(徐君亮等,1998)有燕子岩、莲花石、南天门、飞鹰崖等(图3-88)。

古采石场工艺结构特征采矿方法以露天开采法与地下矿房式开采法相结合,工具是铁锤、铁钎、铁凿,附加绳索木架。露天开采法是先开一个约60 m²天坑,揭去上部风化层后,再开采下部新鲜岩层,每一层又分若干条幅分凿,每条幅宽50 cm,厚70 cm,为操作方便在一定深度留采矿平台。若上部风化破裂的岩层厚,为减少剥离量而采用地下矿房式开采,矿房间留有规则矿柱,以支撑采空区。开采工作台面非常平直、工整。凿路有章,图案典雅,或"人"字形凿痕(图3-89),或单斜叠瓦式凿痕(图

3-90),均排列有序,整齐美观。取石方法讲究,切割规范,或上或下,一律保存着水平面。保留柱面或工作面则高度注意垂直向呈 90°状态,不弯不斜。所发现的多个采矿场中有 14 个在山东麓近水处,仅 1 个位于北西边位置低洼处,说明山东侧近水,运输方便。开采规模巨大,采场一个接一个,南北展布 1500 m,宽 50～200 m,开采深度 30～40 m,大约一共取石料 $300 \times 10^4 \text{m}^3$。

图 3-88 莲花山古采石遗址

A."燕子岩"石刻；B.燕子岩；C.莲花石；D."莲花山古采石场遗址"石刻；E.南天门；F.飞鹰崖

图 3-89 "人"字形凿痕

图 3-90 单斜叠瓦式凿痕

经过对广州市古代建筑用石普查,发现广州南越国宫和象岗山南越文王墓的大部分用石与莲花山岩石有相似性,证明这些大量的被采石料用于建南越国宫殿和南越文王陵墓。南越国(公元前 214 年)

为西汉时期,距今 2220 年。于是,国务院以"西汉古采石场遗址"为名称公布其为全国重点文物保护单位。据陈辉(2010)研究,广州黄埔南海神庙古码头、琶洲塔、赤岗塔、广州越华路宋朝城墙城基、越秀山镇海楼明城墙墙基及石狮、西门口明代古城遗址城关、北京路千年古道、惠福西路五仙观大殿之后的明朝禁钟楼首层、番禺清代的龙津桥、芳村石围塘秀水河上的明代同福桥、东山明朝太监韦眷墓、黄埔村"洞里乾坤"石牌的垒墙、虎门炮台坑道等许多古建筑所用的石料,可能多数来自莲花山。

番禺莲花山古采石场与吉林省集安县高句丽古采石场、江苏徐州市云龙山汉代采石场 3 处被列入全国重点文物保护单位的采石场。前者是唯一以采石场身份列入全国重点文物保护单位的采石遗迹,其他两处均与古墓群建造有关。莲花山古采石场与湖北大冶古铜矿遗址并列为中国历史上两大古矿场。

遗迹评价等级:国家级。

18. 东莞石排燕岭古采石遗址

东莞石排燕岭古采石遗址位于东莞市石排镇燕岭山体中,长约 1 km,所采石块为红色砂岩。其中人工开采痕迹较集中的有两处,一处是十八房间采场(图 3-91、图 3-92),地理坐标:E 113°54′07″,N 23°06′10″,东西长约 310 m,南北宽 165~195 m,面积约 64 260 m²,露采坑内积水,水面以上最高为 20 余米,水面以下 7~8 m 深。另一处为摩崖石刻采场(图 3-93),地理坐标:E 113°53′22″,N 23°05′57″,面积小于十八房间采场。燕岭古采石场所开采的红色砂砾岩,多呈块状或厚层状,岩层倾向北东,倾角 20°~30°。

图 3-91 十八房间采场"岩柱丹霞"(一)

燕岭古露天采场被划分为众多的"田"字格采区,若干个方格为基本单元采区,在其内先进行凹陷式露采。在单元采区之间先留隔梁,类似地下采矿方法中房柱法的矿柱。单元采区终了后再采隔梁,以至成为更大的采区,逐步推进,形成一个个长方形的石窟,类似于房间,大者数十平方米,小者约 20 m²,"田"字格矿房的尺寸,南北长者近 20 m,短者为 15 m,东西宽约 9m;梁多数宽 0.53 m,也有宽 0.8m 者。隔梁的长度为 n 个单元采区合并后的长度,最先开采时,每排单元采区的边长是规范的,开采完毕,单元采区或合并后的采区呈大小不等的房间状,类似地下采矿的矿房,只是无顶板。

图 3-92 十八房间采场"岩柱丹霞"(二)

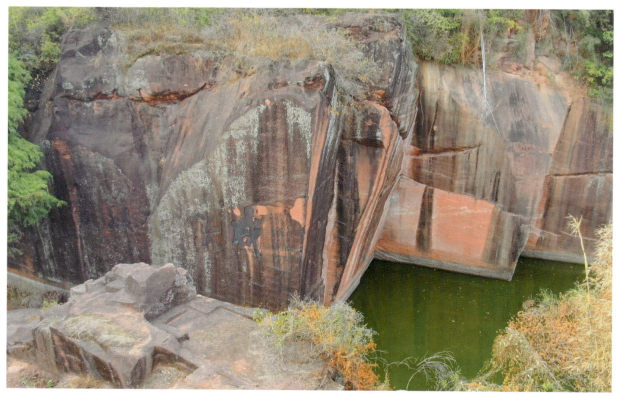

图 3-93 摩崖石刻采场"燕岭钦成"

燕岭古采石技术是露天开采与地下开采中房柱法技术的融合。从凿痕看,燕岭古采石场的凿岩工具仍是铁钎。凿岩时,在岩层面的条幅线上和岩层侧面的底线上分别布两排钻,钻与钻之间有的间隔5~7 cm,有的间隔2~3 cm。纵向切割线与水平面的夹角为24°~70°,与砂岩岩层走向近平行,有的近垂直。燕岭古采石场岩崖上刻有不少文字,如在摩崖石刻采场的矿墙上刻有"一丈七尺六寸""一丈九尺五寸",在十八房间采场的矿墙上刻有"四十条 三十条 五十一条 卅十八条 卅十条",前者可能指示矿房长度,即所开采石料的规格,后者可能表明每天开采了多少石料(谌小灵,2012)。燕岭古采石场的开采年代可追溯至宋代,明清时代大规模开采。

遗迹评价等级:省级。

19. 东莞大岭山采石遗址

东莞大岭山采石遗址位于东莞大岭山镇连平村和畔山村,北连水濂山森林公园,由祥发、长城、白石坑、广发、畔山、立丰、金裕、东坑、鸿新9个采石场组合而成,地理坐标:E 113°46′48″,N 22°55′42″,总面积约0.82 km^2(图3-94),主要以露天方式开采燕山期花岗岩,岩性为细粒含斑花岗岩和中细粒斑状花岗岩。从1984年至2007年,总开采量约2.600×10^7 m^3。现已闭坑,仅留下5个近东西向展布的气势恢宏的采坑,矿坑采壁坡度约90°,高差约100 m。

图3-94 东莞大岭山采石遗址

据统计,20世纪80—90年代大岭山采石场日产花岗岩碎石2400 m^3。花岗岩开采后粗碎至粒径100 cm左右,采用圆锥破碎机进行3次破碎,制成不同粒径的碎石:粒径9～40 mm的碎石,主要用于混凝土骨料;粒径16～36 mm的碎石,用于公路基层的铺设;粒径36～56 mm的碎石,用于铁路道砟。采石遗留下来的近于垂直、高达百米的露天开采陡壁,镌刻着采石场短暂而辉煌的历史。

东莞大岭山花岗岩为东莞及珠三角地区的建设做出了巨大的贡献。东莞新G107国道、厚大路、石大路以及主要交通干道周围村镇建筑都留下了大岭山花岗岩的身影。大岭山的石料成为当时东莞市各镇区建筑用石料的主要来源,为东莞市及珠三角的经济发展打下了坚实的基础。

目前,大岭山采石遗址拟申报建设国家矿山公园。大岭山镇不仅有着丰富的花岗岩采石遗迹,周边还有水濂山森林公园、同沙生态公园、松山湖等优美的自然景观,以及厚重的历史文化和可歌可泣的红色文化,可以国家矿山公园建设为契机,依托良好的生态环境、人文景观和红色旅游资源,打造大岭山革命老区特有的绿色休闲旅游带。

遗迹评价等级:国家级。

20. 深圳鹏茜大理石采矿遗址

深圳鹏茜大理石采矿遗址位于深圳市龙岗区坪山街道汤坑社区,地理坐标:E 114°18′05″,N 22°40′28″。采矿区地层为下石炭统石磴子组(C_1s),其上部岩性为灰白色、灰色大理岩和白云质大理岩,下部主要为深灰色条纹状灰岩与泥质或硅质灰岩互层,夹薄层状泥质、碳质灰岩。鹏茜矿区所采的大理岩矿石为石磴子组上部质纯的白云质大理岩。

鹏茜是一座地下开采的非金属矿山矿区,是华南地区鲜有的优质大理石岩矿。矿区最具特色的资源是地下两层开采形成的矿硐层:地下一层位于地表下 90 m,绝对标高为 -40 m,占地 0.3 km²,巷道长 7600 m,空间面积达 $8.8×10^4$ m²;地下二层位于地表下 140 m,绝对标高 -90 m,占地 0.16 km²。两层加起来,形成了 $100×10^4$ m³ 的地下立体空间,并且空间形态也非常丰富,分为交通巷道空间和作业空间,交通巷道空间非常狭窄,为 5 m×4 m 的小空间,而作业空间的规格达到 15 m×15 m 的巨大空间,再加上弧形的穹顶,形成非常震撼的空间体验。鹏茜大理岩矿床地质条件简单并具有良好的稳定性,巨大的矿硐没有一根支柱(图 3-95),地下采空区静态可以容纳 15 万人。

此外,地下采空区内有丰富的岩溶地貌,属于区域典型的矿业地质遗迹,展示了现代岩溶的形成机理和各种景观。在受采矿活动影响后,大理岩地下采空区内受裂隙岩溶水渗流、滴水、自流水等溶蚀作用下形成了各式各样的地下岩溶地貌,矿硐内每年钟乳石每年可生长 2~3 cm,远超正常钟乳石平均生长速度(1 cm/a)。

鹏茜矿凭借典型稀有的矿产遗迹景观和周边良好的自然生态环境,2005 年通过了由国土资源部组织的中国首批国家矿山公园评审会,并获得评比第一名。在此基础上,进行了矿山公园的总体规划,公园规划地表占地面积 $53×10^4$ m²,初步规模有入口风景区、主题游览区、主题游乐区、中心湖区和居住区。鹏茜矿山公园的总体定位是:以矿区的矿山遗迹景观为主题,同时融合其他体验性项目的一个集知识性、艺术性、体验性为一体的功能齐全的旅游景区。

遗迹评价等级:国家级。

21. 深圳凤凰山辉绿岩采矿遗址

深圳凤凰山辉绿岩采矿遗址位于深圳市龙岗区平湖镇的凤凰山国家矿山公园内,地理坐标:E 114°05′49″,N 22°35′27″,总面积约 0.88 km²(图 3-96、图 3-97)。采矿遗址见于园区内的芙蓉矿场,矿区 $30×10^4$ m²,辉绿岩可采储量约 $9000×10^4$ m³,当时形成深凹露天采石矿坑,采石场最高标高 101 m,露天底标高 32 m,剖面最大高差达到 69 m,形成了良好的辉绿岩矿床剖面。矿业遗址包括典型

图 3-95 深圳鹏茜矿山地下采空区

图 3-96 深圳凤凰山芙蓉石场采矿遗址

图 3-97　深圳凤凰山国家矿山公园标志性建筑

的辉绿岩矿床地质剖面、典型的矿山生态环境治理工程、大型矿山的采场与加工工厂、矿业活动遗址、辉绿岩矿业制品等多种类型。芙蓉石场是广东省唯一的辉绿岩石材基地，辉绿岩是一种浅成基性侵入岩，斑状结构，外表呈深灰色、灰黑色，主要由辉石和基性长石组成，质地均匀，硬度较高，是理想的建筑材料，特别适用于机场跑道、高速公路及城市主要道路路面沥青磨耗层专用石料。

凤凰山芙蓉石场创办于 1985 年，因其出色的矿业开发理念与良好的矿区整治复绿效果，成为深圳市第一家准花园式、园林式绿色采矿场，同时也是广东省矿山生态环境治理的典型示范基地。2005 年 8 月，深圳市凤凰山矿山公园通过国土资源部的评审，2012 年初步达到国家矿山公园的建设标准，顺利通过国土资源部的考核验收，成为全国首批 28 家国家矿山公园之一。

矿业遗迹是矿山公园的核心景观。遥望山下长年露天采矿而形成十分壮观的"天坑"，黑灰色、灰白色相间的剖面石壁和碧绿色的坑水，形成了奇特的自然人文景观。矿业文化长廊和露天矿观景平台是公园主要的浏览观光区域，沿观光栈道修建的雕塑再现了矿业发展文化，它将大型矿床露头地质遗迹与矿业生产采、选、冶、加工等活动遗迹、遗址和史迹集为一体。

遗迹范围约 0.88 km²；遗迹评价等级：国家级。

第二节　地貌景观大类地质遗迹

广东省地貌景观大类地质遗迹共有 76 处，分为 5 类，其中岩土体地貌类 30 处，包括碎屑岩地貌 8 处，花岗岩地貌 8 处，岩溶地貌 14 处；水体地貌类 18 处，包括河流 2 处，湖泊、潭 2 处，瀑布 3 处，泉 11 处；火山地貌类 8 处，包括火山岩地貌 3 处，火山机构 5 处；海岸地貌类 17 处，包括海积地貌 9 处，海蚀地貌 8 处；构造地貌类 3 处，均为峡谷（断层崖）。

一、岩土体地貌

广东省重要岩土体地貌类地质遗迹共30处,其中碎屑岩地貌8处,分别是德庆华表石丹霞地貌、封开千层峰碎屑岩地貌、南雄苍石寨丹霞地貌、乐昌金鸡岭丹霞地貌、平远五指石丹霞地貌、平远南台山丹霞地貌、龙川霍山丹霞地貌、仁化丹霞山丹霞地貌;花岗岩地貌8处,分别是博罗罗浮山花岗岩地貌、龙门南昆山花岗岩地貌、封开大斑石花岗岩地貌、茂名博贺放鸡岛花岗岩地貌、阳山广东第一峰、天井山豹纹石花岗岩地貌、南澳叠石岩花岗岩地貌、南澳黄花山花岗岩地貌;岩溶地貌14处,分别是肇庆怀集桥头燕岩岩溶地貌、肇庆七星岩岩溶地貌、封开莲都龙山峰丛岩溶地貌、云浮蟠龙洞岩溶地貌、春湾凌霄岩岩溶地貌、春湾龙宫岩岩溶地貌、英德通天岩岩溶地貌、连州地下河岩溶地貌、英德英西峰林岩溶地貌、英德宝晶宫岩溶地貌、阳山峰林岩溶地貌、乐昌古佛岩岩溶地貌、乳源通天箩岩溶地貌、连平陂头岩溶地貌。

1. 德庆华表石丹霞地貌

华表石又称锦裹石、锦石山,被称为"西江奇观""西江第一怪石"(图3-98),位于广东省德庆县城西25 km的陆水河与西江交汇处,地理坐标:E 111°35′24″,N 23°12′24″。高约200 m,呈圆柱形,西侧崖壁上刻有"华表石"3个大字,字高4.2 m,宽3.3 m,为明代广东书画家黎民表所书。

华表石岩性为上白垩统三丫江组($K_2 sy$)砾岩,砾石成分有流纹岩、砂岩、石英、紫红色泥岩,磨圆好,圆—次圆状,直径1~10 cm,大者达30 cm,填隙物为砂、泥,砾石含量约60%,分布不均匀,40%~90%不等,粒序层理等沉积构造明显;见厚20~50 cm不等的紫红色凝灰质细砂岩夹层,显透镜状,含少量棱角状玻屑及次圆状—次棱角状岩屑。华表石南西侧陡壁"华表石"大字的西侧数米处,发育一张性断裂,断裂切割了整个山体,张裂隙宽处达数十厘米,一般几厘米,产状30°∠70°。"华表石"地貌的形成与断裂构造的关系如图3-99所示。

遗迹范围约0.4 km²;遗迹评价等级:省级。

图3-98 华表石丹霞地貌

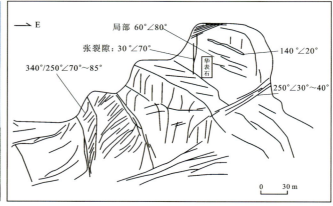

图3-99 华表石西侧断阶地貌示意图

2. 封开千层峰碎屑岩地貌

千层峰位于肇庆市封开县河儿口镇,地理坐标:E 111°48′50″,N 23°28′28″,属广东省封开国家地质公园千层峰园区。千层峰为广东省最为典型的砂页岩峰林地貌。在面积不足3 km²范围内,由中泥盆统老虎头组的中—薄层状紫红色石英砂岩、粉砂岩、页岩组成的山峰有数十座,主峰叠翠峰海拔高233 m,山峰陡壁如层层叠叠数千层,故称千层峰。

千层峰地貌景观主要地貌类型为石峰、崖壁、垂直侵蚀沟、裂隙谷,其次为峡谷、峰丛、垂直洞穴等。叠翠峰(图 3-100)为典型的石峰地貌,海拔 233 m,高差约 98 m。骆驼峰(图 3-101)为峰丛地貌景观。崖壁地貌发育在峡谷的两侧或石峰的陡壁,规模 30~100 m 不等。垂直沟穴景观多发育在叠翠峰岩壁上,高约 3 m,宽约 50 cm。峡谷地貌分布在景区入口至叠翠峰之间,峡谷长约 1.5 km,谷宽 50~80 m 不等。

图 3-100　叠翠峰

图 3-101　骆驼峰

千层峰砂页岩峰林地貌的形成具备以下条件:①巨厚的砂页岩地层,该处的老虎头组厚约 400 m;②地层产状比较平缓,一般倾角小于 20°;③"X"形节理发育,一组 192°∠81°,另一组 155°∠65°;④流水沿节理裂隙不断侵蚀切割,岩石发生重力崩塌,且经过长期演化。区域上黄岗河沿棋盘格状或菱形的节理面向下侵蚀,出现峡谷和高陡的悬崖。由于岩石抗风化剥蚀能力各异,形成差异风化,导致岩壁凹凸不平,石英砂岩凸出,页岩凹入。砂页岩岩层较薄,使其呈现出"千层石"的景观。

千层峰是广东省罕见的砂页岩峰林地貌,规模虽不及湖南张家界,但其美学观赏性不亚于张家界。封开千层峰则是国内砂页岩峰林地貌的典型代表,具有较高的美学观赏及科学研究价值。

遗迹评价等级:国家级。

3. 南雄苍石寨丹霞地貌

南雄苍石寨丹霞地貌位于广东省南雄市西北部的全安镇内,地理坐标:E 114°12′50″,N 25°08′12″,距南雄市区 13 km。苍石寨由 9 个形态各异的山峰组成,其状如腾龙奔马,群山间有羊肠小径连接,小径或藏于树丛和悬崖峭壁之中,或显于群峰山谷之间,"苍石寨"由此得"寨"名。苍石寨成景物质基础为古近系罗佛寨群红色碎屑岩,岩石多呈褐红或紫红色,以砾岩与砂岩为主,多为钙泥质胶结。岩层总体向北倾,倾角在 10°左右。

苍石寨以顶圆、身陡、麓缓为主要特征,山体外表圆润,气质雄浑伟岸。景区最高峰为首阳峰(图 3-102),海拔 365 m。景区独特的山体、峡谷、瀑布、深潭、奇石、秀水构成苍石寨险峻奇伟、清新秀丽的景色,因此有"小丹霞"之称。标志性景点有倒扣金钟(图 3-103)、状元桥、情人谷、情人桥、五龙潭、瑶隆峡。"倒扣金钟"景观因"山体似一个巨大的倒扣的金钟,山体北部背面有一细长突出部分,似敲钟的钟锤"而得名。苍石寨发育丹霞峰丛地貌(图 3-104)为特色,表明处于地貌演化过程中的青年期。

苍石寨位于南雄盆地中部。南雄盆地沉积物成岩后地壳抬升,开始接受风化剥蚀,南雄断层继续活动,岩石中断裂构造与节理构造较为发育,断裂构造主要为北东向南雄断层,次为北西向断裂,主要发育 3 组节理:第一组走向 110°,近直立,最为发育,延伸长,第二组走向南北,近直立,第三组走向 NE75°,倾向 345°,倾角 60°,后两组节理规模有限。节理相互切割,岩石沿节理风化,下切明显,形成巨大的丹霞陡崖,地势极为险峻,为典型的丹霞地貌。

图 3-102　首阳峰寨状地貌与赤壁丹崖

图 3-103　"倒扣金钟"景观

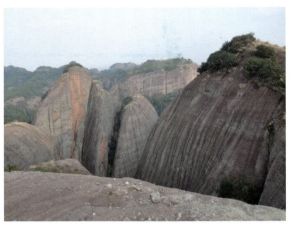

图 3-104　苍石寨丹霞峰丛地貌

目前,已建成广东南雄恐龙省级地质公园,苍石寨丹霞景区已对游客开放。

遗迹评价等级:省级。

4. 乐昌金鸡岭丹霞地貌

金鸡岭位于乐昌市坪石镇,地理坐标:E 113°02′58″,N 23°17′26″,1978年批准为广东省重点风景名胜区,2012年获省级地质公园资格,为广东省八大盛景之一。金鸡岭丹霞地貌分布范围约1.6 km²,发育于上白垩统南雄群($K_2N.$)及上白垩统—古近系丹霞组(K_2E_1d)陆相红色碎屑岩地层中(张焕新等,2018),成景物质为紫红色砾岩、砂岩、粉砂岩和泥岩。

金鸡岭地貌类型有丹霞峰丛、峰林、石墙、石柱、孤峰、峡谷等,高海拔338 m。金鸡石(图3-105)、一字峰(图3-106)、排岗古屏、阳元石、海螺峰、孔雀峰、刺猬石、雀儿山、鸟寨、寿星公等象形山石造型奇特、惟妙惟肖、神形兼备,栩栩如生,具有极高的美学价值和观赏价值。金鸡石全长20.8 m,高8.4 m,宽3.8 m,由3块红色岩石天然堆叠而成,状似雄鸟,昂首北望,引颈欲啼;一字峰石墙长350 m,高130 m,宽3~6 m,似一巨大屏障,横看成岭侧成峰;排岗古屏是一列北西向的丹霞石墙,东南高308.31 m,西北高257.9 m,是顶平、身陡、麓缓的丹霞地貌典型代表。

金鸡岭丹霞地貌以石墙、石柱、孤峰为主,抗风化能力较差,是壮年后期的丹霞地貌类型。

遗迹评价等级:省级。

图 3-105　金鸡石

图 3-106　一字峰

5. 平远五指石丹霞地貌

五指石丹霞地貌位于梅州市平远县差干镇北西 1.2 km，地理坐标：E 115°55′10″—115°57′45″，N 24°52′50″—24°55′29″，1999 年被批准为省级风景名胜区，2005 年被评为国家 AAA 级旅游区，2012 年与南台山一起获广东平远五指石省级地质公园资格。规划的五指石园区包括五指石山寨、西海石林、云转石景区和外围保护区，总面积 13.2 km²。以丹霞地貌为主的地质遗迹核心区总面积 5.55 km²，其中五指石山寨景区是丹霞地貌密集分布区，面积 2.70 km²。

五指石是景区标志性景观，以发育丹霞峰丛地貌为主要特征，山峰远看如伸展开的 5 个手指（图 3-107），故而得名。5 座主要的石峰分别为拇指——宝鼎石、食指——罗汉石、中指——天竺石、无名指——降龙石、小指——宝盖石，最高为食指——罗汉石，海拔 460 m。

五指石成景物质为丹霞组（K_2E_1d）紫红色、砖红色厚层—巨厚层状砾岩，砂砾岩（图 3-108），该层沉积岩地层产状平缓，倾角 10°～15°。景区内节理十分发育，且贯通性好，大多都是从山体顶端一直贯穿到坡脚。节理一般为近直立，主要有北西向（300°～340°）、北东向（35°～65°）、近南北向（345°～350°）、东西向或近东西向 4 组，多以穿层节理为主。近直立节理是形成五指石景区线谷、巷谷地貌的主要条件。

遗迹评价等级：省级。

图 3-107　五指石命名的石峰

图 3-108　五指石丹霞地貌成景物质

6. 平远南台山丹霞地貌

南台山位于梅州市平远县城西侧约 4.2 km，地理坐标：E 115°48′31″—115°59′44″，N 24°30′51″—

24°49′01，地处河源断裂带所夹持的平远盆地中。1995年被平远县人民政府列为重点风景保护区，2001年被梅州市人民政府批准为市级自然保护区，2009年获国家林业局批准建立广东南台山国家森林公园，2012年与五指石一起成功申报广东平远五指石省级地质公园。南台山丹霞地貌区面积16.56 km²，其中南台山卧佛景区，以卧佛、佛首岩、合掌岩为标志性景观，面积12.83 km²；大河背景区面积2.2 km²。

南台山卧佛景区以丹霞崖壁、石墙、崩塌堆积、线谷、巷谷、洞穴、岩槽为特征，主要分布在"卧佛"的头部、身部。佛首岩为南台山卧佛头部突起的额头部位（图3-109），海拔645 m，可分为平顶构造坡、侵蚀陡崖坡和崩积缓坡，从崩积缓坡脚至平顶构造顶相对高差约430 m，南坡的侵蚀陡坡的崖壁坡高200～250 m，宽约650 m（图3-110）。

图3-109　南台山卧佛　　　　　　　　　　图3-110　南台山佛首岩南坡

大河背景区以水上丹霞为特色（图3-111），深切曲流发育，在曲流两岸发育有崖壁、洞穴、岩槽等。

南台山丹霞地貌的成景物质为丹霞组紫红色、砖红色、浅红色砂砾岩夹薄层状和透镜状粉砂岩，泥质粉砂岩。地层为缓倾斜的单斜岩层，总体倾向西，倾角25°～30°，缓倾斜的单斜岩层是造就单面山式的丹霞地貌基本条件。

遗迹评价等级：省级。

图3-111　南台山大河背水上丹霞景观

7. 龙川霍山丹霞地貌

霍山位于河源市龙川县田心镇,地理坐标:E 115°29′58″—115°31′07″,N 24°13′33″—24°14′25″,距龙川县城约 47 km,为广东七大名山之一,有"丹霞山第二"之美誉,面积约 1.9 km²。目前已是省级森林公园、国家 AAA 级旅游景区。

霍山发育的丹霞地貌类型(图 3-112、图 3-113)主要有崖壁、方山、石墙、石峰、崩塌堆积、线谷、巷谷、洞穴、岩槽。崖壁景观有船头石、酒瓮石和姐妹石,船头石和酒瓮石是景区标志性景观。船头石形似巨轮船头,为景区海拔最高山峰,山体西侧、南侧均发育有岩壁,西侧崖壁陡坡高约 150 m,宽约 120 m,南侧崖壁高约 150 m,宽约 200 m。酒瓮石形似倒置的酒瓮,崖壁陡坡高约 70 m;石峰有砻衣石,高约 60 m;石柱地貌有 381 高地,四壁浑圆似柱,崖壁陡坡高约 35 m;崩积巨石地貌有仙人床和对歌径夹石,后者为巨石崩落时夹在石壁之间未完全落至谷底,巨石长轴长约 8 m,短轴长约 3 m。

霍山发育于北北东向铁场盆地中,其成景物质为丹霞组紫红色、砖红色、浅红色砂砾岩夹薄层状和透镜状泥质粉砂岩,粉砂质泥岩。岩层产状呈近水平或缓倾斜,倾角 10°~25°不等,总体倾向北西。

遗迹评价等级:省级。

图 3-112　霍山全貌(摄影:朱维烈)

图 3-113　霍山丹霞地貌
A. 姐妹石;B. 一线天西侧岩堡;C. 砻衣石;D. 381 高地石柱地貌;E. 酒瓮石;F. 船头石

8. 仁化丹霞山丹霞地貌

广东韶关仁化丹霞山是"丹霞地貌"的命名地。丹霞地貌(Danxia landscapes)定义为"有陡崖的陆相红层地貌",指的是沉积在内陆盆地的红色砂砾岩层,在千百万年的地质变化过程中被水流切割侵蚀、崖壁崩塌后退形成的红色山块群。

丹霞地貌遍布全球,以中国分布最广,美国西部、中欧和澳大利亚等地均有大量分布。目前,中国已发现丹霞地貌1100处,分布于除澳门、上海外的所有省市自治区和特别行政区。广东丹霞山、福建泰宁、江西龙虎山等超过20处丹霞地貌公园先后列入世界地质公园,2010年8月,贵州赤水、福建泰宁、湖南崀山、广东丹霞山、江西龙虎山、浙江江郎山六处提名地以"中国丹霞"为名成功列入世界自然遗产名录。福建武夷山、四川青城山、安徽齐云山、甘肃麦积山等约40处公园都拥有"色若渥丹,灿若明霞"的丹霞地貌优美景观。美国的科罗拉多大峡谷(Grand Canyon National Park)、泽恩公园(Zion National Park),澳大利亚的蓝山(Blue Mountains)、帕奴鲁鲁(Purnululu National Park),希腊的天空修道院(Meteora)和西班牙的龙达都(Ronda)等景区是世界著名旅游地中丹霞地貌的杰出代表。丹霞地貌独特的地势和色彩自古以来就吸引了众多宗教人士兴建寺庙、道观,成为佛教和道教圣地,也是历代文人墨客吟诵赞美的风景胜地。

丹霞山拥有的这些世界级的名片,离不开一代又一代科学家们的辛苦钻研和辛勤付出。近百年来,以冯景兰、陈国达、吴尚时、曾昭璇、黄进、彭华等为代表的四代学者持续深入研究,使丹霞地貌学科成为中国地学界对地貌学的杰出贡献,中国丹霞地貌的保护、研究与利用工作已经走在了世界前列,吸引了越来越多的地理、旅游、人文、科技、生物、规划、农林等专家学者的关注。

图3-114　冯景兰先生

冯景兰先生1928年在粤北考察时,首次提出"丹霞层",即丹霞山发育最为典型的陡壁式红色砂砾岩。冯先生虽未提出丹霞地貌术语,但对地形与岩石之间的关系已进行了精辟论述,为丹霞地形的提出奠定了坚实基础(图3-114)。

图3-115　陈国达教授

陈国达教授是丹霞地貌研究的先驱(图3-115)。20世纪30年代,他在研究华南中、新生代红色岩层时,注意到这种红层地貌具有极高的地学意义和旅游价值,便以最具代表性的广东仁化丹霞山为名,称之为"丹霞山地形"。1935年6月,发表《广东之红色岩系》,为丹霞地貌的研究奠定了基础。1939年,他正式提出"丹霞地形"这一科学术语。此后,陈教授在科学著作中改用"丹霞地貌",限指红色砂砾岩上发育的地貌类型。

图3-116　黄进教授

黄进教授是中国丹霞地貌研究泰斗,是国内全面系统研究丹霞地貌的第一人(图3-116)。他曾实地考察中国900余处丹霞地貌,被誉为"中国当代徐霞客""丹霞先锋""丹霞痴"。他出版了诸多丹霞地貌的学术著作,如2004年的《丹霞山地貌考察记》,2009年的《丹霞山地貌》,2011年的《武夷山丹霞地貌》,2012年的《石城丹霞地貌》,2012年的《崀山丹霞地貌》,2015年的《赤水丹霞地貌》。毋庸置疑,黄教授是当代丹霞地貌研究的学术带头人。

图 3-117 彭华教授

彭华教授为丹霞山的研究、保护、开发、利用倾尽一生（图 3-117）。他于 2000 年独著出版了国内第一本丹霞地貌学术专著《中国丹霞地貌及其研究进展》，他不仅主持丹霞山世界地质公园的申报工作，还于 2009 年 5 月在韶关组织第一届国际丹霞地貌学术研讨会，会上通过《丹霞宣言》，同时他也是"中国丹霞"联合申遗项目专家组组长，是丹霞山申报世界自然遗产的主心骨。可以说，彭华教授是现代丹霞地貌的领军人物，将丹霞地貌转化为旅游资源，使丹霞山由一座地方名山变成中国名山、世界名山，为丹霞山走向全世界做出了重大贡献。

广东韶关丹霞山世界地质公园位于韶关市东北的仁化、曲江两县交界地带，距韶关市区 56 km，东西宽 17.5 km；南北长 22.9 km，总面积 290 km²，其中丹霞地貌集中分布范围 180 km²，海拔一般在 300～400 m 之间，最高峰为巴寨，海拔 618.8 m。丹霞山地质公园处于丹霞盆地内，园区出露的地层有白垩系长坝组（K_1c）、马梓坪组（K_1m）、伞洞组（K_1s）、丹霞组（K_2d）和第四系。丹霞组地层产状平缓，倾角 5°～15°，是丹霞地貌发育的层位（图 3-118）。

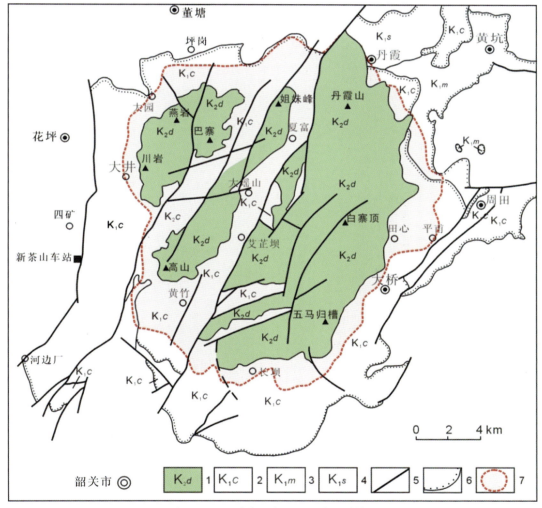

图 3-118 丹霞盆地白垩纪红盆地质简图

1.丹霞组；2.长坝组；3.马梓坪组；4.伞洞组；5.断层；6.角度不整合界线；7.地质公园范围

图 3-119 丹霞山"丹霞揽胜"（摄影：刘加青）

图 3-120 丹霞盆地"世外桃源"(摄影：刘加青)

目前,中国已发现丹霞地貌分布区650多处,以广东丹霞山面积最大,发育最典型,类型最齐全,造型最丰富,风景最优美(图3-119、图3-120)。丹霞山地质公园主要分为丹霞山景区、阳元山景区、巴寨景区、韶石山景区、锦江景区等。

(1)丹霞山景区。该景区是地质公园主景区,主峰宝珠峰海拔409.1 m。区内以丹霞山高地为主体,是典型的"顶平坡陡"寨状地貌,由宝珠峰、海螺峰和长老峰3座山体的顶层构成的景观层,发育峰林、赤壁丹崖、一线天或巷谷、大型水平洞穴群、小型蜂窝状洞穴、垂向洞穴等丹霞地貌类型,主要标志性的成景地貌有锦石岩大赤壁(图3-121A)、通天峡、福音峡、雪岩、梦觉关、阴元石(图3-121B)和僧帽峰等。

(2)阳元山景区。该景区因有阳元石而得名,是由以阳元山和狮子山高地为主体的顶层构成的2个景观层,以发育典型的丹霞石墙、石柱、天生桥、穿洞等地貌为特色,主要成景标志有:由8面大石墙构成的群象出山景观,5座天生石拱和7个造型奇特的石柱,其中晒布岩(图3-121C)、通泰桥(图3-121D)和阳元石(图3-122)最为典型。晒布岩为墙状地貌,长790 m,宽40~100 m,高165 m,具顶平、身缓、麓缓的特征。通泰桥是天然形成的石拱桥,长50 m,内拱跨度38 m,桥面宽6~8 m,桥身最薄处厚3 m,桥面平整,造型优美,被誉为"中国丹霞第一桥"。阳元石是典型柱状地貌,高28 m,直径7 m,直指长空,沿石柱上部发育小型沟槽,总体顺岩层面发育。

图3-121　丹霞山标志性景点
A.锦石岩大赤壁;B.阴元石;C.晒布岩;D.通泰桥

(3)巴寨景区。该景区以巴寨和茶壶峰为主体,面积2.6 km²,发育典型的巴寨岩堡和赤壁丹崖、峰林式岩堡、额状洞穴等丹霞地貌。巴寨岩堡(图3-123)外形酷似巴掌,长约600 m,宽100~300 m,高618.8 m,是地质公园内最高山峰;茶壶峰(图3-124)因其远看似一茶壶而得名,为峰林式岩堡、岩柱,四壁倾角近直立,长约300 m,宽70~150 m,高约150 m。

(4)韶石山景区。该景区位于丹霞山景区的东南缘南部,总面积约60 km²。区内山峰、山寨、岩庙、岩棺、摩崖,景观独特,标志性景点有白寨顶、金龟岩、风车岩、人面石、五马归槽和一系列赤壁丹崖等。金龟岩长约550 m,宽150~220 m,高约116 m;白寨顶长约500 m,宽100~250 m,高约125 m。金龟岩与白寨顶相距1.8 m,其间尚有3个北东东展布的山体,5座巍峨的丹霞岩峰连为一体,横看成岭侧成峰,即为著名的"五马归槽"景观(图3-125)。

图3-122　阳元石柱状地貌"阳元雄风"(摄影:刘加青)

图 3-123 巴寨岩堡

图 3-124 茶壶峰（摄影：刘加青）

图 3-125　韶石山景区"五马归槽"景观

（5）锦江景区。锦江自北而南穿行于丹霞山群峰之中（图 3-126、图 3-127），两岸的美景既有长江三峡的雄奇壮观，又有桂林漓江的旖旎，还有世外桃源的阡陌炊烟。沿岸可见众多赤壁丹霞景观，目前开辟水上游程 10 km，沿途几十处丹霞景点呈串珠分布。下游至望江亭，可见仙山琼阁遍山石盆景风光；上游直到阳元山景区，经过的景点有鲤鱼跳龙门、锦石岩大赤壁、群象过江等。

遗迹评价等级：世界级。

图 3-126　锦江山水"锦江画廊"（摄影：刘加青）

图 3-127　丹霞主峰"丹山碧水"（摄影：刘加青）

9. 博罗罗浮山花岗岩地貌

博罗罗浮山花岗岩地貌位于惠州市博罗县西北部,地理坐标:E 114°03′45″,N 23°15′50″,是我国道教十大名山之一,2004 年批准为国家风景名胜区。罗浮山脉呈东北走向,北西、南东两侧分别为增城谷地和东江谷地。地势以主峰飞云顶为中心向四周倾斜,最大坡度 45°以上,最小坡度 10°左右,海拔 500 m 以上山体南坡多为大片裸露岩石及悬崖石壁地带。

罗浮山主体岩性为中生代晚期的二长花岗岩。以发育花岗岩峰林、石柱、陡壁(图 3-128)、孤石(图 3-129)、堆积洞穴为特色,有山峰 432 座,主要景观点为飞云顶、铁桥峰、玉女峰、骆驼峰和上界峰等。其中飞云顶是主峰,海拔 1281 m,因为高耸入云而得名;飞瀑名泉 980 多处,著名的有白漓瀑布、白水门瀑布、黄龙洞瀑布、白莲湖、芙蓉池、长生井,还有北宋文人苏东坡所推崇的卓锡泉等;大小洞天 90 个,其中朱明洞是山上最大的洞穴。

罗浮山集奇特的花岗岩地貌、道教历史文化、中医药文化、养生文化于一体,具有极高的美学观赏、地质科学研究和中药养生价值。罗浮山风景名胜区原规划范围 260 km²,分为朱明洞、黄龙洞、飞云顶、酥醪、显岗、横河、联和 7 个景区。最近的《罗浮山风景名胜区总体规划(2011—2025)》于 2011 年获得住房和城乡建设部批复,确定罗浮山风景名胜区范围东起横湖路,西至罗浮山自然保护区西边界,南起水果场-罗浮山自然保护区南边界,北至下浪-酥醪-罗浮山自然保护区北边界,规划总面积 214.32 km²。

遗迹评价等级:省级。

图 3-128　罗浮山飞云顶上的石柱和陡壁

图 3-129　罗浮山孤石——"飞来石"

10. 龙门南昆山花岗岩地貌

南昆山位于龙门县南部,地理坐标:E 113°51′00″,N 23°38′00″,距县城 78 km,地处北回归线附近。山体主体岩性为早白垩世粗—中粒斑状黑云母二长花岗岩,主峰天堂顶海拔 1228 m。南昆山花岗岩地貌类型多样,景观丰富,有山峰、孤峰(图 3-130)、石柱(图 3-131)、峡谷等景观,以及河流、瀑布、潭等水体地貌景观。位于佛坳登顶小道的一线天景观最为著名,其峡谷长 30 m,宽仅 2 m,身居谷底,两边石壁仿佛紧紧挤压过来,抬头望,一线天光。另外还有石河奇观、川龙瀑布、观音潭、七仙湖、九重远眺、仙霞瀑布等自然奇观。

南昆山保存着较为完整的原生性常绿阔叶林,共有维管束植物 1522 种,陆生脊椎动物 269 种,生物多样性较高,包括一大批国家级珍稀动植物资源。国家林业部于 1993 年批准成立南昆山国家森林公园,2016 年国家林业局批复的《广东南昆山国家森林公园总体规划(2016—2025 年)》规划总面积

20 km²,明确加强对佛坳顶、花岗岩峰丛、岩壁、峡谷、象形山石、南峰冲河段、河谷瀑布、溪潭等重要自然地质景观的保护。

遗迹评价等级:省级。

图 3-130　南昆山孤峰

图 3-131　南昆山石柱

11. 封开大斑石花岗岩地貌

大斑石位于肇庆市封开县杏花镇,地理坐标:E 111°43′50″,N 23°27′43″。斑石高 191.3 m,长 1365 m,宽 695 m,周长 4100 m,面积 0.74 km²,其成景物质基础为中侏罗世中粒花岗闪长岩。

大斑石属于巨大的花岗岩孤石地貌,实为一孤立的花岗岩侵入体,侵入体形成的时候深埋于地下,后来由于构造运动抬升,上覆岩层被剥蚀,出露地表。渔涝-斑石平移断层在此经过,走向近南北,产状近直立,构造线呈舒缓波状,长约 6 km,为右旋性质,水平断距 1.5 km,后期具拉张走滑性质,该断层将斑石切割,使大斑石西坡成为光滑的陡崖,东坡圆润(图 3-132)。

大斑石一石成山,成因独特,在世界范围内较为罕见,具有极高的美学观赏价值和重要的科学研究意义。2005 年批准建立广东封开国家地质公园。

遗迹评价等级:国家级。

图 3-132　封开大斑石东坡石壁

12. 茂名博贺放鸡岛花岗岩地貌

茂名博贺放鸡岛花岗岩地貌位于茂名市电白区水东镇,地理坐标:E 111°11′18″,N 21°23′03″,原名汾洲山,又称湾舟山。岛体呈东北-西南走向,长 2 km,最宽为 0.91 km,最窄为 0.10 km,岸线长 5.96 km,最高顶端海拔 135m(东北部),面积 1.9 km²,是电白区最大的海岛。花岗岩地貌景观物质组成为中志留世眼球状、片麻状、斑状细粒黑云母二长花岗岩(图 3-133),花岗岩主要发育有 3 组节理,一组产状较缓,其余两组产状较陡。

由于花岗岩长期受海蚀作用,放鸡岛上基岩裸露,海蚀崖、海蚀槽沟、海蚀洞穴、孤石(图 3-134)随处可见,山坡花岗岩球状石蛋地貌发育。

放鸡岛除了具有良好的旅游观光价值外,还是广东省极少数中志留世花岗岩出露规模较大、完整性较好、露头新鲜的地区,对粤西花岗岩地貌形成以及海洋气候、海平面升降运动等研究具有重要的科学价值。

遗迹评价等级:省级。

图 3-133 放鸡岛的物质组成——片麻状花岗岩

图 3-134 孤石地貌

13. 阳山广东第一峰

广东第一峰位于阳山县北部秤架瑶族乡东北角南岭国家级自然保护区内,地理坐标:E 112°55′34″,N 24°54′10″,又称石坑崆(图 3-135、图 3-136),古称"天南第一峰",海拔 1902 m,是我国最主要的 3 条地理分界线之一——南岭的主峰。2009 年广东第一峰与冠洞小北江、神笔洞、贤令山等 6 处自然人文景观一起批准建设广东阳山国家地质公园。

图 3-135 石坑崆

图 3-136 朝霞普照

以石坑崆为核心的广东第一峰景区千岩竞秀,万壑争流,草木蒙笼其上,若云蒸霞蔚(图 3-137)。成景物质为中侏罗世黑云母二长花岗岩和黑云母钾长花岗岩,花岗岩地貌以高峻山峰为主,次为峡谷(V 型谷)、孤石、峰林、石柱、陡壁等。

图 3-137　云蒸霞蔚

山峰:石坑崆又名"猛坑石",为广东省最高峰,为一高耸秀美的锥状山峰,巍峨雄浑,其上部由山地矮林覆盖,峰顶为一平台,面积约 200 m^2。

石丘:在石坑崆主峰下集中连片分布着馒头状石丘,它们是在外动力地质作用下花岗岩体产生球状风化和层状剥蚀形成的花岗岩地貌景观。

V 型谷:花岗岩区发育深切峡谷,深度达数百米,多呈"V"字形,谷坡陡峭,谷底几乎全部被河床占据。北江源河谷最具代表性,有广东第一深谷之称。

峰林、柱林:在花岗岩山脊,节理或断裂纵横交切,导致发生强烈的差异风化和侵蚀作用,使得山体形如斧劈刀削,挺拔陡立,构成奇特壮观的花岗岩峰林、柱林地貌景观。

象形山石:著名景点为天龙饮涧(图 3-138)。位于区内龙眼寨附近,因花岗岩体中近直立的北西西向断裂/节理中充填规模巨大(长约 400 m,宽 3~6 m)的石英脉,在风化作用和流水侵蚀作用下,导致石英脉呈脊状凸出,形成"巨龙"。

遗迹评价等级:国家级。

图 3-138　天龙饮涧

14. 天井山豹纹石花岗岩地貌

豹纹石位于乳源县天井山森林公园,地理坐标:E 113°00′42″,N 24°41′56″。豹纹石产在河道附近的花岗岩体内,岩石上的花纹栩栩如生,像金钱豹身上的斑点(图 3-139)。豹纹石体积巨大,小者直径 5~10 cm,大者直径达 1.5 m 左右,颜色有深有浅,以褐黄、灰白二色为主。

豹纹石实质上是黑云母二长花岗岩岩体内含有的铁镁质暗色包体(MME),是暗色"豹纹"与浅色花岗岩两种不同类型的岩浆混合的结果。河道上游的花岗岩粒径为 3~5 cm,包体大小 5~120 cm,呈角砾状,略具定向性;河道下游围岩变化为伟晶岩,包体直径为 30~50 cm。

天井山因海拔 1640 m 的主峰之巅,有常年不枯的朝天井泉而得名。天井涌泉被称为"广东第一高山泉水"。天井山隶属广东省南岭国家级自然保护区,保护区内有广东第一高峰石坑崆和广东第二高峰天井山,素有"广东屋脊"之称。

遗迹评价等级:省级。

图 3-139 天井山豹纹石

图 3-140 叠石岩花岗岩孤石地貌

15. 南澳叠石岩花岗岩地貌

电视连续剧《红楼梦》片头那块"无才可去补苍天,枉入红尘若许年"的陨石,即为叠石岩中的巨石。

叠石岩位于汕头南澳县,地理坐标:E 117°05′22″,N 23°26′01″,地处南澳岛东部云澳、深澳两镇交界的山谷之中,四周怪石嶙峋,南面是云澳山海,波光潋滟,北面山腰天然石洞众多,阴凉清爽,清泉夺隙而出。

叠石岩为岩石堆积地貌,由众多花岗质岩石崩塌堆积而成,其景观物质组成为中生代晚期的二长花岗岩、正长花岗岩、花岗斑岩和二长花岗斑岩。

叠石岩现已开发为旅游区。景区除花岗岩崩塌地貌外,还发育有花岗岩孤石(图 3-140)、石蛋、一线天等地貌。区内著名的人文景观点有叠石岩寺、智慧泉、千佛塔等,叠石岩寺位于叠石岩坡下百米处,被誉为"天南法乳"。

叠石岩所在的南澳岛,花岗岩地貌类型多样,既是粤东地区重要的花岗岩地貌旅游观赏地,也是研究对比广东、福建花岗岩的重要地区。

遗迹评价等级:省级。

16. 南澳黄花山花岗岩地貌

南澳黄花山花岗岩地貌位于汕头市南澳岛,成景物质为早侏罗世二长花岗岩。区内最高峰为大尖山,海拔587.5 m,是汕头第一高峰。主要发育的花岗岩地貌有石柱、孤石、球状石蛋、一线天地貌,著名景点有龟头石(图3-141A)、试剑石(图3-141B)、冰榴石、夫妻对歌石、双驼峰石、企鹅石、鹰嘴石(图3-141C)、蛇头石、大虫石、清长山尾炮台花岗岩巨石等。

黄花山还发育有较好的断层构造遗迹(图3-141D),是教学与科普教育的场所。文化遗迹主要有:①长山尾炮台,建于清康熙五十五年(1716年)。此炮台与澄海大莱芜炮台隔海相对,扼樟林古港出入外洋之门户。现炮台已修葺一新,配以牵莱园、倚霞亭等景,炮台怀古、登高览胜景致。②鹰石石摩崖石刻群,镌刻有现代书法名家墨宝900多幅。③龟埕,有纪念抗日义勇军而建的南澳抗日纪念馆和知青旧址等景点。

目前建立黄花山国家森林公园,面积2.06万亩(1亩≈666.7 m^2),北回归线从中部横穿而过。这里三面环海,山峦重叠,林茂石奇,自然资源和人文景观十分丰富。

遗迹评价等级:省级。

图 3-141 南澳黄花山花岗岩地貌
A.球状地貌——龟头石;B.微型一线天地貌——试剑石;C.石柱地貌——鹰嘴石;D.断层面及上面的海蚀洞

17. 肇庆怀集桥头燕岩岩溶地貌

肇庆怀集桥头燕岩岩溶地貌位于肇庆市怀集县桥头镇,地理坐标:E 112°50′52″—112°53′46″,N 24°09′45″—24°15′17″。燕岩自然景观优美,具有良田美池桑竹之属(图3-142),因岩洞中有无数金丝燕筑巢繁衍生息而得名,是我国内陆唯一有金丝燕栖息的地方。

燕岩岩溶地貌主体由泥盆纪—石炭纪碳酸盐岩构成，总体呈北东向分布，岩性包括泥盆系东岗岭组厚层灰岩、泥质灰岩、白云质灰岩，石炭纪长垛组泥质灰岩、砂屑灰岩、白云质灰岩、白云岩、泥质灰岩夹生物碎屑灰岩，连县组碎屑灰岩、白云质灰岩夹生物碎屑灰岩、豹斑状灰岩，石磴子组泥质灰岩与白云质灰岩等。

区内主要发育峰林、峰丛（图3-143）、孤峰、溶洞等碳酸盐岩地貌，有360多座形态各异的石峰和170多个岩洞，有"小阳朔"之称，以燕岩、风洞、朝岩、黑洞为代表性岩洞。燕岩洞高66 m，宽40 m，深900 m，面积2800 m²，洞内发育石幔、石柱、石乳（图3-144），且残存有第四纪沉积的古河床砾岩，有一溪清流贯穿洞中，溪长约660 m，水深3～10 m，溪水长流不涸，可泛舟而入。

目前已建立燕岩地质地貌省级自然保护区，主要保护对象为岩溶地貌遗迹、岩洞堆积地质遗迹、古河流堆积物和金丝燕。燕岩由于金丝燕的栖息而更显出其重要性，除了是旅游观光的好去处，更是国内研究内陆金丝燕的唯一地区，而古河道沉积为揭示第四纪古地理环境、古气候变迁研究提供了物质基础。

遗迹评价等级：省级。

图3-142 良田美池桑竹之属——燕岩

图3-143 燕岩峰丛地貌

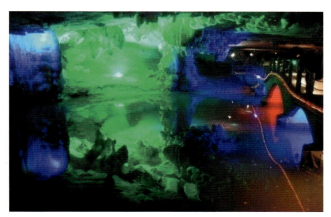

图3-144 燕岩洞内石幔、石钟乳景观

18. 肇庆七星岩岩溶地貌

肇庆七星岩岩溶地貌位于肇庆市区北约4 km，地理坐标：E 112°28′15″，N 23°04′45″，面积8.23 km²，发育在石炭系石磴子组、大埔组、黄龙组和曲江组中。石磴子组岩性为粉晶灰岩夹白云质灰岩，大埔组为白云岩、灰质白云岩夹粉晶灰岩，黄龙组为白云质灰岩夹微晶灰岩、角砾状白云质灰岩，曲江组为微晶灰岩夹灰质粉晶白云岩、角砾状灰岩。

七星岩属孤峰岩溶地貌，南侧西江水自西向东环山而过，形成湖中有山、山中有洞、洞中有河的地质山水景象。七星岩区内由五湖、六岗、七岩、八洞组成，七岩指阆风岩、玉屏岩、石室岩、天柱岩、蟾蜍岩、仙掌岩、阿坡岩7座石灰岩山峰，排列如北斗七星般撒落在碧波如镜的湖面上，因而得名七星岩。景区可供观赏景点达80余处，七岩中的天柱岩为最高峰（图3-145），海拔117 m。八洞中的龙岩洞最为奇特，洞中有洞，洞内见大量石笋、石柱、石钟乳以及地下暗河（图3-146），岩壁上见众多摩崖石刻，有"千年诗廊"之美誉。值得一提的是，七星岩摩崖石刻（图3-147）是国家级重点保护文物，是中国南部保存最多、最集中的摩崖石刻群。

目前已建立星湖国家级风景名胜区，重点保护对象为石灰岩岩溶地貌。

遗迹评价等级：国家级。

图3-145　七星岩最高峰——天柱岩孤峰

第三章　广东省重要地质遗迹特征

图 3-146　龙岩洞地下暗河，洞顶发育石钟乳

图 3-147　保存完整的七星岩摩崖石刻

19. 封开莲都龙山峰丛岩溶地貌

封开莲都龙山峰丛岩溶地貌位于肇庆封开河儿口镇，地理坐标：E 111°49′42″，N 23°36′47″，发育在上泥盆统融县组（D_3r）和下石炭统连县组（C_1l）碳酸盐岩中。区内岩溶地貌发育，为热带、亚热带典型的岩溶地貌组合，地表岩溶形态有溶沟、石芽、峰丛（图 3-148）、峰林、孤峰、落水洞、漏斗及岩溶盆地；地下岩溶形态有多层溶洞、地下暗河及各种洞穴堆积物。在流水作用下，形成峰丛-暗河-地表水体系。

龙山为河儿口盆地中部的一座低山，呈"S"形，岩性为下石炭统连县组灰岩，龙山东南麓为上泥盆统融县组碳酸盐岩。区内有 80 多座孤峰和峰林，孤峰高耸，星散分布，溪流环山而过，形成一幅"千峰环野立，一水绕山流"的山水画卷。石峰基本都发育有溶洞，主要溶洞有白石岩和双龙洞。白石岩又叫玉洞，是龙山的主洞，洞高 30 m，洞穴总面积 2000 m^2，有景观 70 多处。双龙洞，洞宽 3～12 m，高 5～15 m，洞长 200 多米，分为 9 个洞室，有景观 30 多处。两个溶洞内各种碳酸盐岩地貌发育，有石钟乳、石笋、石柱、石幔、石葡萄、石莲花、石花瓣、石莲花盆、穴盾、钙华、方解石晶簇、崩塌堆积物。

目前已建立封开国家地质公园、龙山省级风景名胜区，重点保护对象为花岗岩地貌、岩溶地貌如白石岩、双龙洞、龙石山、狮子山、金龟山、观音山，保护面积约 1 km^2。

遗迹评价等级：国家级。

图 3-148　封开龙山峰丛地貌

20. 云浮蟠龙洞岩溶地貌

蟠龙洞位于广东省云浮市区北部的狮子山中,地理坐标:E 112°02′59″,N 22°56′32″,因其洞体迂回曲折、形若蛟龙而得名。所在区域是下石炭统岩关组石灰岩所构成的岩溶宽谷,四周为上泥盆统碎屑岩,三叠系—侏罗系砂砾岩及燕山期石英斑岩、花岗岩等非溶性岩石。

蟠龙洞是一个水平溶洞,洞分3层,上层是天堂通天洞,下层是龙泉地下河,中层为九龙长廊,层层相连,曲折迷人。洞内石花高挂,钟乳低垂,石笋石柱如林,洞中有洞。"石花"被誉为"世界十大洞穴奇景"之一。蟠龙洞在1987年的国际洞穴年会上被世界洞穴协会誉为世界"三大石花洞"之一,洞内岩壁上的"石花"(图3-149)不按重力方向生长,向四面节节开花,剔透玲珑,晶莹如玉,洁白无瑕,形态万千。"王罗伞帐"(图3-150)是该洞的另一个世界级的洞穴奇观,其外型神似玉石的华丽宫廷蚊帐,形态优美,世上罕见。此外,蟠龙洞还发现有丰富的大熊猫—剑齿象哺乳类动物化石及"智人化石"。

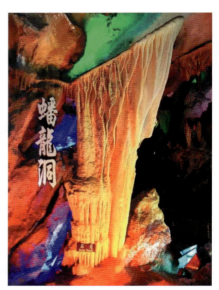

图 3-149　蟠龙洞内石花　　　　　　　　　图 3-150　蟠龙洞内"王罗伞帐"

蟠龙洞"石花"和"王罗伞帐"是国内罕见的岩溶洞穴奇景,既有极高的美学观赏价值,又具有重要的科学研究价值。目前已建立省级风景名胜区。

遗迹评价等级:国家级。

21. 春湾凌霄岩岩溶地貌

凌霄岩位于阳春市河朗镇,地理坐标:E 111°49′37″,N 22°35′40″,有"南国第一洞府"及"世界石灵芝王国"之美称,属中国岩溶洞穴三十六大名洞之一,发育在下石炭统石磴子组灰岩中,受次级向斜构造轴部的节理裂隙所控制。

凌霄岩是典型的大型岩溶洞穴,洞高177 m,长304 m,宽20~80 m,总面积达30 000 m²,洞内发育石钟乳、石笋、石柱、石幔等(图3-151、图3-152)岩溶地貌景观。全洞分4层,属多层溶洞类:第一层高49 m,宽20~50 m,有一条伏流纵贯全洞,流量219~699 L/s;第二层高约60 m,宽50~80 m,有19条巨大的石钟乳矗立其间;第三层高约50 m,宽20~40 m;第四层高18 m,宽20~30 m。溶洞内有一古岩溶河床沉积剖面,其中第三层古河床已上升至离现今河床50~60 m高度,沉积物为褐红色黏土质砂砾卵石、钙华及黏土质砂砾层等,沉积厚度2.5~4.5 m,粒度分选极差,胶结密实,剖面保存完好。第二层上升离现今河床高度5~10 m,沉积厚度2~3 m,成分包括砂岩、石英岩卵石、粗砂、细砂及泥质,杂乱排列,被钙质紧密胶结,沉积层大部分已被流水冲刷剥蚀,仅在局部洞穴岩壁的凹陷处残留透镜状剖面。第一层为现代河床沉积,沉积物以砂、泥质为主。

该溶洞保存完整,岩溶堆积物发育,具有极高的观赏价值,是广东省石磴子组出露的主要地区,有助于早石炭世海相沉积环境的研究;洞内既有保存完好的古河床剖面,又有现代河床沉积,对研究构造升降运动和地下水的变化有重要科学价值。

目前,已建立广东阳春国家地质公园,凌霄岩是主要景区,主要保护对象为岩溶地质地貌景观、新构造活动遗迹、距今14～17 ka的古人类洞穴遗迹以及摩崖石刻、古书院、古桥等文化遗迹。

遗迹评价等级:国家级。

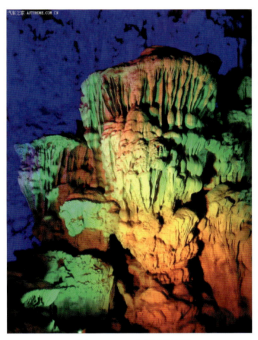

图3-151 凌霄岩石幔

图3-152 凌霄岩的石笋幼体

22. 春湾龙宫岩岩溶地貌

龙宫岩位于春湾镇北东约1 km,地理坐标:E 111°55′54″,N 22°26′26″,是广东阳春国家地质公园内重要的岩溶洞穴景观(图3-153),因洞身蜿蜒曲折形如一条巨龙而得名,发育在上石炭统－下二叠统壶天组(C_2P_1h)厚层状白云质灰岩中,受北西向次级小断层控制。

龙宫岩是典型的大型岩溶洞穴,洞长约1400 m,宽2～5 m,高2～10 m,分为迎宾廊、龙王殿、聚宝库和龙母阁4段。洞内发育石钟乳、石柱、石幔(图3-154)、石笋等地貌景观。石钟乳以小巧玲珑、精美典雅为特色,主要景点有龙宫宝库、定海神针、圣诞树等。龙宫宝库是一个由众多石柱、石钟乳和石笋支撑构筑的溶洞大厅,溶洞两侧岩壁上,还生长着大量的石葡萄、石珍珠和石花。定海神针位于龙王殿内,高约3.5 m,最大直径30～40 cm,是一根晶莹剔透的钟乳石柱。圣诞树是一根高约2.5 m,最大直径50～60 cm的柱状石钟乳,柱身生长大量葡萄状钟乳,在五光十色的彩灯映照下,仿佛一棵熠熠生辉的圣诞树。洞内主要发育一条龙宫岩断层,位于龙宫岩溶洞内,走向320°～330°,倾向南西,倾角50°～60°,地下水沿断层破碎带渗入溶蚀,断面上难溶的角砾残留下来并被钙华胶结。

龙宫岩溶洞保存完整,岩洞堆积物发育,具有良好的观赏价值。洞内发育的龙宫岩断层是研究构造与岩溶发育的重要场所。

图3-153 龙宫岩地上岩溶峰丛地貌

图3-154 龙宫岩石幔

遗迹评价等级：国家级。

23. 英德通天岩岩溶地貌

英德通天岩岩溶地貌位于清远英德市区西南3 km的石角头山，地理坐标：E 113°21′17″，N 24°09′00″，发育在下石炭统石磴子组灰岩地层中。

通天岩是一大型石灰岩溶洞，洞内总面积达6600 m^2，由小到大可分为4个厅，由石林长廊相连接。每个大厅各具特色，厅内石钟乳、石笋、石幔形态各异，变化万千。洞中云盘层层叠叠，如缩龙盘虬；云盘内清水涟涟，碧波倒影，流光溢彩，似海市蜃楼一般，视之深不见底，触之掬不盈手，尤其是最后一个大厅，开阔明朗，巨石相峙而立，厅顶有双洞通天景观（图3-155），洞口树荫蔽日，垂蔓摇丝，云在木叶间，阳光透过树叶下泻，使大厅内蒙上了一层神秘的"面纱"。洞内还有保存完好的北宋石刻，字迹流畅清晰，为通天岩内珍贵的历史文化遗迹。

通天岩以雄伟壮丽的景观、奇异瑰丽的造型和韵味独特的文化内涵吸引着四方游客纷至沓来，是英德乃至岭南不可多得的旅游胜地。

遗迹评价等级：省级。

24. 连州地下河岩溶地貌

连州地下河岩溶地貌位于连州市北26 km的东陂镇，地理坐标：E 112°19′27″，N 25°00′07″，发育在泥盆系和石炭系碳酸盐岩中，地层岩石总体呈北西走向，北西向断裂构造发育。

连州地下河是华南亚热带岩溶地貌的典型洞穴，地下溶洞分为3层，全长1.86 km，最高处47.8 m，最宽处53.6 m，可供游览面积达60 000 m^2，洞内常年气温保持在18 ℃左右，湿度96%～98%，含氧量为21.4%～21.6%，CO_2含量在0.01%～0.019%之间，空气新鲜，冬暖夏凉。地下河（图3-156）位于溶洞最下层，水流由北向南，蜿蜒曲折十八弯，经过龙门峡、莲花峡、香蕉峡3个岩溶峡谷，全长约1.4 km，穿越四座山头的底部，河道水面平静，流速缓慢，最宽处10 m，最窄处仅1.6 m，水深1～7 m。此外，上、中两层为旱洞，溶洞高大宽阔，发育无数千姿百态、瑰丽多彩的钟乳石，著名景观点有"姜太公钓鱼""弥勒佛""女娲娘娘""商纣王""关公""孟姜女""托塔天王""古炮台"和"封神台"等。

连州地下河以其恢宏的气势、壮丽的景观和独特的地貌组合，堪称岭南一绝。于2011年9月正式成为粤北首家AAAAA国家级景区，我国著名作家秦牧赞曰"神秘瑰丽的地下河"。

遗迹评价等级：省级。

图 3-155　通天岩双洞通天景观

图 3-156　连州地下河岩溶地貌

25. 英德英西峰林岩溶地貌

英德英西峰林岩溶地貌位于粤北英德市区西南 60 km 的九龙、黄花、岩背三镇一带，南北延绵 20 km，东西宽 5～8 km，呈北北西向分布，发育在泥盆系和石炭系碳酸盐岩地层中。区内有岩溶峰林、穿天岩、金龙洞、燕子岩，以及峰林漂流、彭家祠、桃花湖等自然人文旅游景点。"飞借桂林山，漓江换明迳，游廊迎奇景，簪峰镇九龙"是英西峰林最好的写照。

区内山峰标高一般在 250～350 m 之间，最有名的是千军峰林和溪村峰林。千军峰林位于九龙镇南 3 km 处，这里石峰互不相连，却又离得很近，所有山峰皆向东倾斜，其东侧有一座将军山孤峰，于将军山之巅，可遥见上百座群山呈朝拜状向将军山倾斜，如同一队准备冲锋的士兵。千军峰林区域已开发建设成峰林小镇，河流湿地水波荡漾，接天莲叶无穷碧，映日荷花别样红（图 3-157），或是曲折蜿蜒、环抱山郭良田，一派欣欣向荣的景象（图 3-158）。溪村峰林（图 3-159）距黄花镇 3 km 的公路两旁，千座形态各异的山峰连绵起伏，平地拔起，千座山峰构成万千景致，有的似双峰驼，有的如下山虎，千姿百态，更有溪流蜿蜒其间，美不胜收。双峰驼头部、颈部、峰驼清晰可见，形态逼真，其倒影映于湖中，形成溪村倒影景观。

该景区 2015 年获广东英德英西省级地质公园资格，公园规划面积 24.19 km²，由九重天、洞天仙境、斜峰群 3 个园区组成。地质公园不仅拥有秀美的岩溶峰林景观，还发育有石牙、石林、天坑、地下河、溶洞以及石钟乳等地上地下一体的岩溶地貌景观。穿天岩素有"华南第一天坑"之称，因溶洞顶部发生地面塌陷，底部与地下河相连接。天坑坑口长约 150 m，宽约 15 m，腾空挺立，奇险壮观；溶洞长约 400 m，最宽达 60 m，高 80 m，地下河从洞中川流而过，洞内石钟乳形态各异，有蘑菇云石、观音迎客、观音莲花座等景观，洞壁上发育大小溶穴，春天燕子在此筑巢做窝，沿河两岸发育有茂盛的地下森林和层叠怪石，傍晚金色的阳光从洞口撒进洞内，犹如仙境，故又名洞天仙境（图 3-160）。此外，在斜峰群园区的山海经溶洞发育有完整的洞内地貌景观，如石幔（图 3-161）、石柱、石笋以及象形石"定海神针"（图 3-162）等景观。

英西峰林地貌形态各异、分布连片、发育系统、保存完整，是广东省稀有的峰林碳酸盐岩地貌发育区，具有极高的观赏、科普教育和科学研究价值，目前已是省级地质公园。

遗迹评价等级：省级。

图 3-157　千军峰林之夕阳晚照景观（摄影：许景红）

第三章　广东省重要地质遗迹特征

图 3-158　千军峰林之水村山郭景观（摄影：许景红）

图 3-159　溪村峰林景观

图 3-160　洞天仙境天坑游船（摄影：许景红）

图 3-161　山海经溶洞发育大型石幔（摄影：许景红）

图 3-162　山海经溶洞"定海神针"（摄影：许景红）

26. 英德宝晶宫岩溶地貌

宝晶宫位于英德市西南 7.2 km 的燕子岩，地理坐标：E 113°21′53″，N 24°07′44″，因整个洞穴如宫殿，故被称为宝晶宫，有"岭南第一洞天"之称，发育在下石炭统连县组豹斑皮灰岩、白云质灰岩夹生物灰岩和石磴子组泥质灰岩与白云质灰岩中。

宝晶宫是一个古老的石灰岩溶洞，面积约为 30 000 m²。以宝晶宫为溶洞群及洞内石钟乳景观为主要地貌景观，溶洞共分 4 层：底层为地下河，可划艇；第二层最大，约 10 000 m²，洞内布满石钟乳、石笋（图 3-163）、石幔（图 3-164）、石柱、边石坝等景观，其中有 30 m 高的大型石幔和石柱溶成的"龙骨塔"，晶莹剔透；第三层为上下连接层，层间宽阔；第四层由 4 个大厅和长廊组成，景观似第二层，洞口断崖上有长 54 m、宽 12 m 的摩崖石刻"宝晶宫"，为岭南画家关山月所书。

宝晶宫岩溶地貌具有"洞中洞、楼上楼、河上河"的特点。此外，还有一个奇特之处是冷洞和暖洞的共处，暖洞常年温度保持 24 ℃，冷洞常年温度恒定在 18 ℃左右，游览一个溶洞，感受两个"季节"，非常新鲜罕见。

宝晶宫是广东省级风景名胜区，不仅有丰富秀美的自然地质景观，还具有极高的科研考古价值。1996 年，中山大学人类学系张镇洪教授和省文物考古专家在溶洞首层"古河故道"的沙砾石层中发现了距今约 10 万年前的旧石器，表明洞内存在古人类活动遗迹。

遗迹评价等级：省级。

图 3-163　宝晶宫石钟乳、石柱和石笋

图 3-164　宝晶宫大型石幔

27. 阳山峰林岩溶地貌

阳山岩溶地貌十分发育，主要分布在阳山国家地质公园小北江园区，面积 3.12 km²。可溶性岩石为中泥盆统东岗岭组、棋梓桥组，上泥盆统天子岭组，下石炭统连县组、石磴子组，以及上石炭统梓门桥组、大埔组和壶天组碎屑岩。岩溶地貌以峰丛、峰林、漏斗、洼地、峡谷、河流、溶洞、暗河为主要特征，主要景点有阳山小桂林（图 3-165）、神笔洞、千佛洞等。

阳山峰林的峰体外形多呈塔状或柱状，坡陡 60°～80°，一般具有低矮的基部，峰体高 100～180 m，虽然分布不广，但其特有的雄、幽、秀、美具有很高的观赏价值。在阳山水口一带的连江江畔，奇山秀水的魅力组合，堪与桂林山水媲美。峰丛地貌（图 3-166）的峰体外形大多呈锥状，少数呈单斜状，峰顶标高一般在 500～700 m 之间，基座高 300 m 以上，坡度多为 50°～60°，在岩石裸露的坡面上，还可见到纵横交错的石芽。

神笔洞呈北北西向延展，一条小溪自东南洞口流入洞内转为伏流，在流经地下岩溶管道蜿蜒迂回后从西北洞口流出转为明流，水流一年四季不断，岩溶管道自然坡降约 25‰，适合橡皮筏洞内漂流。

千佛洞以旱洞为主,洞内许多大小不一、形似神佛的滴石仿佛是一个奇妙无穷的"神佛世界",巨大的石笋、石柱随处可见,形成气势恢宏的洞穴景观。

此外,园区还有烈士陵园、朝阳洞、北山古寺、摩崖石刻等人文遗迹景观。阳山岩溶地貌既有类似桂林的峰林地貌,又有宏伟的高峰丛地貌和多级岩溶台面或剥夷面,即囊括了南方和北方的岩溶特征,是一种特殊的过渡类型。因此,阳山岩溶对于岩溶发育机理、介质条件的研究和演化模型的建立具有重要的科学价值。

遗迹评价等级:国家级。

图 3-165　阳山小桂林

图 3-166　连江沿岸峰丛地貌

28. 乐昌古佛岩岩溶地貌

乐昌古佛岩岩溶地貌位于韶关乐昌城西南 5 km,地理坐标:E 113°20′33″,N 25°04′56″,发育在中泥盆统棋梓桥组灰岩中。

古佛岩属大型岩溶洞穴,面积达 $1.2×10^4$ m^2。洞内分上下重叠 3 层,最高处为 30 m,最宽处为 40 m,洞内气温常年保持在 19～20 ℃ 之间。因前人在洞内安放佛像,洞前建有佛寺,故称为古佛岩,现原佛寺已不存在。岩洞内有古佛殿、观音殿、王母殿、玉皇宫、西游宫、逍遥宫和金龙殿 7 个大厅。古佛殿由石幔、石钟乳组成的独具一格的佛殿内,三座小石笋错落有致,恰似三尊佛像,殿内佛光普照,令人肃穆;观音殿只见一座白色石笋,如一座盛开的荷花,花中坐着慈目低垂的"观音菩萨";王母殿是一番蟠桃盛会的热闹场面,头顶上一个圆形石幔,高悬空中,犹如一顶雪白的罗帐,不远处有"仙翁""仙女"和"仙童"在嬉戏,在他们背后放着一盘盘的蟠桃;玉皇宫是一座气势雄伟的大殿,玉柱拔地而起,顶端银花四溅,好一派火树银花的美景;西游宫内有一座古佛岩最大的石笋,它高约 12 m,需七八人才能合抱;逍遥宫景色层次丰富,场面广阔,群山起伏,茂林修竹,珍木奇树,宛如一座森林公园;金龙殿有一条附壁高悬 10 余米的石钟乳,像一条巨龙,那龙头、龙角、龙眼、龙身、鳞甲流光耀眼,栩栩如生。

古佛岩内发育石笋、石花、石柱、石幔,色彩斑斓,景象纷呈,蔚为奇观。著名景观较多(图 3-167),如海底龙宫、石瀑布、巨型石笋"定海神针"和"中国第一月"以及 3 亿年前的群体珊瑚化石。古佛岩岩溶堆积物类型多样,具有极高的观赏价值,而珊瑚化石对沉积古地理研究具有重要的科学价值。古佛岩与坪石金鸡岭一起,已被授予广东乐昌金鸡岭省级地质公园资格。

遗迹评价等级:国家级。

29. 乳源通天箩岩溶地貌

乳源通天箩岩溶地貌位于韶关市乳源瑶族自治县,地理坐标:E 113°06′50″,N 24°59′21″,发育在石炭统石磴子组中厚层状深灰黑—灰色生物碎屑泥晶灰岩夹白云质灰岩、白云岩、燧石灰岩、薄层泥

图 3-167 古佛岩岩溶地貌景观
A.海底龙宫；B.火树银花；C.巨型石笋"定海神针"；D."中国第一月"；E.群体珊瑚化石

质灰岩地层中。

通天箩是一个体量较小的天坑（图 3-168），坑口平面形态呈椭圆形，长轴方向为北西向，长约 86 m，短轴为北东向，长约 68 m，天坑垂直深度约 110 m，底部最大直径约 140 m。天坑口小肚大，形态酷似一个倒伏的米箩，故名通天箩。天坑北西侧岩壁往上约 20 m 处有一个深度大于 5 m 的洞，天坑东侧岩壁上发育少量钟乳石，长约 0.2～0.5 m。阳光可直射通天箩底部，为生物生长提供一定的能量，因此在底部及周围的缓坡上，生长着一片约 3500 m² 的地下森林，由灌木、乔木、草本植物、苔藓、真菌及一些小昆虫组成，其中发现稀有物种，如"广东金腰"。

通天箩地下森林在广东省独一无二，独特的景观使其成为探险式旅游的重要目的地，洞底丰富的植物资源对研究岩洞植被起源和发展具有重要价值。

遗迹评价等级：省级。

图 3-168 乳源通天箩

30. 连平陂头岩溶地貌

陂头镇三面环山,山地多由石灰岩组成,因其独特的岩溶地貌而省内闻名,主要地貌类型有峰丛、漏斗、地下河、石笋、石钟乳、石幔等。陂头境内数十里石灰岩奇峰突兀,层峦叠嶂,山势陡峻,奇石异景与如诗如画的田园景象相互掩映,构成了风光旖旎的美丽画卷:山峰峦林立,水明洁如镜,田五彩缤纷(图 3-169)。最著名的羊子岇峰丛与九连山自然风光交相辉映,一道门、二道门等自然景观浑然天成。羊子岇漏斗是一个近似圆形的封闭性岩溶漏斗,底部平坦,里面植被茂盛。

位于石头窝山下的牛洞地下河最为奇特,洞体分为冷、暖两个洞室,二者相距仅 300 m。冷洞洞体

图 3-169　连平陂头峰丛地貌

宽敞,冷风习习,两侧怪石嶙峋,洞壁上布满石花;暖洞洞内温度较冷洞骤然升高 2～3 ℃,在洞顶和洞的侧壁上可见成片的卵砾石胶结物。已开发的溶洞有上洋军事溶洞、广东燕岩六祖古寺和观音岩神山等。上洋军事溶洞分为上岩和下岩两个岩洞,二者相距约 100 m,高差约 6 m,上岩洞面积 1600 m²,下岩洞面积 1200 m²,于 1939 年十二集团军将溶洞修整为军事仓库,目前已废弃。

该景区现已被授予广东陂头省级地质公园资格。公园包括狮头岩、燕岩古寺、羊子圳 3 个园区,总面积约 33 km²。届时有望把陂头岩溶地质公园、燕岩古寺、古村落和自然风光深度整合,打造陂头省级旅游产业镇。

遗迹评价等级:省级。

二、水体地貌

广东省重要的水体地貌类地质遗迹共 18 处,其中河流 3 处,分别是三水河口三江汇流、封开大洲贺江第一湾、饶平青岚溪谷壶穴群;湖泊、潭 1 处,即从化流溪湖;瀑布 3 处,分别是深圳大鹏半岛瀑布、增城派潭白水寨瀑布、揭西黄满寨瀑布群;泉 11 处,分别是龙门南昆山温泉、从化流溪河温泉、恩平锦江温泉、恩平金山温泉、恩平帝都温泉、阳西新塘咸水矿温泉、韶关曹溪温泉、南澳宋井、丰顺地热、五华汤湖热矿温泉、阳山龙凤温泉。

1. 三水河口三江汇流

三水河口-青歧地区是西江、北江和绥江汇流地带,思贤滘是西江和北江的连通水道(图 3-170)。在三水思贤滘,西江与北江出现吻流现象,即西江与北江相汇又立即分开,这在全国的大江大河中是绝无仅有的,在世界范围内也少见,目前只见于泰国的湄南河、武里河及柬埔寨的湄公河和秘洞里萨河。

图 3-170 三水河口三江汇流

西江源于云南马雄山,流经云南、贵州、广西和广东四省(自治区),主流从磨刀门注入南海。北江源于江西信宜,流经韶关、英德、清远等地,主流从洪奇沥入南海。绥江源自连山,流经广宁、四会,从马房汇入北江。思贤滘位于金本新圩和青歧阁美之间,水道长 1.5 km,宽一般 500 m,水深一般 6 m。在思贤滘北江水文站处,江面宽 600 m,水深 6 m。思贤滘南马口水文站处,江面宽 1200 m,水深 10 m。

三江汇流是三水"水城"特色的集大成者。三江汇流处形成了以思贤滘为主题的河流水域自然景观,呈现出青歧农业园区等岭南水乡特色和优美的田园风光,且拥有魁岗文塔、旧海关大楼、半江桥等人文景观。

遗迹评价等级:省级。

2. 封开大洲贺江第一湾

封开大洲贺江第一湾位于肇庆市封开县大洲镇大洲村(图 3-171),地理坐标:E 111°29′31″,N 23°30′00″。河段主要发育在寒武纪地层岩石中。

贺江第一湾曲流率为全国之最,是独特成因的山间深切"S"形曲流。在寒武纪砂页岩地层中,贺江沿"X"形节理不断向下侵蚀,形成蜿蜒曲折的山谷曲流,在不到 17 km 的距离内,河道长达 50 km。河流在向河岸两边侧蚀的过程中,携带泥砂到河流中心逐渐沉积,形成江心洲。贺江从南丰镇至封开县城有曲流出现,其中江心洲及曲流率最大的地方位于白垢镇至封开县城之间的河段,曲流率最大位置可达 180°。

曲流河一般发育在平原区,由河流的侧蚀作用在地表第四纪松散沉积物中冲蚀出弯弯曲曲的河道。基岩区曲流的形成需要特殊的基岩岩性、岩层产状、节理构造与地壳升降运动等协调组合,因此,基岩区发育曲流非常罕见。贺江曲流是山区嵌入曲流的典型代表,是粤西特殊地质条件下的罕见产物,对研究曲流的成因、粤西新构造运动具有重大科学价值。

遗迹评价等级:国家级。

图 3-171　封开大洲贺江第一湾

3. 饶平青岚溪谷壶穴群

饶平青岚溪谷壶穴群位于潮州市饶平县樟溪镇，地理坐标：E 116°49′54″，N 23°44′20″，是华南地区乃至国内壶穴研究程度较高、研究历史较早的地区。在长达 10 km 的北西向青岚溪谷花岗岩河床上分布有壶穴 3000 个左右（图 3-172），其类型多样，既有单体壶穴，又有复合壶穴，或独立成景，或群聚成景。青岚溪谷怪臼、奇石、溪水、岩壁和谐交融，构成青岚溪谷最为靓丽的风景。宋代诗人宋煜当年游历青岚，即兴赋诗："清泉一派水潺潺，石穴端然一臼安。洗药炼丹仙已去，只留踪迹与人看"。

壶穴发育的位置：主要分布在河床洪水线之下的基岩河床、河床岸壁，以及河床孤石、滚石侧面和顶面之上，局部溪段因河床被流水侵蚀下切，河床降低、水位下降，壶穴分布于侧壁上部。发育在节理、岩性差异结构面附近的壶穴也较常见。

壶穴发育的岩性：青岚地区由晶洞花岗岩、各类岩脉构成了基岩河床（图 3-173），晶洞花岗岩形成的山脊、山顶均有壶穴产出。主要差别在于壶穴发育的数量、形态及其侧壁、底壁的光滑程度不同，以晶洞花岗岩基岩河床发育的壶穴数量多，且个体大，常形成内壁呈圆弧形且极为光滑的壶穴。

壶穴形态特征：呈圆形、椭圆形、不规则形，口宽多在数十厘米至数米，最大壶穴口宽可达 10 m，深 3.5 m，最深壶穴达 11 m，而口宽仅十几厘米，其形如盆、如瓮、如缸，或成洞、成潭、成槽。其长轴与河床流水方向或垂直河床岸壁，或受控于节理/裂隙构造。时而独立成景、时而三五成群、时而相互贯通。

壶穴类型：根据水动力条件、流水侵蚀作用方式、壶穴形态特征及发育位置，青岚溪谷壶穴分为不同类型（图 3-174），包括筒状壶穴、盆状壶穴、缸（瓮）状壶穴、半（残）壁壶穴/套叠壶穴、联合壶穴、串珠壶穴等类型。各类型壶穴的存在，系统完整地展示了河流侵蚀壶穴微地貌的发育演化过程。

第三章　广东省重要地质遗迹特征

图 3-172　饶平青岚溪谷壶穴群

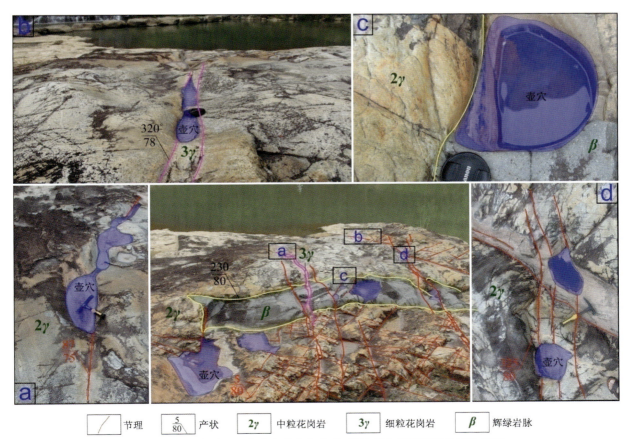

| ╱ 节理 | 5/80 产状 | 2γ 中粒花岗岩 | 3γ 细粒花岗岩 | β 辉绿岩脉 |

图 3-173　青岚溪谷河床壶穴形成与节理、岩脉侵入界面等结构面关系图

图 3-174 青岚溪谷壶穴类型
A.筒状壶穴：天眼臼；B.盆状壶穴；C.半壁壶穴：贵妃池；D.残壁壶穴：通海龙潭；E.串珠壶穴：梅花臼；
F.串珠壶穴：连环臼；G.串珠状壶穴；H."8"字形串珠壶穴

壶穴成因：青岚溪谷壶穴不仅有发育于断崖、岩槛下方，由垂直水流跌水冲蚀及其产生的旋转水流侧蚀形成的跌水壶穴，更多的壶穴则发育在基岩河床和岸壁之上以及河床孤石、滚石顶面与侧面。根据壶穴内依然可见的携带粗砂、小卵石流动的旋转水流，壶穴底部经旋转水流分选的砂、卵石，以及河床侧壁上随河床间歇式下降流水侵蚀形成多级分布的壶穴等现象，结合前人研究成果，笔者认为壶穴应为河床流水侵蚀及其在河床凹坑产生的旋转水流携带砂、卵石作圆周旋转移动，以侧蚀的方式磨蚀而成。

2018年2月，该景区被授予广东饶平青岚国家地质公园资格。青岚溪谷花岗岩壶穴群地质遗迹保护良好，具有较高的美学观赏价值，是第四纪地质地貌研究的重要场所。

遗迹评价等级：国家级。

4. 从化流溪湖

流溪湖位于从化良口镇，地理坐标：E 113°47′42″，N 23°45′58″，1958年筑水库为湖，是广州最大的水库，湖底基岩为黑云母二长花岗岩，广州-从化断裂带从湖之东缘经过。在碧波万顷的流溪湖面上，分布着大小22个岛屿，犹如珍珠散落碧玉盘中（图3-175）。正常最高水位235 m，死水位212 m，有效库容2.39×10^8 m³，水面积14.66 km²，是广州市重要的饮用水源。据《流溪河国家森林公园地表水水质状况监测报告》，湖水分析结果如下：pH 7.65，氯化物（Cl^-）1.0，电导率52.6，铬（Cr^{6+}）0，Co(Mn)1.5，氰化物（CN^-）0，硬度0.260，砷（As）0，铜（Cu）0.007，铅（Pb）0.002 3，锌（Zn）0.033，镉（Cd）0.000 1，汞（Hg）0，水离子氨0.001 9，总磷（Σp）0.002 6，氟化物（F^-）0.1，锰（Mn）0.006，五日生化需氧量（BOD_5）1.0，溶解氧饱和率93%，色度4。经分析，流溪湖地表水均符合国家《地表水环境质量标准》（GB 3838—2002）中的Ⅰ类水标准。

图3-175 从化流溪湖

流溪湖位于流溪河国家森林公园内。近年来，从化优美的自然生态环境和严格的保护管理措施，使白鹭、白鹤等候鸟来往的数量逐年增多，数以千计的白鸟常飞临流溪湖上空，在碧波翠岭之间翩翩起舞。流溪河水库地处北回归线附近,浮游生物种类组成及水库生态学特征均体现了热带亚热带过渡地区水体所应具有的特征,是我国华南地区水库生态学研究的一个重要基地,是生态学教学实习的理想场所。

遗迹评价等级:省级。

5. 深圳大鹏半岛瀑布

大鹏半岛瀑布(图 3-176)位于深圳大鹏半岛内部,见于七娘山火山岩山峰之间。在诸多溪流中,以七娘山溪和大鹿湖溪较有代表性。

七娘山溪瀑布有 6 处。一号瀑布落差 1.5 m,宽约 1 m,下有水潭,呈不规则状,面积约 10 m^2。水帘两侧树木茂盛,水潭下游乱石分布。二号瀑布落差 6.0 m,宽约 1.5 m,自上而下共有 4 级,呈不对称分布,1 级底部有火山岩巨石横于溪中,2 级、3 级、4 级均有水潭,2 级、3 级落差较小,4 级落差达 6 m。4 级瀑布呈串珠状。三号瀑布落差 6.0 m,宽约 1 m,水面宽 5 m,下面的水潭形状不规则,面积较小,瀑布有平行的 3 条水流,周围火山岩基岩裸露。四号瀑布落差 30 m,宽 1 m。水潭面积 10 m^2,深 2 m,呈三角形,是七娘山溪落差最大的瀑布,观赏性较强。五号瀑布落差 9 m,宽 5 m,分为两级,上部 3 m 为单瀑,宽约 1.5 m。至中部分叉,向下逐渐分开,瀑宽达 5 m。下部水潭呈半圆形,约 8 m^2,水深 1.5 m;六号瀑布落差 40 m,宽 1 m。下有水潭,面积约 4 m^2,水深 1 m,瀑布分 4 级,无自由落水,皆沿石壁而下,石壁坡角约 50°。

图 3-176 深圳大鹏半岛瀑布
A. 七娘山溪四号瀑布;B. 马料河白练瀑布;C. 大鹿湖溪楼梯飞瀑

大鹿湖溪瀑布有 4 处。瀑布溪流坡度小,可以拾级而上,长 30 m,水量较大,上窄下宽,宽度 0.5~3 m,下有水潭,面积 20 m^2,水深 2 m,呈长方形,水质良好。乱象瀑布由 7 个小瀑布组成瀑布群,最大的瀑布落差 10 m 左右,最宽达 4 m,下有水潭,形状不规则,水量较大而清澈见底;楼梯瀑布总落差大于 30 m,宽 1~3 m,水量较大,下有水潭,面积较小,深度近 2 m,形状不规则。瀑布形似错落楼梯,水流飞泻而下,两侧有兰花丛。大鹿湖瀑布落差 4 m,宽 2 m,下有水潭,面积约 40 m^2,呈菱形,深达 3 m,是大鹿湖溪最大的瀑布。此外,山崖仔溪兰花瀑布、一主二仆瀑布、马料河白练瀑布、鹿咀溪瀑布、杨梅坑河杨梅三叠瀑布和三段瀑布等都具有较高的观赏价值。

遗迹评价等级:省级。

6. 增城派潭白水寨瀑布

白水寨瀑布位于白水寨省级风景名胜区内,是广州增城省级地质公园的重要景观点,地理坐标:E 113°45′22″,N 23°36′14″,属广州增城派潭镇管辖。白水寨瀑布四周群峰挺拔,山体高大、山势陡峻、线条挺直,集雄、奇、险、秀于一身,山顶是花岗岩风化形成的怪异石蛋和岩洞,山体主要由晚侏罗世黑云母二长花岗岩构成,原生节理发育,节理产状198°∠81°~90°,由于节理倾角陡峻,常形成花岗岩雄关、绝壁地貌。

白水寨景区包括白水寨、大尖山和石人岭3个部分,是一处以火山地貌和水体为主,生态环境优美,地学意义重大的旅游风景区。著名景点有白水寨"白水仙瀑"(图3-177)、仙姑天池(图3-178)、白水寨陡崖、白水寨似柱状节理、白水寨壶穴、七仙湖、大尖山陡崖、石人岭似柱状节理、石人岭"石人"。

图 3-177　白水寨"白水仙瀑"

图 3-178　仙姑天池和大尖山

白水寨瀑布从山顶飞泻而下,落差达428.5 m,是我国广东落差较大的瀑布。瀑布轰鸣而下,如万马奔腾,惊心动魄;瀑水凌空飞落,如巨幅丝帘,又似银河皎洁落云端。相传何仙姑得道升仙时,将曼妙身姿化为瀑布,因此又称"白水仙瀑"。位于瀑布顶部总容量达$480×10^4$ m^3的七仙湖和仙姑天池,如同碧绿的翡翠镶嵌在层林叠翠间,静谧安详。

遗迹评价等级:省级。

7. 揭西黄满寨瀑布群

揭西黄满寨瀑布群位于揭西县京溪园镇粗坑村,被誉为"岭南第一瀑",是国家AAAA级景区,在延伸不到1000 m的河床上自上而下共有5级瀑布。

第一级:飞虹瀑布(图3-179)。被誉为"岭南第一瀑",本地乡亲也称之为"鲤鱼崆",宽82 m、落差56 m,瀑布像一幅天幕飘动在青山和白云之间,蔚为壮观。水流奔泻而下,雾气冲天,水珠四溢。

第二级:银河崆瀑布。飞瀑撞击岩石,水花四溅,像繁星洒落人间,这里也是景区内负氧离子最高的地方,据监测达到每立方米10万个负氧离子。

第三级:落九天瀑布。瀑布群中落差最高的瀑布,它似银河倒泻、素练悬天,落差高达120 m。

第四级:三叠泉瀑布。由3个落差6~8 m高的瀑布组成,3个瀑布错角相连,一波三折,摇曳多姿,水声之大几乎隔山可闻。周围树木参天,古藤环绕,是观瀑、看树、赏藤、亲水的好去处。

第五级:斗方崆瀑布(图3-180)。从侧面看似万颗珍珠倒在斗里,流入碧绿的棺材潭中,由此得名。在斗方崆的旁边有个壁泉,常年不旱不涝,水质清澈。

遗迹评价等级:省级。

图 3-179 飞虹瀑布

图 3-180 斗方崆瀑布

8. 龙门南昆山温泉

龙门南昆山温泉位于广东惠州市龙门县永汉镇,地理坐标:E 114°01′39″,N 23°36′54″,处于誉为"北回归线上的绿洲"的南昆山山脚下,四面环山,空气清新,是夏日避暑、冬天泡浴的旅游度假胜地。

南昆山温泉日涌量达 5000 m³,已建成温泉大观园的温泉池区占地面积 12×10⁴ m²,温泉区共计 79 个温泉池,分为 4 个区,分别是为日本风情、巴厘岛风情、南美风情、河岸线风光。温泉泉水出口处水温高达 82 ℃,富含大量钙、镁、氡等几十种对人体有益的微量元素。

南昆山发育山峰、孤峰、石柱、峡谷等花岗岩地貌,位于南昆山佛坳顶东登山小道"一线天",为一条幽深的峡谷,长 30 m,宽仅 2 m,身处谷底,抬头仰望之间一线天光。此外,还有石河奇观、川龙瀑布、观音潭、七仙湖、九重远眺、仙霞瀑布等自然景观。

遗迹评价等级:省级。

9. 从化流溪河温泉

从化流溪河温泉位于广州北部约 75 km 处,地理坐标:E 113°38′01″,N 23°39′03″,又名从化温泉,是闻名海内外的风景区与疗养胜地,已设立省级旅游度假区。从化温泉与欧洲的瑞士温泉是世界上仅有的两处珍稀的含氡苏打温泉,以水质好、水温高、泉景佳被人们誉为"岭南第一温泉"(图 3-181)。

从化流溪河温泉风景区总面积大约 20 km²,分为河东岸和河西岸两部分,碧波桥横跨流溪河,将两岸连为一体。温泉从流溪河底涌出,有泉眼 10 多处,分布在流溪河两岸。这里温泉温度高低不一,最低 36 ℃,最高 71 ℃,水化学类型为 HCO_3^-—Na^+ 型,富含偏硅酸(101.32 mg/L)、氟(12.00 mg/L)、氡(63.3~719.2 Bq/L),对各种关节炎和皮肤病、消化器官、神经系统等疾病有辅助疗效。明清两代已开发利用此地温泉。河东岸是温泉疗养区,群山起伏、层峦叠翠、风景如画、空气清新,加上楼台、小亭、曲廊参差错落,将区内环境点缀得更加幽雅,给人以恬静的美感。

遗迹评价等级:省级。

10. 恩平锦江温泉

恩平锦江温泉位于中国温泉之乡——恩平市大田镇,依傍在山清水秀的天露山畔,背靠七星坑原始森林。

锦江温泉的地热矿泉日涌水量超 6320 m³,经国家地质勘探部门查明可供使用量为 8000 m³,远景储水量达 10 000 m³,水温近 70 ℃。锦江温泉的地热矿泉水经国家有关部门及专家根据国标《天然矿泉水地质勘探规范》(GB/T 13727—1992)医疗矿泉水水质标准,连续 5 年的追踪测检和严格鉴定后得出,锦江温泉在富含几十种对人体健康有益微量矿物质元素中,硅酸、氟、氡均达国标命名标准和安全标准,被专家誉为"三料"温泉,具极高医疗保健价值,可与日本著名的米萨氡泉疗养胜地媲美。

锦江温泉于 2002 年 4 月 28 日正式营业,它以"生命在于运动"的"动感"理念,打破了中国乃至世界千百年来温泉"静态浸泡"的固有模式,融合动感、潮流、时尚、健康、娱乐等元素,利用丰富的地热矿泉水资源,在全国首创"温泉冲浪""温泉漂流"等十大动感系列产品,从而打造了"中国动感第一泉"的知名品牌,获国家、省、市政府主管部门授予"中国动感温泉开拓者""最适合家庭出游的动感温泉"等五大金牌,于 2006 年被国家旅游局评定为国家 AAAA 级旅游景区,成为全国首家以动感温泉为主题的国家 AAAA 级旅游景区。锦江温泉园区范围及坐标如图 3-182 所示。

遗迹评价等级:国家级。

图 3-181 "岭南第一温泉"

11. 恩平金山温泉

恩平金山温泉位于江门市恩平市那吉镇。金山温泉为自喷温泉,属火成岩区高温硫磺泉,现发现露天泉涌300多处,地下热源达4 km²,自然水温常年高达80 ℃。温泉出露区宽约20 m,长度50 m,泉眼呈线状排列,沿320°方向展布。地热水储量:B+C+D级允许开采量3600 m³/d。

金山温泉温度高,自涌、日涌水量大,水质优,地质特点明显,温泉露头保存完好,周边生态环境保护好,在同类温泉中最具有代表性。金山温泉的天然高温池是泉涌最密集的区域,整个高温池内水质清澈,透明见底,水中密集的气泡串涌而上,状如沸汤。井(池)底可见较厚的矿物质沉积物及苔藓泥,表面颜色呈褐色或绿色,内部呈乳白色。温泉水属HCO_3^-—Na^+型含偏硅酸氟热水,富含硫、铝、钴、锰、银、氡等多种有益身体健康的微量元素,硫化物含量0.87 mg/L,对风湿性关节炎、心血管系统疾病和皮肤病有奇特疗效。

金山温泉水含有48种有益于人体的微量元素,为亚洲之最,当今世界上唯独南美洲秘鲁有一处温泉超过它,"天下第二泉"当之无愧。金山温泉与温泉乐园构成金山温泉-温泉乐园园区,其范围及坐标如图3-182所示。

遗迹评价等级:国家级。

图3-182 恩平地热国家地质公园(锦江温泉、金山温泉、帝都温泉)范围图

12. 恩平帝都温泉

恩平帝都温泉位于江门恩平市良西镇。整个旅游区自然园林面积 2 km²，温泉园林面积 0.15 km²，山林绿野，景色优美，空气清新，运用中国传统文化以及地方文化进行设计建造的大、中、小温泉浴池 80 多个。浴区内有多处自喷温泉，日流量为 6000 m³，地热水温度为 65～73 ℃，水质晶莹幼滑，属 HCO_3^-—Na^+ 型低矿化度氟、偏硅酸热矿水，并含有氟、氢、硫等多种有益于人体健康的元素，属优质医疗温泉及罕有的温滑泉。地热水储量 C+D 级允许开采量 3188 m³/d。

帝都温泉有目前世界最大的温泉瀑布群、温泉舞台和温泉浴池，也是目前世界最大的山水文化温泉。2000 年 2 月被国家批准注册为"名泉帝都"，同年 4 月被世界养生组织推荐为养生基地，是该组织推荐的第二个养生基地。

帝都温泉与黑泥温泉构成帝都——黑泥温泉园区，其范围及坐标如图 3-182 所示。

遗迹评价等级：国家级。

13. 阳西新塘咸水矿温泉

阳西新塘咸水矿温泉位于阳西县东湖生态开发区内的阳西咸水矿温泉景区，地理坐标：E 111°37′48″，N 21°45′29″。温泉自织箪河出海口沙洲涌出地表，经年流淌，源源不绝，日涌水量超 3000 m³，储水量达 500 m³，水温达 76 ℃，是极为罕见的 100% 天然高浓度氯化钠矿温泉，既是医疗温泉，又是医疗矿泉，是名副其实的"双料"温泉。

据检测，阳西咸水矿温泉的可溶性总矿物质含量最高，达 12 184 mg/L，为全国第一，其含量占人体健康所必需微量元素种类的 87.5%，全国第一。咸水矿温泉既有保健、改善体质、增进健康的作用，又可治疗多种疾病，极具养生功效。

遗迹评价等级：省级。

14. 韶关曹溪温泉

韶关曹溪温泉位于韶关市曲江区马坝镇，地理坐标：E 113°36′59″，N 24°39′46″。目前已开发为广东最大的温泉别墅度假村。度假村占地 0.5 km²，有 103 个富含氡、偏硅酸的养生温泉池。曹溪温泉的水，与南华寺的九龙泉源出一脉，里面所含的矿物质中，偏硅酸含量较高，尤其以氡、钙为主，所以水质特别清澈、柔滑、滋润皮肤，荣获"广东十佳优质温矿泉"称号。曹溪温泉体出露点整体上呈线状分布，地下抽取点连线长 1 km，主要受断裂控制。

遗迹评价等级：省级。

15. 南澳宋井

宋井（图 3-183）位于汕头南澳县云澳镇，地理坐标：E 117°06′05″，N 23°23′51″。据记载，南宋景炎元年（1276 年）5 月，因元军进迫，礼部侍郎陆秀夫和大将张世忠等护送少帝退经南澳，驻跸澳前村，并挖有供皇帝、大臣和将士兵马饮用的"龙井""虎井"和"马井"三口宋井。目前保留完整的是"马井"，其余两井未曾见到。宋井神奇之处在于虽地处海滩，常被海潮淹没，但是潮退之后井水不带咸味，甘清甜美，故被称为"神奇宋井"。宋井直径约 1 m，井口呈方形，有人工护栏保护，护栏高约 0.8 m，井底有两重方形石岩，为人工砌置而成，底部石岩上面铺满卵石块，石块干净亮洁，而井水清澈透明，二者相得益彰，使得宋井熠熠生辉。

南澳岛海滩环境优美，可见花岗岩孤石（图 3-184）。区域新构造活动强烈，是广东省主要地震活跃区。

遗迹评价等级：省级。

图 3-183　南澳宋井

图 3-184　南澳岛海滩花岗岩孤石

16. 丰顺地热

丰顺地热位于广东省梅州市丰顺县，地理坐标：E 116°11′31″，N 23°44′05″，素有"九汤十八礤"之称。丰顺地热主要受北东向大埔-海丰和北西向深圳-五华两大断裂带控制，各水热区内破碎花岗岩为热储的主要含水层，地下热水丰富，每年释放的热量相当于燃烧 61 758 t 标准煤。

据分析，区内热水均为 HCO_3^-—Na^+ 型水，阴离子中 HCO_3^- 的含量占绝对优势，含量在 $(127\sim254)\times10^{-6}$ 之间。阳离子中 Na^+ 占绝对优势，含量在 $(73.7\sim170.3)\times10^{-6}$ 之间，泉水的 pH 值为 7.0~8.7，属中偏碱性。热水的突出特点是含有较高量的氟和二氧化硅。氟含量为 $(9.40\sim16.5)\times10^{-6}$，二氧化硅含量为 $(78.2\sim115)\times10^{-6}$。丰顺县是广东省地热资源较丰富的县份之一，全省共出露温泉 285 处。露头温泉多处可见，县城汤坑因有温泉而得名（图 3-185）。

丰顺县地热资源有如下特点：① 分布广。全县共有水热活动区 16 处，分布在汤坑、汤南、汤西、埔寨、北斗、丰良、留隍和潭江 8 个镇。② 水温较高，利用价值亦高。丰顺地热资源虽属中、低温类型，但与国内其他热水类型地热资源比较，水温稍高。全县 16 处水热活动区中，有 15 处属于热泉区，1 处属于温泉区。③ 储量大。汤南邓屋温泉面积为 0.8 km²，地下热水日流量为 9400 t；丰良温泉面积为 0.28 km²，日流量为 5266 t；汤坑温泉日流量达 1896 t；汤南汤光温泉每日储量为 433 t；留隍东留温泉日流量为 880 t。④ 水质好。丰顺的温泉都属于低矿化，无色、无味、透明，尤其是邓屋、汤坑、埔寨塔下、丰良等地的温泉，还含有微量的氡元素。⑤ 具有便于开发的地理位置，埋藏浅，易开采。

丰顺温泉氡含量较高，对高血压、冠心病、皮肤病等都具有较好疗效。另外，邓屋地热发电站（图 3-186）为中国首座地热发电站，填补了我国地热发电的历史空白，同时还培养了大批地热发电专业人才，堪称中国地热发电的"启蒙地"。

图 3-185　丰顺汤坑温泉

图 3-186　丰顺邓屋地热电站

遗迹评价等级：国家级。

17. 五华汤湖热矿温泉

五华汤湖热矿温泉位于梅州市五华县转水镇维龙村，地理坐标：E 115°39′10″，N 23°58′48″。汤湖热矿温泉（图 3-187）有多个温泉露水点，水温高达 83~100 ℃，从地下 2600 多米喷出，是我国罕见的高热矿泉。汤湖温泉水储量丰富，出水量大，外观无色透明，无臭味，含有铁、锰、锌、铜、铅、镁、钙等近 60 种微量元素。温泉底部的热矿泥为淤泥，质地柔软，手感好，黏滞性强，被誉为"天下第一泥"，其 pH 值为 7.26~8.45，呈弱碱性，与泉水相符，密度 2.68 g/cm³ 左右，含水量为 51.16%~63.93%，有机质含量为 1.35%~2.94%，微生物学检测符合治疗泥标准。所含化学成分中：钾、钠、钙、硫酸根、偏硅酸的含量均达到医疗保健要求，尤其是含锂、锶、锌、硼、锰、砷及少量放射性元素对人体生命活动具有重要意义。

遗迹评价等级：省级。

18. 阳山龙凤温泉

阳山龙凤温泉（图 3-188）位于阳山县小江镇热水村，地理坐标：E 112°34′35″，N 24°35′57″，现已开发为温泉景区，景区依山傍水，风景秀丽，气候宜人。热水村原名"温泉滩"，后易名为"热水池"，温泉滩名副其实，滩边、滩底及岸边均有泉眼，每逢冬天整个温泉滩热气腾腾，好似仙境一般。龙凤温泉水质优，水温高，常温在 68 ℃，适合人体常年四季浸泡。它富含多种矿物质，对人体有益的钙、镁、碳酸根离子、偏硅酸、碘等多种矿物质元素，水质不仅达到国家医疗热矿泉水标准，供人们洗浴疗养，而且达到国家饮用天然矿泉水标准，是不可多得的天然保健饮品。

遗迹评价等级：省级。

图 3-187　汤湖热矿温泉

图 3-188　阳山龙凤温泉

三、火山地貌

入选广东省重要地质遗迹保护名录的火山地貌类地质遗迹共 8 处，其中火山岩地貌 3 处，分别为佛山王借岗火山岩地貌、佛山紫洞火山岩地貌、深圳七娘山第一峰；火山机构 5 处，分别为深圳七娘山火山机构、南海西樵山天湖火山机构、湛江湖光岩玛珥湖火山机构、雷州平沙玛珥湖火山机构、湛江英利英峰岭火山机构。

1. 佛山王借岗火山岩地貌

王借岗为一海拔60 m的玄武岩岗地,坐落在佛山市西8 km的北江东平水道和佛山水道分汊处,地理坐标:E 113°02′22″,N 23°01′27″,以发育玄武岩柱状节理为特色。区域上,王借岗玄武岩呈夹层状产于古近系华涌组砂岩和泥岩中,其下部为杏仁状玄武岩,上部为玄武质角砾凝灰岩。因风化较强,玄武岩柱状节理由于人工采石得以出露,采石剖面上见形态各异的节理柱,包括直立状、缓倾斜状、陡倾斜状、放射状、褶曲状和波状起伏,石柱延伸可长达30～40 m,断面多为不规则的五边形,少数为六边形、四边形或三角形,柱体直径从数厘米至3～40 cm不等(图3-189)。因柱状节理发育,石柱很容易用钢钎撬开,开采颇易。除原生节理外,还可见斜切石柱的构造节理,沿节理面劈开的剖面上石柱断面似蜂窝状紧密相连。

王借岗为锥状火山,岩性为碱性玄武岩,同位素年龄52 Ma。对王借岗柱状节理延伸方向进行分析比较后,认为是同一时期熔岩喷发的产物,大体为火山颈相,有4个不同的收敛方向,这里的玄武岩流由一个统一的火山通道发源,接近地表时再发生分流现象,从而形成了一个主火山口旁边还有几个火山口的形式(杜学成等,1985a)。王借岗玄武岩中可见数量不多的空洞,直径数厘米,发育斜方柱体的沸石类晶簇,晶形良好的晶体存在表明当时玄武岩流动冷凝速度较慢(杜学成等,1985b)。

王借岗柱状节理具有较大的科研价值和旅游观赏价值,可作为高等院校地理、地质专业良好的实习场所。另外,碱性玄武岩又是良好的工业铸石矿和建筑石材。

遗迹评价等级:省级。

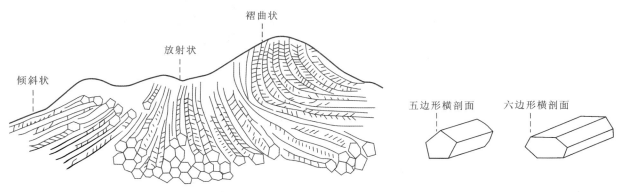

图3-189 王借岗玄武岩柱状节理素描图及横剖面图

2. 佛山紫洞火山岩地貌

佛山紫洞火山岩地貌位于佛山禅城区紫洞村牛尾岗,地理坐标:E 113°00′16″,N 23°01′28″,以发育玄武岩柱状节理为特色。柱状节理形成于距今约4000万年,成景物质为玄武岩,是三水盆地新生代火山旋回的晚期喷发产物,区域上呈似层状分布于始新世华涌组砂泥岩上部。

人工开挖露头揭示,在宽约100 m、高约20 m的近直立剖面上,节理柱形态多样,包括缓倾斜状、陡倾斜状、放射状或褶曲状。柱状节理非常完整和壮观(图3-190),可分为上、下两层,上层节理像一把倒挂的石扇,下层节理像千万个石柱向下撒开,线条优美流畅。两层柱状节理代表了两个期次玄武质岩浆的叠加。节理柱形状规则显示未受到后期构造改造,推测为裂隙式溢流火山岩在缓慢冷却过程中受地形、速度等因素影响形成的自组织形式。

三水盆地存在新生代以来多期火山喷发活动。研究表明,紫洞牛尾岗玄武岩成岩作用晚于王借岗碱性玄武岩,具大陆拉斑玄武岩特征,形成于陆内裂谷构造环境。

遗迹评价等级:省级。

图 3-190　佛山紫洞玄武岩柱状节理

3. 深圳七娘山第一峰

七娘山第一峰（图 3-191）位于深圳大鹏半岛国家地质公园内，地理坐标：E 114°32′33″，N 22°31′37″，总体高约 40 m，宽 45 m，不匀称地向 6 个方向凸出，从上向下看呈六瓣莲花状，顶端钝尖，整体微向南西倾。四周是七娘山组第三韵律层爆发相含火山角砾凝灰岩。第一峰为侵出相火山柱，顶部由灰色石泡流纹岩、深灰色气孔状流纹岩组成，上部为深灰色流纹质含角砾凝灰熔岩，下部为深灰色流纹质火山集块（角砾）熔岩。火山岩火山集块（角砾）熔岩结构、石泡构造和揉皱状流动构造较为典型。

火山集块（角砾）熔岩结构由各种粒级的岩石碎块、晶屑及火山灰组成（图 3-192）。碎块岩性为斑状流纹岩、流纹岩、次花岗斑岩和凝灰岩，混杂堆积，分选性差，小者 0.3～20 mm，大者 4～20 cm。晶屑多呈不规则棱角状、次棱角状、尖角状等，分布于碎块之间。火山灰与玻璃质、长英霏细物和部分晶屑一起组成胶结物，具碎屑结构，碎块大小不一，多在 0.35 mm 以上，碎屑内均具流纹构造，局部可见拉长的气孔。

石泡结构中石泡呈球状、卵状、肾状，部分形态发育不全，大小 3～80 mm，个别超过 25 cm（图 3-193）。泡体主要由硅质、玻璃质、霏细物质、霏细—微晶质长英矿物结晶粗细不同而成同心层状所构成，一般 2～3 层，多则 4～5 层，中心空腔为次生石英微粒集合体或黏土矿物集合体所充填，边缘为绢云母薄壳。石泡间由脱玻化生成的长英霏细质所分布，并发育有大量的珍珠裂纹。揉皱状流动构造（图 3-194）由硅质条带与长英霏细条带相间构成揉皱状，遇到斑晶或其他碎屑物质时流动条带绕道而形成涡流状，流纹条带宽 0.5～2 mm。

遗迹评价等级：国家级。

图 3-191　七娘山第一峰——火山柱

图 3-192　火山集块（角砾）熔岩结构

图 3-193　石泡结构

4. 深圳七娘山火山机构

七娘山火山机构位于七娘山主峰至磨朗沟一带，地理坐标：E 114°32′58″，N 22°31′59″，海拔在 800 m 以上。该火山穹丘（图 3-195）从航空照片上可以清楚看出穹状山峰在平面上呈近等轴圆形构造，面积约 4.9 km²。以山峰为中心发育放射状水系和山脊，顶部为平台，边缘陡直，坡度及地形向四周变化成不对称性，高度与基地宽度之比为 8∶5，反映在火山喷发末期，挥发分减少，熔浆黏度增大，沿着原来的火山通道（或侧移）挤压向上，而通道不断被堵塞、被冲开，经过多次反复上涌侵位所成。火山熔岩层在穹丘中部厚度较大，向边部变薄，岩层围绕中心呈环状外倾，倾角较陡；穹丘上多次喷发形成多个韵律，每次喷发又有多个喷发中心，七娘山穹丘就是由多次喷发物、多个喷发中心喷发物重

图 3-194　揉皱状流动构造

图 3-195　七娘山火山穹丘全貌

叠堆积形成的；穹丘上还发育多个火山柱，都为不通畅的火山通道，如位于七娘山第三峰与第四峰之间的摇摆石火山柱，呈不规则状，高 5～6 m，宽 7～8 m，岩性为侵出相的灰色石泡流纹岩和球粒流纹岩，周围是七娘山组第三韵律层爆发相含火山角砾凝灰岩。

此外，深圳大鹏半岛保存较好的火山机构还有三角山-大燕顶火山穹丘、老虎坐山火山锥（476.1 m）、鸡公秃火山锥（557.7 m）、雷公打石火山锥（590 m）、第一观景台火山锥（550 m）、白石崖火山锥（641.5 m）、770 山峰火山锥（769.7 m）、第二观景台火山锥（760 m）、磨朗钩山峰火山锥（793.1 m）、川螺石山峰火山锥（635.9 m）、三角山火山锥（659.8 m）、585 山峰火山锥（584.7 m）、大燕顶火山锥(796.6 m)以及大燕顶火山口。

遗迹评价等级：国家级。

5. 南海西樵山天湖火山机构

南海西樵山天湖火山机构位于佛山市南海区西樵山，地理坐标：E 112°57′51″，N 22°55′56″。西樵山突兀于珠江三角洲西部平原之上，东临北江下游干道，西濒西江下游干道，是始新世多期火山喷发而成。在地貌上为一近等轴状，略向北东方向伸展的锥状山体，如莲花簇瓣，其直径 4～5 km，面积 14 km²，有 72 座峰峦，以大科峰(海拔 344 m)为最高，一般山峰约 300 m，山顶相对高度常保持 50～100 m。西樵山天湖是一个破火山口湖，火山喷发中心位于大科峰至石燕岩一带，在火山活动晚期，由于岩浆房内压力减弱，火山活动以喷溢为主，直至最后的岩浆房塌陷形成破火山口，火山口蓄水成湖，即为天湖(图 3-196)。火山口四周发育粗面岩、粗面集块岩、火山集块岩和火山角砾岩，岩层产状倾向天湖(罗春科等，2011)。

西樵山天湖发育在古近系华涌组火山岩或火山碎屑岩中。西樵山保留下来较多的火山岩地貌景观，已建成国家地质公园。粗面岩节理发育常形成陡立的山坡或崖壁，如翠岩；粗面集块岩经风化后发展成为岩溶地形似的洞穴，如九龙岩(图 3-197)和冬菇石等。据统计，西樵山共有 16 个岩洞，232 个泉眼，28 处瀑布，以"飞流千尺"和"云岩飞瀑"景观最为壮观。

遗迹评价等级：国家级。

图 3-196　西樵山天湖(火山口湖)

图 3-197　西樵山九龙岩

6. 湛江湖光岩玛珥湖火山机构

湛江湖光岩玛珥湖火山机构位于湛江市西南 20 km 处，地理坐标：E 110°17′22″，N 21°08′32″，位居湛江八景之首，是世界地质公园、国家级风景名胜区、国家 AAAA 级旅游区和全国青少年科普教育基地，也是世界上最典型的玛珥湖之一，与德国艾菲尔地区玛珥湖齐名。

湖光岩玛珥湖(图 3-198)是典型的玛珥式火山口湖。从地貌上看，湖光岩玛珥湖由碎屑环和火山口湖组成：碎屑环为火山口垣，岩性主要为玄武质集块岩、玄武质火山角砾岩和凝灰岩，并见有平行层理及交错层理等，呈近圆形围绕火山口湖。碎屑环南高北低，南部最大高度 87.6 m，一般比高 40～50 m，外坡 10°左右，与高程 20 m 左右的玄武岩台地平缓过渡；火山口湖(图 3-199)近似圆形，东西方向最长 1.9 km，南北方向最宽 1.4 km，面积约 2.3 km²，湖底南北向的脊地把湖分成西湖和东湖，西湖水较深，面积大，约占 2/3，东部水较浅，面积小，约占 1/3。湖水水面标高 23 m，湖底标高 1.0 m，湖水最大深度 22 m，湖底自然沉积形成厚 50 m 的近代淤泥沉积层，沉积物中含有丰富的孢粉属种，裸子植物花粉，是十几万年地球演变留下的"天然年鉴"和"自然博物馆"。

图 3-198 湖光岩玛珥湖

湖光岩是距今 160~140 ka 前由平地火山爆发后冷却下沉形成,其火山喷出物发育有丰富的岩浆-水汽作用形成的沉积构造,如平行层理、交错层理、底涌沉积、同生变形构造和沙丘状沉积等。湖光岩是中国玛珥式火山湖研究的起点,也是玛珥湖研究最为深入的地区之一。目前,湖光岩玛珥湖已经成为国际玛珥式火山研究基地。

遗迹评价等级:世界级。

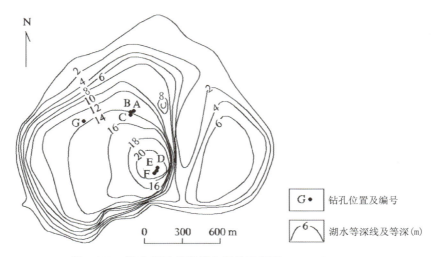

图 3-199　湖光岩玛珥湖等水深线示意图(刘东生等,1998)

7. 雷州平沙玛珥湖火山机构

雷州平沙玛珥湖火山机构位于湛江市雷州市龙门镇,地理坐标:E 109°57′43″,N 20°41′3″,是雷琼世界地质公园的组成部分。平沙玛珥湖(图 3-200)地貌上表现为中心低、四周高的环形洼地,长约 1 km,宽约 0.5 km,高 30~40 m。火山口水深约 5 m,火山口洼地内岩层内倾,外部为围斜外倾,倾角 2°~5°。四周火山口垣由中更新世火山碎屑岩和玄武岩组成,东侧的含集块凝灰岩形成长约 130 m、高约 25 m 的悬崖峭壁,岩层相互叠置,层理清晰。

图 3-200　湛江雷州平沙玛珥湖

火山口垣因流水作用常形成瀑布、洞穴群。瀑布由火山碎屑岩断崖切割溪流而成,瀑布落差约 18 m,水流从凝灰岩河床上倾泻而下,形成瀑布群。洞穴产于崖壁上游河床的含集块凝灰岩的层面上,形状大小不同,深浅不一,洞穴平面呈圆形,剖面上大下小呈漏斗状或圆柱状,其形之怪,堪称"火山洞穴博物馆"。

遗迹评价等级:国家级。

8. 湛江英利英峰岭火山机构

湛江英利英峰岭火山机构位于雷州半岛的中部,地理坐标:E 110°11′33″,N 20°33′02″。英峰岭呈斜锥状屹立于青桐洋玛珥湖北侧(图3-201),是陆相中心式喷发形成的碎屑锥,由青桐洋火山口强烈喷发堆积而成,其北缓南陡,崖壁高50~100 m,岭顶高耸,锥顶高239.6 m,外形神似蓄劲待飞的雄鹰,由此而得名。物质组成为石峁岭组(Qp_2^2s)火山集块岩、火山角砾岩和凝灰岩。层状火山岩碎屑岩粗细相间,韵律清楚,发育平行层理和交错层理。

在英峰岭东南侧陡壁,石峁岭组层型剖面(图3-202)是研究雷南第四纪中更新世火山喷发作用的最理想剖面。此外,石峁岭组火山岩含有二辉橄榄岩包体和中低档宝石类矿物(拉长石、橄榄石、石榴石等),研究表明英峰岭玄武岩中的二辉橄榄岩包体来源于上地幔。

遗迹评价等级:省级。

图3-201 湛江英峰岭碎屑锥

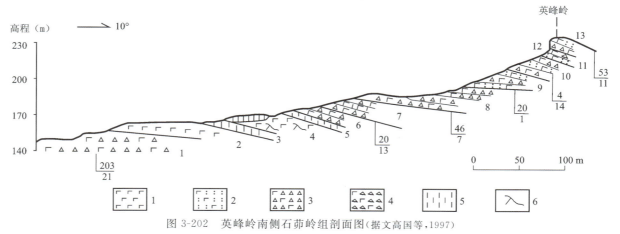

图3-202 英峰岭南侧石峁岭组剖面图(据文高国等,1997)

1.玄武岩;2.玄武质凝灰岩;3.玄武质火山角砾岩;4.玄武质集块岩;5.黏土;6.风化岩石

四、海岸地貌

广东省重要海岸地貌共 17 处,其中海积地貌 9 处,分别是深圳金沙湾海滩、深圳大小梅沙海滩、阳江十里银滩、阳江闸坡大角湾海滩、阳西沙扒湾月亮湾海滩、湛江迈陈苞西组海滩岩、饶平海山海滩岩、汕尾遮浪半岛海滩、南澳青澳湾海滩;海蚀地貌 8 处,分别是深圳大鹏半岛海蚀地貌、广州七星岗海蚀地貌、番禺莲花山海蚀地貌、佛山南海石碣海蚀地貌、湛江徐闻海蚀地貌、汕尾红海湾海蚀地貌、潮安梅林湖海蚀地貌、中山黄圃海蚀遗迹。

1. 深圳金沙湾海滩

深圳金沙湾海滩位于深圳市东部海滨大鹏镇,地理坐标:E 114°26′43″,N 22°34′15″,是深圳东部黄金海岸重要景区之一,陆地面积 0.15 km²,背依温柔环抱的群山,绵延 4 km 砂质柔软的沙滩(图 3-203)。海水洁净清澈,沙滩上松林万种风情。山光水色、金沙夕照、林涛海韵、潜水扬帆等构成了金沙湾一幅风光旖旎、风景迷人的海滨画卷。运动休闲是金沙湾的最大特色,景区共分为沙滩运动区、拓展训练区、烧烤娱乐区、购物休闲区等八大区域,并设有多种旅游、文娱、体育运动项目。随着深圳东部旅游持续升温和"海滨旅游城市"形象的推进,金沙湾必将成为深圳东部海岸上最为璀璨亮丽的明珠。

遗迹评价等级:省级。

图 3-203　深圳金沙湾海滩

2. 深圳大小梅沙海滩

大小梅沙海滩位于深圳市盐田区大鹏半岛,均已建成旅游景区。

大梅沙海滩(图 3-204)地处旅游度假区,地理坐标:E 114°18′33″,N 22°35′34″,包括大梅沙海滨公园和内陆腹地两部分,面积约 1.68 km²。公园根据屏山傍海的景观优势,形成由山到海过渡的景观层次,大梅沙海滨公园总面积 0.36 km²,其中沙滩全长约 1.8 km,沙滩总面积 0.18 km²,海水清澈,沙滩广阔,砂质细软,公园绿地面积 0.1 km²,内湖面积 0.08 km²。

小梅沙海滩(图 3-205)位于大梅沙东侧约 1 km 处,地理坐标:E 114°19′35″,N 22°36′00″。小梅沙依山傍水,环境优美,周围是热带雨林区,湾口长约 800 m,总面积 3.58 km²,其中海域面积 1.3 km²,

空气清新,沙滩洁白,海水湛蓝,是深圳市最大的海滨度假胜地,享有"东方夏威夷,迷人小梅沙"赞誉,2003年被评为"鹏城八景之一",2006年被评为"中国最佳旅游去处"和"中国魅力景区"。

遗迹评价等级:省级。

图 3-204　深圳大梅沙海滩

图 3-205　深圳小梅沙海滩

3. 阳江十里银滩

阳江十里银滩位于阳江市海陵岛,地理坐标:E 111°51′57″,N 21°34′12″。十里银滩与石角滩接合成螺线形,总长 9.5 km,宽 60~250 m,面积 3.45 km²,沙质洁净均匀,水质清澈透明。

阳江十里银滩(图 3-206)为直线形湾,背后为开阔的平原腹地,左右分列海陵岛第一、第二高峰草王山和竹眼顶。海湾东西两侧均有潮汐河入海,其中东侧与全岛最大的潮汐湖腹地相接。1994 年被上海大世界吉尼斯总部评为中国最大海滨浴场。

遗迹评价等级:省级。

图 3-206 阳江十里银滩

4. 阳江闸坡大角湾海滩

阳江闸坡大角湾海滩位于阳江市海陵岛闸坡镇东南,地理坐标:E 111°50′33″,N 21°34′19″。大角湾背倚青山翠岭,以阳光、沙滩、海浪、海鲜驰名于世,是中国 AAAA 级著名的旅游景点。大角湾与阳西沙扒月亮湾并称为"姐妹湾"。

大角湾(图 3-207)海滩长 2.45 km,宽 100 m,螺线形湾似巨大的牛角,故名大角湾。大角湾三面群峰拱护,面向浩瀚南海,两边大角山与望寮岭拱卫,湾内风和浪软,峰顶时有云雾缭绕,景观层次丰富,沙滩细腻均匀柔软,海湾平均深度仅 1.3 m,被誉为"东方夏威夷,南方北戴河"。这里地处南亚热带,年平均气温 22.8 ℃,水温 23.5 ℃,降雨量 1816 mm,四季气候宜人,素以阳光灿烂明媚,沙质均匀松软,海水清澈纯净,空气清新纯洁而著称,各类质素均达国际一类(级)标准,又因沙滩宽阔平坦,海浪柔软适中,无鲨鱼出没而成为名扬海内外的天然海水浴场。

遗迹评价等级:省级。

图 3-207　阳江闸坡大角湾全景

5. 阳西沙扒湾、月亮湾海滩

阳西沙扒湾、月亮湾海滩位于阳江市阳西县沙扒镇，头枕风光秀丽的北仔岭，面向浩瀚南海，包括沙扒湾、月亮湾、青洲岛和白额岭等景点。

沙扒湾（图 3-208）地理坐标：E 111°28′15″，N 21°30′52″，长达 3 km，沙滩长 2 km，宽近 200 m，有 7 万多平方米的马尾松林带，海湾坡度平缓，整个海湾沙滩呈螺旋线弧展开，犹如明月般横亘在南海之滨。东、西两侧有石山岬角拱卫，山上象形造型景观众多，密林环抱、海滩水质清澈、坡度平缓、沙质洁净。

月亮湾（图 3-209）位于沙扒湾东侧，地理坐标：E 111°31′03″，N 21°31′03″，东起上洋镇福湖岭，沿月亮湾海滨西至北额岭海滨、青州岛，海岸线长约 8 km，总面积 33 km²。月亮湾海滩呈弧形展开，海滩两侧悬崖峭壁，礁石奇立，犹如一弯新月落在南海之滨。月亮湾环境极好，水质极清澈，沙质极白，粗细适中，坡度平缓，分为缓浪区、中浪区和急浪区。月亮湾有一处国内罕见的咸水温泉群，日出水量 5200 t，井口水温 71.5～78 ℃，水化学类型 Cl—Na·Ca，pH 值 7.13～7.30，矿化度 8 g/L，水中锶、偏硅酸和镭的含量均达优质医疗矿泉水标准。2014 年获批建立广东阳西月亮湾国家级海洋公园。

遗迹评价等级：省级。

图 3-208 阳西沙扒湾

图 3-209　阳西月亮湾

6. 湛江迈陈苞西组海滩岩

湛江迈陈苞西组海滩岩位于徐闻县苞西乡孟宁村南西,地理坐标:E 109°55′12″,N 20°15′55″。海滩岩由浅黄色含生物碎屑砂砾岩、粗砂岩和褐黄色生物碎屑岩组成,碳酸盐胶结,被命名为"苞西组",其分布范围大但不连续,厚度 0.5~5.4 m,岩层向海倾斜,倾角 6°~13°。苞西组海滩岩发育交错层理和平行层理,具砂状、生物碎屑、粒状变晶结构和炉渣状、块状构造(图 3-210)。岩石中碎屑含量为 70%~94%,其中陆源碎屑占 6%~83%,生物碎屑占 11%~74%,胶结物占 3%~6%。陆源碎屑主要为石英,次为长石、辉石、海绿石、橄榄石、玄武岩岩屑及铁质结核,粒径 0.25~30 mm,分选性差,呈次棱角状或次圆状,表现出矿物成熟度较低的近源搬运特点。生物碎屑主要见腹足类、双壳类和珊瑚,还有少量海胆、海百合茎等,大小 0.15~30 mm,多呈次棱角状,磨蚀及破碎程度高,反映了搬运时受强波浪作用。而生物碎屑岩的生物个体保存完好,生物种类主要为反映热带滨海环境的腹足类、双壳类和珊瑚。

海滩岩是热带、亚热带气候条件下的滨海碎屑沉积,是一种由钙质胶结的特殊滨海碎屑岩。苞西组 ^{14}C 年龄为距今 5.075~2.33 ka,沉积时代属中全新世中期至晚全新世早期(郑王琼等,1997)。区域上,苞西组与下伏下更新统湛江组黏土或石茆岭组玄武岩呈平行不整合接触,上部与新寮组细砂呈整合覆盖。苞西组海滩岩对古气候恢复及新构造研究具有重要科学价值。

遗迹评价等级:国家级。

7. 饶平海山海滩岩

饶平海山海滩岩位于潮州市饶平县海山镇黄隆乡南面海滨,地理坐标:E 116°59′23″,N 23°30′31″。海山海滩岩陆上分布超过 1 km²,海上现保存长达 2000 m,宽 40~50 m,厚度 3~6 m 的海滩岩地质体,海水以下尚有大面积的分布。海滩岩具平行的沉积层理,向海倾斜,倾角 5°~10°。

海山海滩岩(图 3-211)中的陆源碎屑和生物碎屑的数量比较接近,陆源碎屑以石英碎屑、石英、长石为主,粒度可分为粗、细两类。粗碎屑从沉积剖面的底层至顶层有明显的变化,高潮位以下 0.5 m 的

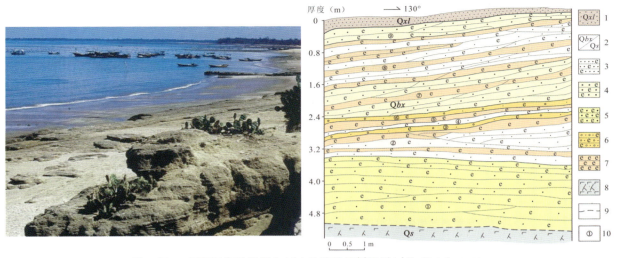

图 3-210　苞西组海滩岩露头(左)及苞西组剖面图(右)(郑王琼,1997)

1.新寮组细砂；2.苞西组/石茚岭组地质代号；3.含生物碎屑中细砂岩；4.含生物碎屑粗砂岩；5.生物碎屑粗砂岩；
6.含生物碎屑砂砾岩；7.生物碎屑岩；8.风化玄武岩；9.平行不整合界线；10.分层号

海滩岩中含有 5 mm 细砾石,向上粒径减小,磨圆度降低；海滩岩顶层的粗碎屑为次棱角状到次圆状。海滩岩自下而上普遍含有另一类细碎屑,粒径以 0.1～0.2 mm 微、细砂为主,多为次棱角状,但也有次圆状细砂,甚至圆状细砂。生物碎屑以蛤类介壳为主,磨圆度较好,偶见孔洞,但无次生方解石的充填,表明海滩岩一直处于碱性—弱碱性的环境,因而不利于生物碎屑的溶解。与陆源碎屑粒径的变化相对应,沉积剖面自下而上的生物碎屑粒径也逐渐变小,由 1 cm 减小到 1 mm 左右。

海山岛是粤东海岸的海湾与南澳岛所环抱的半封闭的"海湖"中的一个小岛。在丘陵海湾与岛屿环抱的半封闭的"海湖"中,"海湖"为海滩岩成岩提供了必要的滨海相沉积环境。陆源碎屑物质的充足供给,加之全新世中晚期多阶段海平面上升或区域地壳沉降,形成了具典型碳酸盐胶结物和微体古生物的滨海相岩石——海山海滩岩。

图 3-211　饶平海山海滩岩

海山海滩岩对研究全新世以来的气候变化、海平面升降、新构造运动具有重要意义。据毕福志等（1987）研究表明，海山岛晚全新世以来有5次海岸升降周期，2300多年来的沉降幅度多大于每次抬升的幅度，累计沉降达15 m左右。后几次的沉降逐次更深，海岸线向大陆迁移，近600年则以抬升为主，抬升的幅度也达15 m。闽粤海岸带近几千年来的海岸升降，其沉降阶段和抬升阶段各为250年左右，即具有500年左右的升降周期（图3-212）。

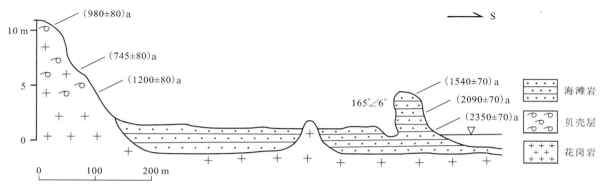

图3-212　海山岛海滩岩及贝壳层剖面图（据毕福志等，1987）

海山海滩岩横卧于海边，形似长龙，当地人称之为"壁龙"，也被誉为"中华海龙"（图3-213）。2001年9月，经广东省人民政府批准，列为省级地质遗迹自然保护区，目前未得到有效开发和利用。

遗迹评价等级：国家级。

图3-213　海山海滩岩——中华海龙

8. 汕尾遮浪半岛海滩

汕尾遮浪半岛海滩位于汕尾市区东18 km处，地理坐标：E 115°34′03″，N 22°39′58″。遮浪半岛海滩（图3-214）东临碣石湾，南依红海湾，三面环海，素称"粤东麒麟角"，有"南天第一湾"之美誉，是广东省十大最迷人的滨海旅游景区之一，2016年被评定为国家级海洋公园。

遮浪半岛自大陆的尽头突入海面，海水被一分为二，犹如屏障似地挡住了东、西两侧的风浪，在半岛两边的海湾不管风向及风力如何，景象迥然不同，一边波涛滚滚，巨浪排空，万马奔腾，另一边则风平浪静，一碧万顷，波光粼粼，"遮浪"因而得名。红海湾有蜿蜒曲折的海岸线72 km，同时拥有优良的深水岸线，海岸水深最深处达16 m，湾内有多处洁白柔软的沙滩。

遮浪半岛是广东省为数不多的5个重点海水浴场之一，多处可建$(1\sim10)\times10^4$ t泊位码头，一年四季万吨以上轮船均可进港，素有"百里海湾尽良港"之美称。海域水浪适合帆船和帆板运动，为国家和省体育水上训练基地。

遗迹评价等级：省级。

图3-214　汕尾遮浪半岛海滩

9.南澳青澳湾海滩

南澳青澳湾海滩位于汕头南澳岛东面，地理坐标：E 117°07′53″，N 23°26′31″。青澳湾北倚青松岭，呈"弓"形，口朝东南，口宽1 km，腹宽1.4 km，纵深0.95 km，弧长2.9 km，面积约1 km²。海湾水深5~10 m，东北沿岸为岩石滩，其余为沙质岸滩，沙滩长2.4 km，砂质细白柔软，沙带宽近百米。沙滩向海延伸坡度平缓，数十米内海水仅米余深（图3-215）。

青澳湾横卧在北回归线上，是广东省最先看到日出的地方。海湾似新月，海面如平湖，金黄柔软的沙滩绵延不断，坡度平缓，沙质洁净，一直延伸至水下百米以外，无礁石、无淤泥。海水洁净无污染，潮涨潮落不改澄碧颜色。环抱海湾的是纵深百米的防风林带，四季郁郁葱葱，与晶莹金黄的沙滩、湛蓝透亮的海水形成了分明的立体层次，是广东省两个A级沐浴海滩之一，也是国家AAAA级旅游景区。

遗迹评价等级：省级。

图 3-215　南澳青澳湾海滩

10. 深圳大鹏半岛海蚀地貌

深圳大鹏半岛海蚀地貌位于深圳大鹏半岛国家地质公园内，海蚀地貌主要分布在南部穿岩至磨刀坑岸段、东西冲之间的穿鼻岩至大排头岸段、东角至海柴角岸段和高山角岸段等海蚀岸段。海岸发生侵蚀的基岩岩性为晚侏罗世花岗岩、中泥盆统鼎湖山群碎屑岩以及上侏罗统—下白垩统七娘山组火山岩。

大鹏半岛发育比较完整的海蚀崖和海蚀平台地貌组合，如西冲、杨梅坑、秤头角、大甲岛。海蚀平台有鹿咀海蚀平台（图 3-216）、高排海蚀平台和西冲湾东侧岬角海蚀平台，其中西冲湾东侧岬角海蚀平台发育 4 级海蚀平台，分别相当于当地平均海面高度 −0.7 m、0.8 m、2.0 m、3.9 m，每级平台后缘有波浪侵蚀的凹槽。发育较好的海蚀平台岸段多为抗风化能力弱的沉积岩，而较硬的岩石往往形成陡峭的海蚀崖，崖脚常见海蚀洞。海蚀洞有磨刀坑段的"丫仔洞""阶梯洞"，东角至海柴角岸段的"四方洞""箭洞"以及鹿咀海蚀洞（图 3-217）等，规模较小的海蚀洞为海蚀穴，多是海蚀崖坡脚处形成的凹槽。海蚀拱桥有穿岩的"明镜高悬"、"幸运桥"、东冲"穿鼻岩"海蚀拱桥等；海蚀柱有双蓬洲海蚀柱、怪岩海蚀柱、高排海蚀柱，以及磨刀坑"锯齿石""屹塔石"等。

图 3-216　鹿咀海蚀平台

图 3-217　鹿咀海蚀洞

穿鼻岩在地貌上被称为海蚀拱桥图（3-218），是基岩海岸上比较少见而又十分奇特的海蚀地貌。三面环海的岬角两侧受波浪的强烈冲蚀，形成海蚀洞。波浪继续作用，海蚀洞相互贯通，形成拱桥。东涌海蚀拱桥形似由陆向海伸展的象鼻，因此被称为穿鼻岩。

图 3-218　东涌海蚀拱桥——穿鼻岩

鹿咀海蚀崖(图3-219)位于大鹏半岛东北端,为泥盆纪石英砂岩组成的基岩岬角,受海浪侵蚀最为强烈。因波浪及所挟带岩屑在基岩底部不断的冲击和掏蚀,逐渐形成海蚀穴和海蚀洞。上部的基岩因失去支撑,在重力作用下发生崩塌,形成高约30 m的悬崖陡壁,即海蚀崖。随着海蚀穴、海蚀洞的不断扩大,上部基岩随之崩落,使得海蚀崖不断后退,沿海岸形成2~3 m高的海蚀平台。

图3-219　鹿咀海蚀崖

双蓬洲海蚀柱(图3-220)受海浪侵蚀、崩坍而形成的与岸分离的岩柱。在海浪作用下岬角两侧的海蚀洞被蚀穿贯通,形成海蚀拱桥。海蚀拱桥进一步受到海浪侵蚀,顶部岩体坍陷,残留的岩体与海岸分隔后即为海蚀柱。

图3-220 双蓬洲海蚀柱

据研究表明,西冲湾东侧岬角2级海蚀平台形成于4670～5000年前,1级海蚀平台形成于2000年前,二者高差约1 m;前人对大鹏半岛及以外地区(包括水下浅滩和冲积海积平原)海岸沉积物做了大量^{14}C和光释光(OSL)年代测定(李平日等,1987;卢演俦等,1990,1991;王为等,1993,1996),其年代/高程变化趋势均从7000年前后不断上升,表明大鹏半岛的现代海岸地貌是在中全新世早期以后才开始发育的,且后期没有经历过大规模强烈的地壳变动。

遗迹评价等级:省级。

11. 广州七星岗海蚀地貌

广州七星岗海蚀地貌位于广州海珠区石榴岗路与华南快速干线交会处西北侧,地理坐标:E 113°20′33″,N 23°05′05″。七星岗海蚀遗址是1937年中山大学地理系吴尚时教授首次发现的珠江三角洲内陆第一处古海岸地貌系统(赵焕庭,2009)。

七星岗(图3-221)是一个高约22 m(珠江基面),由上白垩统红色砂砾岩构成的小山丘,海蚀地貌形成于山丘南麓的山脚。山丘的岩层倾角17°～33°,倾向北北东。七星岗海蚀地貌由海蚀穴、海蚀崖和海蚀平台组成,它们由海浪侵蚀而成。海蚀崖顶高于海蚀平台面约3 m,崖面向南,与岩层面的倾斜方向相反。海蚀穴位于海蚀崖脚,是向海蚀崖内凹入的凹槽,槽深约0.5 m,槽高约1 m,海蚀崖因海蚀穴的存在呈额状凸出。海蚀穴前的海蚀平台,宽约10 m,沿山崖延伸20 m。

研究表明,距今约7000年海平面上升至大约现代海面的高度,海水入侵至七星岗古海蚀崖所处的位置,海浪不断冲刷侵蚀,塑造出七星岗海蚀地貌。这次海水入侵也称全新世海侵。7000年前的海浪能形成七星岗海蚀崖、海蚀穴、海蚀平台等海蚀地形,说明当时的珠江口具有很强的波浪动力,并且河口湾相当宽阔。此后海侵结束,海水退去,陆地不断向南扩展,广州又从"沧海"变回"桑田"。

七星岗海蚀遗迹距现今海岸线达100 km以上,它突破了世界古海岸线与今天海岸线宽度最大值为50 km的说法。在此之前,地理学家们普遍将意大利距现今海岸50 km的内陆古海岸遗址视为海

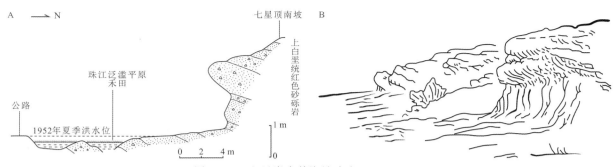

图 3-221　七星岗南麓海蚀遗迹(曾昭璇,1957)
A.七星岗南麓地层剖面;B.七星岗海蚀地貌素描

面从大陆退出的最大里程。广州市海珠区七星岗是世界上少数深入内陆的古海岸遗址之一,与珠江口地区南海石碣、增城新塘、南沙大小虎山等其他海蚀遗迹一起,为珠江三角洲第四纪的地壳活动、海平面升降以及气候变化等方面的研究都提供了重要的科学依据。

七星岗海蚀遗迹于1963年被列为广州市第一批市重点文物保护单位,建围墙保护,后又建亭立碑纪念。2012年启动了广州七星岗古海岸遗址科学公园建设,完成了古海岸遗址保护、纪念亭修缮、公园景观建设。2019年七星岗古海岸遗址公园建成正式对外开放。

遗迹评价等级:省级。

12.番禺莲花山海蚀地貌

番禺莲花山海蚀地貌位于广州番禺莲花山省级风景名胜区内,发育海蚀崖、海蚀洞和海蚀平台等多种海蚀地貌组合,海蚀地貌在浮莲岗东麓和莲花山东南麓都有发现(图3-222)。

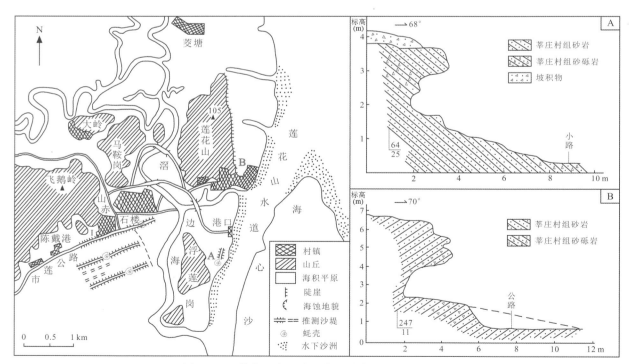

图 3-222　莲花山海蚀遗迹位置分布图(黄金龙,1990)
A.浮莲岗东麓海蚀遗迹;B.莲花山东南麓海蚀遗迹

浮莲岗东麓海蚀遗迹位于莲花山南约1 km的浮莲岗东坡采石场的小路旁，采石遗留的基岩岩性为莘庄村组红色砂砾岩，岩层倾向NE64°，倾角25°。基岩东侧有一长槽状洞穴，长达12 m，高出附近平原2.5 m。其中一段较大洞穴长6 m，深0.8～1.0 m。洞顶以上陡崖高1∶1，上覆松散坡积物。崖壁有光滑的蜂窝状凹穴，海蚀洞内也有海浪磨蚀的凹槽，呈圆滑的弧形。洞口以下有一微倾的干台与小路连接，小路附近有多处内壁光滑的凹穴。洞穴朝向北东，与岩层倾向一致，但在洞顶仍可见到浪蚀切平构造。沿山脚小路北行，也可见到路西侧高度约4 m范围内沿坡脚断续分布的海蚀凹穴。海蚀地貌前方约80 m处有一沙堤，中粗砂构成，内含多量蚝壳。

莲花山东南麓海蚀遗迹位于莲花山造纸厂附近，基岩岩性为古近系莘庄村组（E_1x）红色砂岩、含砾砂岩，岩层倾向南西，层理247°∠11°，海蚀遗迹朝向北东70°，与岩层倾向相反。红色砂岩中间有含砾砂岩，崖壁上有海蚀凹槽和凹穴。海蚀崖下部有反岩层倾向弧形凹入的洞穴，洞深270 m，高出海蚀平台1.76～2.60 m，宽5.14 m，形态似张开的兽嘴，洞底较平。海蚀平台、海蚀洞底部向东微倾的平台，因开辟公路，大部分已被挖平，现只剩海蚀崖前长1.2 m的平台。此处海蚀遗迹发育完整，海蚀平台具有浪蚀作用造成的切平构造，与广州海珠七星岗海蚀遗迹特征相似。

位于石楼变电站南侧沙堤Ⅰ东段揭露的剖面，花岗岩基岩表面覆盖1.5 m厚中细砂堆积含大量蚝壳。^{14}C年代为距今(4710 ± 95)a。与此地一江之隔的狮子洋东岸太平元头沙堤下部腐木层^{14}C年龄为距今(5080 ± 100)a。另据南海石碣海蚀遗迹上附生兰蚬贝壳^{14}C年龄为距今(4215 ± 90)a（张虎男等，1990）和(4640 ± 280)a，以及他人对石楼沙堤下部腐木测定^{14}C年代为距今(508 ± 120)a。由此可以推定，莲花山一带古海蚀遗迹形成于中全新世大西洋期晚期至亚北方期早期。珠江三角洲大约在5000年前为海侵盛期，珠江河口湾内波浪作用最强，海蚀地貌多在此时形成，其后至4000年前波浪作用渐弱，岸线外移，形成多道沙堤堆积。

遗迹评价等级：省级。

13. 佛山南海石碣海蚀地貌

佛山南海石碣海蚀地貌位于佛山南海区松岗石碣村的北石山脚下，地理坐标：E 111°05′30″，N 23°09′15″。南海石碣海蚀地貌面积虽小，但海蚀崖、海蚀洞、海蚀凹槽、海蚀平台（阶地）均有发育，以海蚀洞最典型（张虎男等，1982）。呈南北向展布的北石山西侧较明显的海蚀洞有3个，以南端第一个发育最好。此洞高2～3 m，深1.2～2.2 m，呈弓弧形向内弯曲。洞上方海蚀崖额状崖壁向前突出，往上延伸1.3 m左右。洞口朝南，洞壁上分布大小不等的浪蚀穴。洞的前方为宽6～15 m的海蚀平台，平台上还有几块高1～2 m的海蚀柱，海蚀平台前缘高出平台1.3 m，后缘高出平台2.5 m（图3-223）。海蚀洞内的岩缝中有贝壳附生，贝类属蚬科（Corbiculidae）、蚬属（$Corbicula$ sp.）和蛤蜊科（Mactridae），^{14}C测年结果显示贝壳形成于4200多年前。据文物部门考古研究证实，这里曾经是滨岸浅水地带，由于珠江三角洲不断冲积，海水后退，往日的海岛成为今日平原上的小山丘。

遗迹评价等级：省级。

14. 湛江徐闻海蚀地貌

湛江徐闻海蚀地貌主要有海蚀崖、海蚀漫滩、海蚀洞、海蚀平台等，其中海蚀崖、海蚀漫滩最为发育。

徐闻博赊港海蚀崖，为火山海岸地貌——玄武岩海蚀崖。由第四纪中更新世石茆岭组火山岩（玄武岩）组成，崖高3～5 m，崖前有宽阔的浪蚀平台，高潮可及。前缘与海漫滩相接，后缘与熔岩台地呈缓坡过渡，台地上为防风林带。崖上可见玄武岩柱状节理和石茆岭组与湛江组地层接触面及烘烤层，因玄武岩熔岩在地表冷却过程中收缩形成裂纹，又因其中含有细小的气孔，整个岩块中气孔与裂缝被风化和海水冲刷后，其形状如八仙桌大的龟背，俗称"龟背石"（图3-224）。

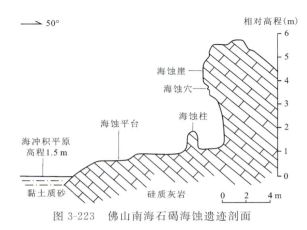 

图 3-223　佛山南海石碣海蚀遗迹剖面　　　　　图 3-224　徐闻博赊港的"龟背石"

海蚀漫滩，徐闻迈陈苞西乡孟宁村南西海岸海滩岩海岸以及徐闻东部白茅海滨海玄武岩上均发育海蚀漫滩（图 3-225），剖面清楚，是雷州半岛全新世以来海平面升降及海岸线变迁的重要依据。在角尾乡灯楼角一带的沿岸海滩基底上发育珊瑚礁，是中国大陆唯一保存完好的珊瑚自然生长区。

湛江徐闻海蚀地貌受人为破坏少，对区域海蚀地貌研究有重要科学价值，同时具有较高的科普教育、和旅游观光价值。

遗迹评价等级：省级。

图 3-225　徐闻白茅海海蚀漫滩景观

15. 汕尾红海湾海蚀地貌

汕尾红海湾海蚀地貌位于汕尾城区新港街道牛脚村附近，地理坐标：E 115°20′59″，N 22°42′52″。海蚀地貌发育在距现代海面高 5～6 m 的山体坡脚处（图 3-226），主要包括海蚀洞穴（图 3-227）和海蚀槽。海蚀洞穴大小不一，成群分布，小者仅数毫米，大者约 1.5 m。有些洞穴在地壳抬升后继续遭受片状风化剥落，在洞穴底部明显堆积有花岗岩风化碎屑物。海蚀槽则是规模较大的海蚀地貌，一般沿节理、断层或中性岩脉发育,多呈槽状,沿中性岩脉发育的海蚀槽则十分壮观。

红海湾发育海蚀地貌的基岩为侏罗纪花岗岩和火山岩,北西向断裂和节理构造较发育。海边红砂堤上面堆积有松散砂层,并高出现代海面约2 m,说明地壳曾发生较明显的升降运动。

遗迹评价等级:省级。

图3-226　红海湾海蚀岸带景观

图3-227　红海湾海蚀洞穴

16. 潮安梅林湖海蚀地貌

潮安梅林湖海蚀地貌位于潮安区庵埠镇以西约6 km的小桑浦山南麓,与揭东县毗邻。梅林湖海蚀遗迹地貌类型齐全,形态奇特典型,主要分布在小桑浦山南东部今一林场以南、下山以东、湖庵庙以西的2.6～50 m标高山麓地带,集中分布于4～6 m和30～35 m标高地段上。海蚀崖、海蚀蘑菇、海蚀平台、海蚀槽沟、海蚀孤石等均有发育,尤以双层结构的海蚀崖及海蚀蘑菇更为典型(图3-228),特别是分布在90 m标高的铁钉石雄伟壮观。由于海蚀遗迹是坚硬的花岗岩被海浪长期冲刷和侵蚀、磨蚀的结果,其形态千姿百态,令人遐想无限。2003年该海蚀遗迹(面积约0.6 km²)与附近梅林湖潟湖、花岗岩石蛋地貌一起,经广东省人民政府批准建立潮安海蚀地貌省级自然保护区,总面积约4.05 km²。

梅林湖海蚀崖高5～8 m,宽度一般为数米,最宽有12 m;海蚀柱(统称海蚀蘑菇)高3.8～8 m,其显著特征是上部呈蘑菇形状。海蚀孤石是从海蚀崖上崩落下来的岩块,散落在海蚀平台上,未被海浪带入大海且继续接受海浪冲蚀而形成。海蚀孤石高1.5～4.0 m,最长可达9 m。在海蚀崖、海蚀柱或海蚀孤石上见到的海蚀现象主要有弧形的浪蚀面、海蚀坑、海蚀槽(海蚀沟)、海蚀洞等。弧形浪蚀面为最常见的海蚀现象,规模大小不一,最高达5 m,一般1.5～2.5 m,最深有2 m。在一个海平面上形成一级浪蚀面,有时在一个海蚀石上可见几级浪蚀面,最多见到4级,这反映了海平面的变化;海蚀槽多为垂向发育,也有沿节理裂隙方向横向发育或纵横交叉的,槽长1～3 m,一般深0.1～0.3 m,深度大的称为海蚀沟,最深有0.5 m;海蚀坑呈圆形或椭圆形,一般直径0.1～0.2 m,大的有0.5 m,深一般0.15 m,个别可达0.35 m;海蚀洞形态不规则,由海蚀坑或海蚀槽发展而来,最深见1.2 m。

遗迹评价等级:省级。

17. 中山黄圃海蚀遗迹

中山黄圃海蚀遗迹位于黄圃镇西南尖峰山北段的石岭东面山脚玉泉洞一带,古海侵蚀的岩石为白垩纪红砂砾石。海蚀遗迹延伸长度200多米,包括海蚀洞、海蚀崖、海蚀平台等地貌类型(图3-229、图3-230)。玉泉洞是最大的海蚀洞,洞宽15 m,深8 m,高5 m以上,洞壁向内弧形弯落。海蚀平台高

图 3-228 潮安梅林湖海蚀遗迹
A. 铁钉石；B、C. 海蚀柱（海蚀蘑菇）

图 3-229 中山黄圃海蚀遗迹——海蚀崖与海蚀槽

图 3-230　中山黄圃海蚀遗迹——海蚀平台与海蚀槽

度 3.47 m（黄海高程），而珠江河口内外现代海蚀平台高度≤1 m，二者相差 2 m 以上，反映了新构造抬升或海平面下降。据前人研究（王为等，2005），黄圃海蚀遗迹主要形成于晚全新世海侵时的古珠江口海湾岛屿时期，距今 7000～2000 年，其后经历了地壳抬升才使古海岸地貌得以保存。海蚀遗迹形成了众多的自然景观，如姻缘石、情侣石、八仙石等。在海蚀遗迹中，还有一块悬空而立的岩石，高 20 多米，镶嵌在大岗山东坡的古海蚀崖上，由于其外形犹如一个大大的鼻子，俗称"仙鼻石"。

中山黄圃海蚀遗迹不仅是广东沿海发现规模最大的古海蚀地貌，也是广东为数不多保存完整的海蚀遗迹之一，具有较高的科研科普价值。王为、曾昭璇等对黄埔海蚀遗迹开展了详细的调查研究。目前已建立广东省第一个以海蚀遗迹景观为特色的地质公园——中山黄圃省级地质公园。

遗迹评价等级：省级。

五、构造地貌

广东省重要构造地貌 3 处，均为峡谷（断层崖）亚类，分别是广州白云山断块山、肇庆鼎湖羚羊峡、乳源大峡谷。

1. 广州白云山断块山

白云山位于广州市白云区，山体呈北北东走向，东西宽 4200 m，南北长 7500 m，面积约 31.5 km²。最高峰为摩星岭，海拔 382 m。白云山为九连山脉向南延伸的余脉，山体岩性为中新元古界云开岩群（$Pt_{2-3}Y.$）青灰色、灰白色、褐黄色石英片岩，长石石英片岩及云母片岩，变质地层走向北北东，倾向北西，整体产状 275°∠19°。

白云山是一座典型的地垒山，地垒山是断块山的一种，北北东向广州-从化断裂为其西侧边界，近东西向广州-罗浮山断裂为其南侧边界,其东侧和北侧亦有断裂围切。从山体西侧广州外语外贸大学,向东南方向经过主峰摩星岭至东侧牛利岗作地质剖面,剖面西段经过广州-从化断裂,该断裂为一系列近平行走向的多个断面组成,断面均西倾,倾角60°～85°,西盘下降,东盘抬升,组成叠瓦式断层构造形式;剖面东段经过广州-罗浮山断裂,该断裂也是由一系列平行走向的断裂面组成,断面倾向南,倾角50°～75°,南盘下降,北盘抬升,在山体南东缘组成叠瓦式断层构造形式(图3-231)。

在晚更新世珠三角多个断块作升降运动过程中,白云山抬升而形成地垒山。白云山变质岩中发育两组陡倾角的"X"形节理,产状分别为175°∠85°和65°∠90°,因此白云山可见断崖绝壁地貌景观。

遗迹评价等级:省级。

2. 肇庆鼎湖羚羊峡

肇庆鼎湖羚羊峡位于肇庆市鼎湖区西江河道上,河道两侧的基岩为中泥盆统老虎头组石英砂岩、泥岩等。

羚羊峡谷长约8 km,河道窄、河床深,两岸陡坡险峻,肇庆城区附近江面宽过千米,而进入峡内河道突然变窄(图3-232),宽只有330 m,最窄处200 m,水流湍急。

羚羊峡由羚羊山和烂柯山夹西江而成。南东侧烂柯山主峰烂柯顶海拔904 m,北西侧羚羊山主峰龙门顶高615 m,山体上部陡峭,下部略平缓,山中的浅变质泥质岩是制作端砚的石料。

羚羊峡谷风光独特险峻,是广东省罕见的大河峡谷地貌,其成因一直推测为断裂所致,但至今未得到直接可靠证据。

遗迹评价等级:省级。

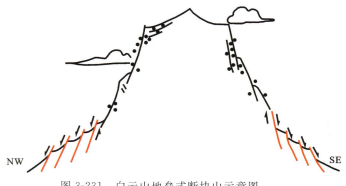

图3-231 白云山地垒式断块山示意图

图3-232 鼎湖羚羊峡

3. 乳源大峡谷

乳源大峡谷(图3-233)位于韶关乳源瑶族自治县大布镇,地理坐标:E 112°39′41″—114°21′19″,N 23°55′24″—24°48′36″,又称为广东大峡谷、粤北大峡谷。大峡谷发育在中泥盆统老虎头组(D_2l)碎屑岩中,岩层总体倾向北西,倾角3°～5°。岩石发育走向310°～340°和20°～50°的2组高角度节理。

大峡谷整体呈北西-南东"Z"字形展布(图3-234),长约15 km,谷深约300 m,宽约300 m。峡谷崖壁陡峭险峻(图3-235),石林石柱高耸入云,岩石崖缝一线天际,千丈瀑布直击谷底,谷底溪流蜿蜒曲折。河床上发育众多的壶穴、潭等水体景观,大峡谷雄伟、奇丽、险峻、秀美,令人惊叹不已。

峡谷地貌是在地球内、外力协同作用下,经过数千万年地质演化形成,成因上与区域地壳抬升和水流侵蚀关系最为密切。地壳抬升导致地貌反差明显,河流发生强烈的向下冲蚀和溯源侵蚀,使河床不断加深、河谷不断伸长,同时在河流侧蚀和重力崩塌作用下,河谷谷坡向两侧后退,由早期的一线天、巷谷逐渐演化为"V"或"U"字形的峡谷。

图 3-233 乳源大峡谷起点

图3-234 乳源大峡谷呈"Z"字形延伸（摄影：叶瑞和）

图3-235 乳源大峡谷之巅——峡谷崖壁(摄影:李红辉)

大峡谷所处的大布镇四周高、中间低,保留有两个不同时期"顶平层状"的夷平面。大峡谷主要发育在 600~780 m 的较低一级夷平面内,切割了距今约 4 亿年的硬质砂砾岩。距今约 2300 万年的新构造运动,导致地壳隆升,地表水系发生调整,流水沿着砂砾岩中的北西和北东两组共轭节理发生持续侵蚀,岩石崩落、河谷加深加宽,最终形成乳源大峡谷。

大峡谷已先后建立了省级自然保护区和国家 AAAA 级旅游景区。大峡谷奇特的地质地貌和优美的自然景观,是人们游憩、探险、览胜的好地方,堪称"粤北地质博物馆"。《中国国家地理》杂志将大峡谷评为广东最美的地方。

遗迹评价等级:国家级。

第三节　地质灾害大类地质遗迹

广东省地质灾害大类地质遗迹共 5 处,其中地震灾害类 1 处,即湛江徐闻地裂缝;其他地质灾害遗迹类 4 处,分别是顺德飞鹅山滑坡、清远飞来寺泥石流、广州金沙洲岩溶地面塌陷、阳春春城岩溶地面塌陷。

一、地震遗迹

1. 湛江徐闻地裂缝

雷州半岛的地裂缝主要分布在南部、西部和西北部,其形态复杂,规模较大,多见于地形破碎。地裂缝具有周期性,徐闻境内发生过多次地裂缝(徐起浩,2008),总体展布方向以北西、北东、北北东为主,其次为东西向走向,地裂缝长度 80~800 m 不等,宽 0.05~0.8 m,深 1.5~6 m 内。地裂缝呈蛇曲状、侧卧"S"形、绕村庄分布、圆弧形等形态出露。地裂缝发育于湛江组砾砂层、砂层、粉砂层级黏土层,北海组石英质砾岩层、亚砂土和亚黏土,以及石峁岭组(Qp^2s)玄武岩及玄武岩风化土等岩(土)体中。雷州半岛胀缩土地裂缝具有明显的时空分布发育规律,按成因类型可分为面裂式和暗裂牵动式两种(雷严问,1995),具有不同的成生机理。其中暗裂牵动式胀缩土地裂缝是雷州半岛地区最具代表性地裂缝,仅见于微地貌发育的胀缩土分布区(出露区或浅埋区)的林地边缘。极端干旱的气候环境和具强吸水-蒸腾(干燥)作用的桉树是导致胀缩土失水和地下暗裂形成的关键因子,久旱第一场暴雨在地裂缝形成中起触发作用。

遗迹评价等级:省级。

二、其他地质灾害

1. 顺德飞鹅山滑坡

顺德飞鹅山滑坡位于佛山市顺德区大良街道大门村。飞鹅山呈北西走向,最高海拔高程 101.15 m,平均坡度约 30°。东北面山坡开辟为永久墓园,植被较稀疏;西南面山坡大部分为原始地形,原始坡体植被比较发育,乔木、灌木和植被兼有,但局部山脚被人工挖掘,形成陡坎;除局部平台种植有乔木外,开挖坡脚无植被覆盖,岩体直接裸露,岩体风化强烈,从飞鹅山油库以北山脚均被人工挖掘,形成陡坎,局部呈陡崖,如万家乐电缆厂厂区后的山坡被挖掘成阶梯状;华丰不锈钢焊管厂厂区后的山坡,因坡脚开挖于几年前曾发生过山体滑坡。

地层为第四系残坡积层和下白垩统百足山组,第四系残坡积层由砂岩、粉砂岩、泥岩岩块和残积粉质黏土、黏土组成,其厚度1~6 m不等。下白垩统百足山组由泥岩、泥质粉砂岩、粉砂岩、长石砂岩等组成。岩层薄—厚层状,强—中风化,层间夹薄层泥岩,地层产状较平缓,总体倾向南东120°,局部倾向SW220°,倾角10°,为一顺向坡。岩石节理、裂隙较发育,每米有2~3条不等,岩石切割较破碎,走向北东或北西;节理面一般较陡,倾角多在70°~80°之间,近乎直立;有些倾向南西200°~230°,倾角45°~75°。边坡中下方发育一条宽数厘米到数十厘米的断层(永丰断裂),倾向230°,倾角15°,断层顺坡外倾。

滑坡以深层滑面构成的中型深层滑坡为主,称为主滑坡(图3-236);深层滑坡体上又发育有一个中型中层滑坡,称为次滑坡。主滑坡平面上的形状为圈椅状,后缘滑壁成抛物线型,位于86~92 m等高线一带,以坡体最高一条拉张裂缝(Ⅰ号裂缝)为界,该裂缝距离山顶水平距离30~50 m,地表特征为一近似弧形的曲折拉张裂缝,长约120 m,裂缝张开宽度0~13 cm,裂缝两侧高差(破裂壁)0~0.2 m,后壁较新鲜,并与北西侧剪切裂缝(Ⅰ号裂缝北西段,高程57~68 m)断开遥望,共同形成近似弧形的滑坡后壁和西侧周界;而南东侧则处于沟谷,剪切裂缝不明显,推测以沟谷为界;滑坡前缘以坡脚鼓丘及附近建筑物出现的损害为基本特征,其最外缘的连线形成滑坡前缘。滑坡后壁、两侧侧壁和滑坡前缘共同形成滑坡的周界,后壁和前缘最大高差约85 m,滑坡冠高程92 m,趾高程7.5 m,滑动方向205°~230°,滑体纵向(南西向)最大长度约220 m,横向(北西向)最大长度约230 m,总面积约$3.5×10^4$ m²,滑坡体最大厚度约32 m,滑坡体积约$67×10^4$ m³,为中型深层滑坡。

遗迹评价等级:省级。

2. 清远飞来寺泥石流

飞来寺位于北江下游著名的飞来峡河段北岸,属省级风景名胜和旅游度假区。沿飞来寺十九福地山脊两侧各有一条南北走向的深切沟谷,横切面呈"V"字形,相对高差30~60 m,沟谷两侧山坡险峻,平均坡度大于30°。飞来寺位于沟谷的位置,海拔高程约25 m,与峡山峰顶相对高差640 m。飞来寺上游泥石流形成区三面环山,呈漏斗状,山高坡陡,相对高差大;中部流通区为狭窄陡深的沟谷,坡降大,泥石流能够迅猛直泻;飞来寺地带为山谷出口较平缓处,紧靠江边,为泥石流碎屑物的堆积区。飞来寺地处亚热带,雨量充沛,多年平均降水量2 240.9 mm,最大年降雨量为3 100 mm。飞来寺泥石流的水动力为特大暴雨。1992年5月8日上午,飞来寺一带降水量高达970 mm,强大水动力作用使岩土薄弱地带不断产生崩塌,使大量泥砂、石块和巨砾等物质与洪水汇流形成泥石流,使大量寺庙等建筑毁坏,造成11人死亡。

遗迹范围约0.01 km²;遗迹评价等级:省级。

3. 广州金沙洲岩溶地面塌陷

金沙洲地区在构造单元上属华南褶皱系的粤中凹陷区,在地貌单元上南北连接广花盆地和珠江三角洲平原区,区域上位于北东向广从断裂和近东西向广三断裂交切部位。近20年来,岩溶发育区的城市建设工程活动如白云机场、武广铁路客运专线金沙洲段、大坦沙地铁,诱发的岩溶地面塌陷地质灾害明显增多。截至目前,金沙洲居住在凤歧里和浔峰圩的近260名村民被迫搬迁,金沙中学、广州大学附属学校出现了严重的地面塌陷及地面沉降,造成了巨大的经济损失,危害到当地居民的人身安全。

金沙洲下石炭统石磴子组(C_1s)是塌陷区岩溶的主要赋存层位,金沙洲地区的岩溶平面上总体呈

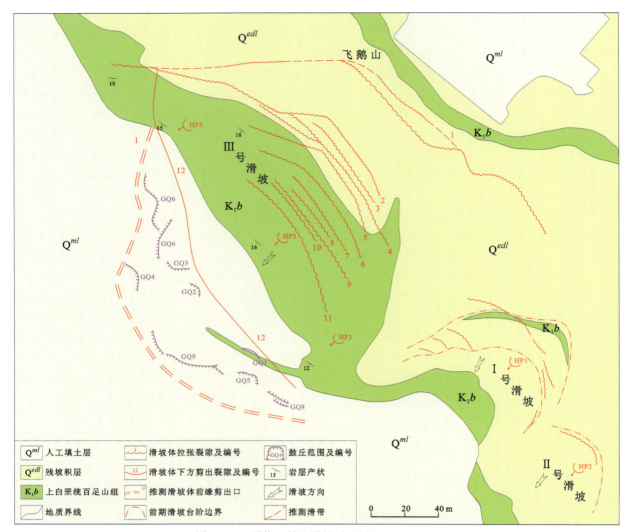

图 3-236　顺德飞鹅山滑坡平面图(范瑞迪,2016)

北东向带状分布,与岩性走向基本一致,受断裂构造及褶皱构造共同控制;垂直方向上岩溶在水平标高-60~0 m之间较发育,并且随深度的增加,岩溶发育程度明显减弱,总体上呈现3个区间,标高分别为-10~-3 m,-31~-27 m和-48~-35 m,岩溶塌陷区3层溶洞形成于3个不同地质历史时期(图3-237)。金沙洲地区地质构造对溶洞(土洞)的发育具有明显的控制作用,尤其是断裂构造对岩溶地面塌陷的形成起主导控制作用。

遗迹评价等级:省级。

4. 阳春春城岩溶地面塌陷

阳春春城岩溶地面塌陷位于阳春市春城镇西南方向,地形标高一般为13.5 m,区域上属河流阶地地貌,西部见岩溶孤峰呈NE50°展布,塌陷区处于漠阳江河Ⅱ级阶地上。2003年8月4日上午10:25,安置区西区4巷137号至142号共6栋楼房突然发生塌陷下沉,其中142号楼近半倒塌;139号、140号、141号楼虽未倒塌,但呈近60°角倾斜;137号、138号楼下沉幅度约6 m,上部倒塌,造成2人死亡。地面塌陷中心区面积约800 m²,受其影响区面积约10 000 m²。在影响区内,2巷巷口水泥路面也发生盆形塌陷,塌陷范围的直径大于5 m,附近由45号至48号共4栋楼房受牵拉影响,楼房墙根边发生开裂宽达3 cm。该塌陷的影响范围有往东发展的趋势,8月5日下午发展速度加快,经现场勘

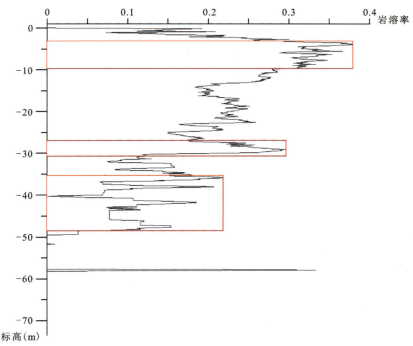

图 3-237　广州金沙洲钻孔纵向岩溶率曲线

测已影响到 39 号楼房,到 8 月 7 日上午,暂趋稳定。受该塌陷影响的另一方向是南面的 173 号楼房,8 月 6 日发生卫生间的便盆被拉裂现象,早些时候该楼房二楼东北侧墙体出现"Z"形裂缝宽约 2 cm。

塌陷区场地被第四系冲积层(Q^{al})覆盖,岩性多为浅褐黄色粉土,含砾粉质黏土、砂砾石,厚度一般 10～25 m。下伏基岩为上石炭统黄龙组(C_2hl)碳酸盐岩,主要岩性为粉晶质白云岩、粒状灰岩,其次为含燧石条带灰岩、含生物碎屑灰岩等,岩石呈灰—暗灰色,粉晶或细粒状结构,厚层状构造(丁丽光等,2006)。由于地面塌陷危害严重,造成的经济损失较大。

岩溶地面塌陷具有如下特点:①多分布在隐伏浅部岩溶的发育地段。该塌陷区在区域构造线向为 50°～55°,无论地层走向、线性构造、褶皱构造、地面孤峰排列方向上,均以 NE50°～55°走向为主,也是地下隐伏的岩溶裂缝带主要展布方向。②地面塌陷一般分布在河谷及其两侧、地形低洼地段。该塌陷区就处于漠阳江右岸Ⅱ级阶地上,距漠阳江 21.6 km。③多分布于具有潜水和岩溶水双层含水层地段。

遗迹评价等级:省级。

第四章 广东省重要地质遗迹形成演化

GUANGDONG SHENG ZHONGYAO DIZHI YIJI XINGCHENG YANHUA

第一节　丹霞地貌

丹霞地貌以"顶平、身陡、麓缓"或"顶斜、身陡、麓缓"为其主要的两种特征,而最突出特征是山坡广泛发育赤壁丹崖,这也是区别于其他地貌的显著标志。虽然经长期流水携带的有机质沉淀或藻类植物附生,许多崖壁表面变成黑色、墨绿色,但仍然显示了暗红底色,而新鲜岩壁或流水不到的地方,则依然是"色如渥丹,灿若明霞"。至于被染黑或藻类附生的部分,却又增添了几分墨气和凝重,更显示出水墨画的韵味。

赤壁丹崖是丹霞地貌的最基本要素,也是最基本的风景要素,山崖、谷壁均由它组成。其不同的组合、不同的体量,构成了丹霞山群中的石峰、石堡、石墙、石柱等各种地貌形态,构成我们现在看到的各种地貌景观。

一、丹霞地貌分布与类型

1. 丹霞地貌分布

广东省丹霞地貌全部发育在白垩纪—古近纪断陷盆地中。据张显球统计,广东省共有白垩纪—新近纪断陷盆地108个,总面积约30 000 km^2,丹霞地貌发育在其中的22个断陷盆地中,并且只有白垩纪—古近纪地层才有发育丹霞地貌。根据中山大学黄进教授的调查统计(截至2004年),目前广东省丹霞地貌点(区)有67处,主要分布在粤北、粤东北、珠三角地区,主要集中在南雄盆地、丹霞盆地、坪石盆地、星子盆地、河源盆地、东莞盆地、三水盆地、罗定盆地(图4-1,表4-1)。

根据控制和影响丹霞地貌的地质构造背景与丹霞地貌的发育情况,一是地壳升降运动情况,二是控制丹霞地貌的深大断裂和断陷盆地,三是丹霞地貌的发育特点,黄琼芳(2016)把广东省丹霞地貌划分为以下4个发育区。

(1)粤北丹霞地貌发育区:古近纪晚期—新近纪处于抬升剥蚀状态,晚更新世以来仍间歇抬升;受郴州-怀集大断裂北东段、吴川-四会深断裂带北东段、恩平-新丰深断裂带北东段控制;主要断陷盆地有南雄、丹霞、坪石、星子等盆地;发育丹霞地貌的地层有丹霞组(K_2E_1d);已发现丹霞地貌33处,面积合约323 km^2,约占总面积的79%;丹霞地貌规模较大,代表地有仁化县丹霞山、乐昌市坪石金鸡岭。

(2)粤中丹霞地貌发育区:古近纪晚期—新近纪处于抬升剥蚀状态,晚更新世以来稳定或沉降;主要受恩平-新丰深断裂带中段、高要-惠来深断裂中段、河源深断裂南西段、莲花山深断裂带南西段控制;主要断陷盆地有三水、东莞、罗定盆地;发育丹霞地貌的地层以百足山组(K_1b)、丹霞组(K_2E_1d)为主,其次有三水组(K_2ss)、莘庄村组(E_1x)、宝月组(E_2by);已发现丹霞地貌18处,面积合约17 km^2,约占总面积的4%;丹霞地貌规模较小,代表地有番禺大虎山、小虎山等。

(3)粤东北丹霞地貌发育区:古近纪晚期—新近纪处于抬升剥蚀状态,晚更新世以来仍间歇抬升;主要受河源深断裂带北东段、莲花山深断裂带北东段控制,主要断陷盆地河源、龙川、平远、仁差等盆地;发育丹霞地貌的地层以丹霞组(K_2E_1d)为主,其次有合水组(K_1h)、叶塘组(K_2yt);已发现丹霞地貌13处,面积合约64 km^2,约占总面积的15%;丹霞地貌规模中等,代表地有平远县五指石和南台山、龙川县霍山等。

（4）粤西丹霞地貌发育区：白垩纪形成山间盆地，古近纪以来处于抬升状态，剥蚀作用强烈，缺失古近纪—新近纪沉积，基本没有第四纪沉积；受郴州-怀集大断裂南西段、吴川-四会深断裂带南西段控制；主要断陷盆地有罗定、华表石等盆地；发育丹霞地貌的地层有罗定组（K_1l）、三丫江组（K_2sy）；已发现丹霞地貌3处，面积合约7 km²，约占总面积的2%；丹霞地貌规模较小，代表地有云安县笔架山。

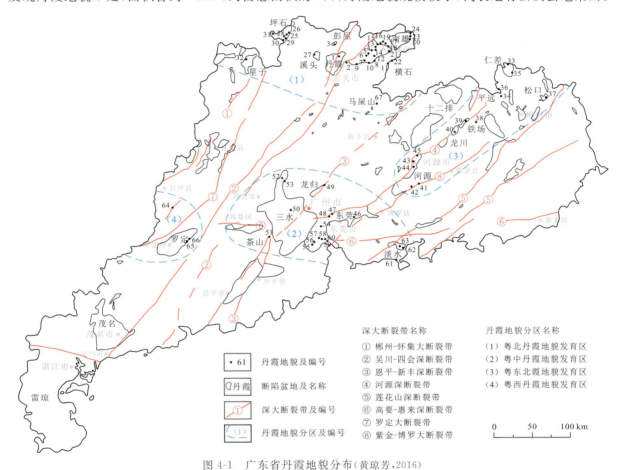

图4-1 广东省丹霞地貌分布（黄琼芳，2016）

表4-1 广东省丹霞地貌与深大断裂带、断陷盆地、地层层位关系

深大断裂	断陷盆地名称	丹霞地貌名称及编号	面积（km²）	地层层位	岩性
郴州-怀集大断裂带	坪石	26.廊头寒	60	丹霞组（K_2E_1d）	砂岩、灰砾岩
		25.金鸡岭	17.2	丹霞组（K_2E_1d）	砂岩
		28.肥岗寨	12.5	丹霞组（K_2E_1d）	砂岩
		29.姐妹石	2	丹霞组（K_2E_1d）	砂岩
		30.万古金城	1.5	丹霞组（K_2E_1d）	砂岩
		31.三溪	0.95	南雄群（K_2N）	砂岩
	星子	32.红岩-黑岩	3.5	丹霞组（K_2E_1d）	钙质砂砾岩
	华表石	64.华表石	1	三丫江组（K_2sy）	砂砾岩

续表 4-1

深大断裂	断陷盆地名称	丹霞地貌名称及编号	面积（km²）	地层层位	岩性
吴川-四会深断裂带	南雄	24.孔江水库	2	南雄群（K_2N）	砂砾岩
		23.朝天寺	0.95	南雄群（K_2N）	砂砾岩
		20.岩石下	0.95	南雄群（K_2N）	砂砾岩
		17.羊石寨	0.95	丹霞组（K_2E_1d）	砂砾岩
		19.大石岩	0.5	丹霞组（K_2E_1d）	砂砾岩
		18.西坑寨	0.95	丹霞组（K_2E_1d）	砂砾岩
		16.半边山	1	丹霞组（K_2E_1d）	砂砾岩
		15.杨历岩	0.95	丹霞组（K_2E_1d）	砂砾岩
		13.苍石寨	1	丹霞组（K_2E_1d）	砂砾岩
		14.黄竹寨	3.5	丹霞组（K_2E_1d）	砂砾岩
		21.莲塘寨	2	南雄群（K_2N）	砂砾岩
		4.红石寨	1.5	丹霞组（K_2E_1d）	砂砾岩
		12.凉伞石	3.5	南雄群（K_2N）	砂砾岩
		5.弹棉寨	1	丹霞组（K_2E_1d）	砂砾岩
		6.四脚寨	0.95	丹霞组（K_2E_1d）	砂砾岩
		8.崖婆山-徐仙埂	3.5	南雄群（K_2N）	砂砾岩
		10.牛屎岩	0.95	南雄群（K_2N）	砂砾岩
		7.燕子岗	0.95	南雄群（K_2N）	砂砾岩
		9.洞中寨-天柱峰	4	南雄群（K_2N）	砂砾岩
		2.鸭麻岩	4	南雄群（K_2N）	砂砾岩
	横石	22.王石寨	2	南雄群（K_2N）	砂砾岩
		11.南石寨	3.5	南雄群（K_2N）	砂砾岩
	彭屋	3.鸡笼寨	3	丹霞组（K_2E_1d）	砂砾岩
	丹霞	1.丹霞山	180	丹霞组（K_2E_1d）	砾岩、砂砾岩
	溪头	27.金鸡岭	1.05	南雄群（K_2N）	砂砾岩
	罗定	66.云矴	4.3	罗定组（K_1l）	灰砾岩
		65.笔架山	1.5	罗定组（K_1l）	灰砾岩
恩平-新丰深断裂带	马屎山	67.马屎山	0.95	丹霞组（K_2E_1d）	砾岩
	龙归	49.神岗	0.95	宝月组（E_2by）	砾岩
		52.神石	1	三水组（K_2ss）	砂砾岩
	三水	53.马头石	1.05	三水组（K_2ss）	砂砾岩
		50.平顶岗	1.5	莘庄村组（E_1x）	砂砾岩
	茶山	51.大狮头	1.5	三水组（K_2ss）	砂砾岩

续表 4-1

深大断裂	断陷盆地名称	丹霞地貌名称及编号	面积（km²）	地层层位	岩性
河源深断裂带	仁差	33.五指石	10	丹霞组（K_2E_1d）	砾岩
		35.酒瓮石	5.5	叶塘组（K_2yt）	砂砾岩
	平远	36.大河背	4	丹霞组（K_2E_1d）	含钙砂砾岩
		34.南台山	10	丹霞组（K_2E_1d）	砾岩
	铁场	38.霍山	7	丹霞组（K_2E_1d）	砂砾岩
	十二排	39.青龙岩	1.1	丹霞组（K_2E_1d）	砂砾岩
	龙川	40.龙台寺	10	合水组（K_1h）	砂砾岩
	河源	45.牛牯寨	0.8	丹霞组（K_2E_1d）	砂砾岩
		43.密石寨	0.6	丹霞组（K_2E_1d）	砾岩
		44.石夹顶	4	丹霞组（K_2E_1d）	砂砾岩
		41.越王山	7.5	丹霞组（K_2E_1d）	砂岩
		42.马鞍山	2.1	丹霞组（K_2E_1d）	砂岩
莲花山深断裂带	松口	37.凉山岌	0.95	丹霞组（K_2E_1d）	砂砾岩
	淡水	63.虎头山-吊石	3.5	丹霞组（K_2E_1d）	砾岩
		62.螺岭	0.95	丹霞组（K_2E_1d）	砾岩
		61.秤头角	0.32	百足山组（K_1b）	砂砾岩
高要-惠来深断裂带	东莞	47.厦石	0.2	莘庄村组（E_1x）	砾岩
		48.倚岩寺（石巷）	0.95	莘庄村组（E_1x）	砾岩
		46.燕岭	0.1	百足山组（K_1b）	砂岩
		54.莲花山（人工）	1	百足山组（K_1b）	砂岩
		57.骝岗	0.2	百足山组（K_1b）	砾岩
		58.乌洲山	0.2	百足山组（K_1b）	砾岩
		60.小虎山	1.2	百足山组（K_1b）	砾岩
		59.大虎山	1	百足山组（K_1b）	砾岩
		56.龟岗	0.95	百足山组（K_1b）	砂砾岩
		55.荔枝山（人工）	0.95	百足山组（K_1b）	砂砾岩

广东省丹霞地貌发育在古近纪—新近纪抬升区，大致以 N22.5°为界，以北为隆起区，发育丹霞地貌，以南为沉降区，不发育丹霞地貌。丹霞地貌发育规模与晚更新世以来沉降、抬升运动有关，粤北、粤东北地区间歇抬升，发育规模较大；粤中地区稳定或沉降，发育规模较小；粤西为古陆地区，抬升、剥蚀强烈，可能受岩性影响，目前只发现几处丹霞地貌。

二、地貌类型

根据广东省丹霞地貌发育特点，粤北、粤东北的丹霞地貌发育规模较大，特着重介绍。

1. 粤北丹霞地貌发育区

粤北丹霞地貌发育区以丹霞山为代表。对于丹霞山地貌形态类型前人研究程度较高，此处无需赘述。彭华(1992)将丹霞山地质公园内的地貌划分为崖、寨或堡、梁、墙等10种基本类型。

崖：是指直立或近于直立的坡面。以丹霞山锦石岩为典型。

寨或堡：是指方形或长方形山块，顶平缓，有较宽平缓的顶面，3个坡面为陡崖。以丹霞山的棺材寨、大石山巴寨、平头寨为典型。

墙：是指长条形、薄墙状山体，顶平缓，狭窄，两个以上坡面为陡崖。以丹霞山双阙石为典型。

柱(石)：是指孤立石峰，呈圆柱状、塔状、锥状。以丹霞山阳元石、蜡烛山为典型。

梁：是指长条形山块，顶缓斜或波状，坡面以陡坡为主，无连续完整的陡崖。以长埔顶为典型。

峰：是指山顶尖锐，无平台，一至两个坡面为陡坡或阶状陡崖，基座较大，海拔200~600 m。以锦江西侧的上天龙、田螺峰为典型。

峡：是指谷坡陡峭或为绝壁，谷地狭窄幽深，巷道状。以丹霞山的福音峡为典型。

洞(岩)：是指坡面的深凹穴，有平底，可行可居。以丹霞山锦石岩、大石山燕岩为典型。

丘：是指顶坡皆缓，孤立或连绵，局部有陡坡，基座较大，海拔200 m以下。如丹霞山海螺墩。

造型地貌：是指形态象形性的一类地貌，属特殊类型。以丹霞山望郎归为典型。

2. 粤东北丹霞地貌发育区

粤东北丹霞地貌发育区主要丹霞地貌点(区)有6处，分别是五指石、南台山、凉山岽、霍山、青龙岩、龙台寺。丹霞地貌以崖壁、方山(石堡)、石峰、线谷(巷谷)、洞穴(岩槽)等为主要地貌形态类型(表4-2)。

表4-2 粤东北丹霞地貌点(区)主要丹霞地貌类型

地点	地貌类型	景点或位置	地点	地貌类型	景点或位置
五指石	石峰	五指石核心景区及外围	霍山	崖壁、石峰	酒瓮石、姐妹石、蓑衣石
	岩堡	万安寨		石柱	381高地
	崖壁	五指石核心景区内		岩堡	一线天西侧山体
	崩积巨石	逍遥床		崩积巨石	仙人床
	垂直沟槽	崖壁垂直节理发育部位		顺层岩槽	仙人跪膝至吊谷上棚
	顺层凹槽	崖壁上		额状岩槽	灵山寺
	额状岩槽	聪明泉、毓明寨		线谷	一线天
	线谷	磨肚缝、一线天、贵妃谷		巷谷	对歌径

续表 4-2

地点	地貌类型	景点或位置	地点	地貌类型	景点或位置
南台山	崖壁	佛首岩南坡、风帆石	凉山岌	崖壁	山体西南坡、南坡、东南坡
	崖壁、石墙	卧佛头部东坡		额状岩槽	山体东南坡崖壁上
	崖壁、巷谷	合掌岩		顺层凹槽	山体东南坡崖壁上
	崩积巨石	巨鞋石、田螺石、蛤蟆石		垂直沟槽	山体东南坡崖壁垂直节理发育部位
	额状岩槽	青山寺	青龙岩	崖壁	山体南坡—东南坡
	崩积叠置洞穴	白云寺		蜂窝状洞穴	山体南坡—东南坡崖壁上
	蜂窝状洞穴	青山寺附近崖壁上	龙台寺	崖壁	山体东南坡
	水上丹霞	大河背、瑶池十八湾		额状岩槽	龙台寺
霍山	崖壁	船头石		顺层凹槽	山体东南坡崖壁上,"佛"字石刻下

五指石:位于梅州市平远县差干镇北西 1.2 km。主要丹霞地貌类型有崖壁、方山(岩堡)、石峰、线谷、巷谷、垂直沟槽、顺层岩槽、额状岩槽,其中核心区主要发育有崖壁、石峰、线谷巷谷等地貌类型,其余区域主要发育崖壁、方山(岩堡)等地貌类型,所有崖壁均不同程度发育有垂直沟槽、顺层岩槽。区内的石峰地貌顶面多呈圆弧形,部分呈圆锥形,崖壁高度达数十米至百米以上,节理发育造就了五指石众多的一线天式线谷和巷谷(图 4-2)。

南台山:位于梅州市平远县城西侧约 4.2 km。南台山丹霞地貌区面积 16.56 km²,主要包括南台山卧佛景区和大河背景区。南台山卧佛景区主要丹霞地貌类型有崖壁、石墙、崩塌堆积、线谷、巷谷、洞穴、岩槽,主要分布在"卧佛"的头部、身部(图 4-3、图 4-4);大河背景区主要丹霞地貌类型主体是深切曲流(图 4-5),在曲流两岸发育有崖壁、洞穴、岩槽等(图 4-6)。

霍山:位于河源市龙川县田心镇南东约 2.7 km 的东江村,距龙川县城约 47 km,距河源市区约 146 km,面积 1.9 km²,船头石和酒瓮石是该景区标志性景观。发育的丹霞地貌类型主要有崖壁、方山、石墙、石峰、崩塌堆积、线谷、巷谷、洞穴、岩槽(图 4-7)。

凉山岌:位于梅州市梅县松口镇原松口中学北东,梅江北西岸,地理坐标 N 24°30′15″—24°30′51″,E 116°25′57″—116°26′32″,面积 0.8 km²。该丹霞地貌点未建立相关保护措施,当地群众依地形将该处修建成一般祭祀的地方。凉山岌所在山体海拔高程 188.1 m,在不到 1 km² 的山体范围内主要发育的丹霞地貌有崖壁、额状岩槽、顺层凹槽、垂直沟槽等(图 4-8)。

青龙岩:位于河源市龙川县丰稔镇(又称十二排镇)北东约 3 km 的 227 省道北西侧路边,地理坐标:N 24°11′38″—24°12′26″,E 115°20′17″—115°21′03″,面积 1.1 km²。该丹霞地貌点目前并没有建立相关保护措施。青龙岩所在山体呈近南北向展布,山体南北长约 1.5 km,东西宽约 0.7 km,海拔高程最高为 267 m,在约 1 km² 的山体范围内主要发育的丹霞地貌有崖壁、洞穴(图 4-9)。

龙台寺:位于龙川县城西南约 3 km 的 205 国道与京九铁路附城镇莲南村段的北边,地理坐标:N 24°05′46″—24°05′55″,E 115°12′57″—115°13′07″,面积约 0.05 km²。据中山大学黄进教授的资料,该区龙川站向西南至枫深村一带丹霞地貌面积有 10 km²,但通过实地调查发现,典型的丹霞地貌仅为龙台寺所在的山体,面积 0.05 km²,其余大多是由泥质粉砂岩、泥岩等形成红层丘陵,并不是典型的丹霞地貌。龙台寺所在的山体海拔高程仅 180 m,主要地貌类型为崖壁和岩槽地貌(图 4-10)。

图 4-2 五指石丹霞地貌

A.五指石丹霞崖壁;B.崖壁顺层凹槽;C.崖壁垂直凹槽;D.额状岩槽"聪明泉";E.崩积巨石"逍遥床";F.一线天;G.磨肚缝

图 4-3 南台山佛首岩崖壁

图 4-4 南台山象形石
A. 田螺石、蛤蟆石；B. 合掌岩；C. 风帆石、巨鞋石

图 4-5　南台山大河背瑶池十八湾

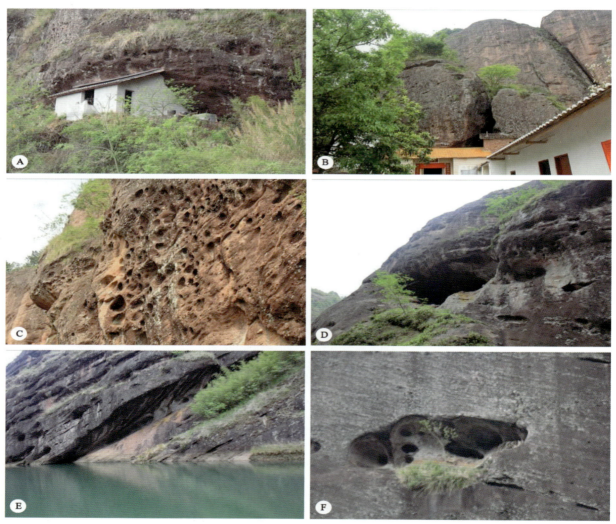

图 4-6　南台山洞穴岩槽

A.额状岩槽下的青山寺；B.崩积叠置洞穴下的白云寺；C.青山寺附近崖壁上的蜂窝状洞穴；D.大河背两岸崖壁上的大型单体洞穴；E.大河背两岸崖壁上的顺层凹槽；F.大河背两岸崖壁上的壁龛式洞穴

第四章 广东省重要地质遗迹形成演化

图 4-7 霍山岩槽

A. 依额状岩槽而建的灵山寺；B. 吊谷上棚的顺层岩槽；C. 仙人跪膝的顺层岩槽；
D. 仙人床；E. 对歌岗巷谷中的崩积巨石；F、G. 一线天

图 4-8 凉山岌丹霞地貌
A. 南坡陡崖壁;B. 东南坡陡崖壁;C. 祭祀平台的坡上顺层额状岩槽;
D. 东南坡崖壁上的顺层凹槽;E. 沿节理发育的垂直沟槽

图 4-9 青龙岩丹霞地貌
A.青龙岩东南坡崖壁上蜂窝状洞穴；B.青龙岩南坡崖壁

图 4-10 龙台寺丹霞地貌
A.龙台寺依额状岩槽而建；B.山体东南坡崖壁

二、丹霞地貌形成年龄

黄进(2004)对中国南部多处丹霞地貌年龄进行了探讨性研究,年龄测算方法：由河流阶地年代学确定区域地壳上升速度后,根据丹霞地貌相对高度,计算出丹霞地貌的形成年龄。公式为 $D_{龄} = H/D_{上升} = H/(h/t)$,式中 $D_{龄}$ 为丹霞地貌的年龄,H 为丹霞地貌的相对高度,$D_{上升}$ 为地壳上升速度,h 为阶地采样点至当地河流平水期水面的相对高度;t 为阶地冲积层河漫滩相底部的样品年龄。

根据上述方法,测算出丹霞山地区地壳上升的平均值为 0.87 m/万年,丹霞山最老的丹霞地貌年龄为 626.2 万年。同样测得粤北金鸡岭丹霞地貌年龄为 313 万年。以热释光测年丹霞山地区河流阶地地貌最新年龄值为 4.2 万年。由此估算,丹霞山主体丹霞地貌发育和演化起于 626.2 万年前,300 万～30 万年前已基本定型,结束于 4 万年前左右,4 万年后的丹霞山地貌演化特征不明显。

粤东北丹霞地貌年龄与粤北地区相当,均形成于 600 万年以来。根据刘尚仁(2012)对粤东地区河流阶地研究成果,计算出东江流域在龙川盆地地壳上升速率为 1.04～1.34 m/万年,平均抬升速率为 1.15 m/万年,霍山所在的铁场河流域一带地壳抬升速率为 0.73 m/万年,进而计算出龙台寺所在山峰的年龄为 105.2 万年,霍山最高峰船头石年龄为 589.1 万年(表 4-3)。由此推测,龙台寺的丹霞地貌形成始于更新世早期,霍山丹霞地貌形成始于更新世早期—中新世晚期—上新世早期。

表 4-3　粤东北丹霞地貌年龄计算表

丹霞地貌点	平均抬升速度（m/万年）	水平位海拔（m）	龙台寺海拔（m）	高差（m）	龙台寺年龄（万年）
龙台寺	1.15	59	180	121	105.2
霍山	0.73	140	570	430	589.1

三、形成条件与发育规律

以丹霞盆地为例，丹霞地貌发育必须具备如下条件：①坚硬岩层、垂直节理等各种构造破裂面发育的近水平或缓倾斜的红色砂砾岩层；②地壳运动要把丹霞组岩层抬升到一定的高度；③地质构造、流水、崩塌、风化及岩溶等外力作用；④气候环境。

1. 丹霞山地貌发育的物质基础——丹霞组（K_2E_1d）

广东省典型丹霞地貌均发育在丹霞组中。丹霞组主要出露于粤北、粤东的断陷盆地内，岩相属湖泊-干三角洲相，岩性以紫红色厚—巨厚砾岩、砂砾岩、含砾砂岩、砂岩为主，夹粉砂岩和粉砂质泥岩等。丹霞盆地红层有马梓坪组、长坝组和丹霞组，前二者岩性以砂岩、粉砂和泥质岩为主，易于风化和剥蚀，因而不易保持大尺度的陡崖和发育峰林地貌。丹霞组（图4-11、图4-12）以砂岩和砾岩为主，胶结坚硬，易于保留下来。厚层状砂岩和岩石中含有一定可溶性碳酸盐则是形成洞穴地貌所必需的物质基础。

图 4-11　丹霞组砂岩、砾岩镜下

图 4-12　丹霞组砂砾岩、砂岩

丹霞盆地丹霞组一般呈近水平或水平产出(倾角一般小于15°),但是丹霞盆地断裂和节理构造较发育,因此部分地段岩层倾角变化较大,但一般不会超过30°。根据区域地质资料,粤东北五指石、南台山、霍山等丹霞地层均为丹霞组。由此可见,广东省内典型的且具有规模的丹霞地貌的物质基础是丹霞组。

发育在近水平或水平岩层中的丹霞地貌,顶面常与层面一致,四壁多为陡崖或峭壁,从山顶面到崖壁有明显的折角,往往形成典型的方山、寨、堡、石墙、石柱等地貌,以巴寨、茶壶峰一带最为典型。

受断裂影响较大的地层,由于倾角较大,多形成至少有两面陡壁的单斜山体,以姐妹峰—拇指峰—上天龙—观音石—老虎埂—田螺山一线最为典型。

2. 岩层产状对丹霞山地貌发育的影响

岩层产状是描述岩层空间形态的概念,国内外的大峡谷和几乎所有崖壁都与水平岩层或近水平岩层有密切的关联(图4-13)。

(1)水平或近水平岩层上发育的丹霞地貌山顶是水平或近水平的,形成的地貌则具有"顶平、身陡、麓缓"的坡面特征。

(2)缓倾斜岩层上发育的丹霞地貌山顶是斜的,形成的地貌则具有"顶斜、身陡、麓缓"的坡面特征。如仁化断裂附近的姐妹峰—上天龙一带和五马归槽一带的地貌就具有这种特点。

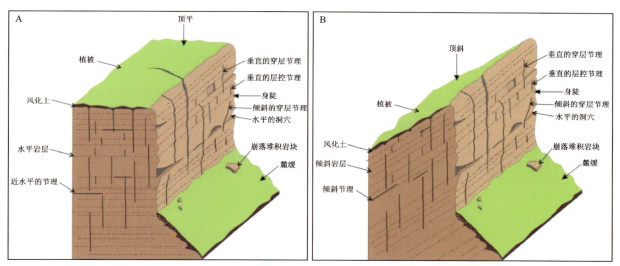

图4-13 岩层产状对丹霞地貌的影响
A.形成"顶平、身陡、麓缓"的丹霞地貌;B.形成"顶斜、身陡、麓缓"的丹霞地貌

2. 丹霞地貌发育的必要条件之地壳运动

大约7000万年前,太平洋板块向欧亚板块的俯冲加剧,使处于欧亚板块边缘地带丹霞盆地抬升,抬升的结果使丹霞盆地萎缩、消亡。丹霞盆地消亡之后,红色岩层开始遭受风化和剥蚀、夷平。盆地边缘早期形成的地层如伞洞组、马梓坪组和长坝组,由于粒度细、岩石较软弱易于风化,因此经过长期风化剥蚀,丹霞组红色砂、砂砾岩层便以雄伟姿势立于盆地中心,形成现今看到的丹霞地貌。

3. 丹霞地貌发育的必要条件之断裂和节理

区域资料显示,丹霞盆地内部断裂发育,断裂构造格架以北北东向为主,并在仁化断裂带的控制作用下,东、西两侧地形有明显的差异,处于仁化断裂上升盘的西北侧地形偏高,主要山峰有巴寨、燕岩等超过600 m,次一层山峰高度超过500 m,如茶壶峰、平头寨、扁寨等,从最高的巴寨顶缺失丹霞组第三段,也说明地形剥蚀较强烈;处于仁化断裂东部地区则相对下降,主要高峰均在 450~500 m 之间,450 m 以上的高峰一般残留有丹霞组第三段。东、西两侧对比相差 100 m 左右,这就形成了丹霞地貌发育的多层性,不论在东部还是在西部,宏观上大致有 3 个层次,西部为 600 m、500 m、400 m,东部为 400 m、300 m、200 m,反映了 3 个侵蚀旋回或地壳间歇性上升所形成的 3 级侵蚀面(彭华,1992)。

由于地壳运动、断裂运动和节理发育,丹霞组被切割,形成块状或条状岩块。

4. 丹霞地貌发育的必要条件之流水、崩塌、风化、岩溶等外动力地质作用

岩块坡面崩塌作用使山块缩小成墙状、堡状、柱状、锥状等,少数保留为梁状,使丹霞山块大多呈孤立状,山块与山块之间多无山脊相连,即丹霞地貌具有离散性(彭华,1992)。由于流水、崩塌、风化等作用,山块顶部慢慢圆化形成浑圆状山顶或山脊,岩壁上则形成丹霞山的主要洞穴地貌,岩溶作用则形成石钟乳等岩溶地貌。

不同地段内单个山体组合成具有一定意境的地貌组合景观,即具有有序性(彭华,1992),如望郎归石柱群是由多个单体组合成的,具有浓厚生活气息和悲剧意境的地貌景观。

5. 丹霞地貌发育的气候环境

粤北丹霞盆地处于我国中亚热带北缘,季风气候显著,气候温和,雨量充足,年平均气温 19.6 ℃,1 月平均气温 8.0 ℃,7 月平均气温 27.1 ℃,无霜期为 279d,年平均降雨量 1665 mm,夏天多雷暴雨,冬季有霜雪。植物种类繁多、生长茂盛,主要植被为中亚热带常绿阔叶林。湿润的气候和充沛的雨量对促进丹霞山地貌的形成起了重要的作用。

四、丹霞地貌演化探讨

丹霞地貌演化研究以丹霞盆地最为深入。资料表明,丹霞山盆地消亡于晚白垩世末期,并在相当一段时期内地壳运动较为稳定。丹霞山世界地质公园内的丹霞地貌发育始于新近纪以来的喜马拉雅造山运动。根据黄进先生对丹霞山地貌年龄和彭华先生对丹霞山地貌演化的研究,丹霞山地貌的演化有两个阶段,也就是 600 万年前后和距今 3000 万年(新近纪)前后的演化阶段(图 4-14)。

1. 丹霞地貌形成的第一轮回的演化

1)丹霞地貌的萌芽阶段

距今 7000 万~3000 万年前,丹霞盆地结束了沉积并处于消亡时期,地壳活动总体以上升为主,由于基底断裂复活及与相伴生的节理发育切割或切穿了丹霞山盆地内的红层,在活动断裂不均衡的隆升与滑脱作用下,形成了大小不一致的岩块或长条状的山体。受北东向或近东西向为主体的断裂控制,这些岩块或长条状山体总体呈北东向或近东西向展布,如丹霞山、巴寨、白寨顶、金龟岩等岩体。断块活动不均匀的上升或脱落,发育了丹霞山地区三级夷平地形面,为丹霞山的丹霞地貌初始形态(图 4-14A)。

2)丹霞地貌的幼年期

距今 3000 万~2000 万年前,地壳运动趋于相对稳定,而规模的流水沿原始的断块边界、断面和节理面不断下切,发育了峡谷和巷谷地貌,同时也使丹霞山地区的断块山和长条形的山体更趋显著,形成了丹霞地貌幼年时期的陡崖和峭壁(图 4-14B)。

3)丹霞地貌的成年期

经过一定的时间后,长条状山体或断块山在深切的峡谷或巷谷的陡壁上,沿陡立的断裂面或节理面发生自然崩塌和滑脱,长条形山体或断块山后撤,导致沟谷扩大,主河面接近区域侵蚀基面,地表起伏大,崎岖不平(图4-14C);由于长条形山体或断块山不断地发生更大规模的崩塌后撤(期间可能有较大规模的地震活动因素),山顶面萎缩,高度下降,河谷展宽,此时,丹霞山的丹霞地貌进入了成年晚期的发展阶段(图4-14D)。

4)丹霞地貌的老年期

距今2000万～1000万年前,随着时间的推新,丹霞山的丹霞地貌进一步演化,此时,长条形山体和断块山的陡坡或陡壁的崩塌和后撤作用相对减弱,山顶面进一步缩小,高地继续降低,大部分的河谷接近区域性侵蚀基面,宽谷中孤峰与丘陵相间分布,此时,丹霞山的丹霞地貌进入了老年期的发展阶段(图4-14E)。

5)丹霞地貌的衰亡期

到距今1000万年前左右,丹霞山的丹霞地发育进入了衰亡时期,此时的丹霞地貌经历了漫长的自然崩塌、流水侵蚀和风化剥蚀作用后,早期已相对抬升并波状起伏的丹霞山盆地再度被夷平为起伏和缓的准平原化或平缓的丘陵,偶有孤峰或孤石(图4-14F)。

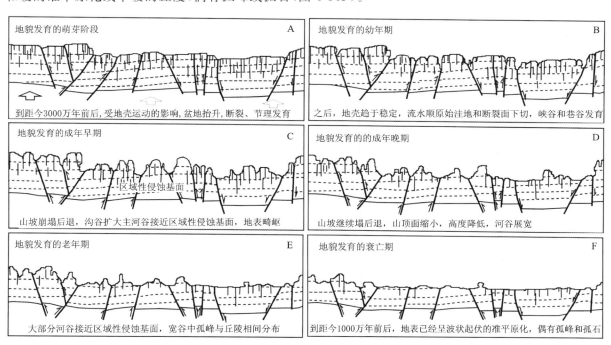

图4-14 丹霞山世界地质公园丹霞地貌第一轮回演化示意图(据彭华资料修编,2006)

2.丹霞地貌形成的第二轮回的演化

距今600万～4万年前,丹霞山的丹霞地貌开始了第二轮回的演化,并经历了初起期、幼年期、成年期3个发展阶段(图4-15),这3个阶段的丹霞地貌发育特征表现为山体地貌的变迁和河流阶地的发育。

1) 第二轮地貌旋回的开始

从距今 600 万年前开始,丹霞山地区受区域性新构造运动的影响,构造活动方式总体表现为地壳间歇性上升,丹霞盆地的红色岩层被重新切割成错落有序的方块山或长条状山体。初始阶段,丹霞山地区的地形总体较平缓,山顶面较平整。随着地面开始不断被水流冲刷侵蚀分割,地表出现了起伏不大但沟谷切割加深而形成的峡谷或巷谷地貌,谷壁块体运动的加强,出现了陡崖峭壁,发育了岩堡状、方块状和丹霞群山等丹霞地貌的雏形(图 4-15A)。

2) 再次进入幼年期

距今 600 万～35 万年期间,丹霞山地区新构造运动持续,地壳活动上升加快,锦江和浈江因其支流原始地形和断裂、节理开始了新的一轮侵蚀,这一阶段的水流进一步快速冲刷切割。在快速冲刷侵蚀切割和快速地形抬升的共同作用下,所形成的地貌特征为地面分割强烈、原始地面已被完全破坏,河谷切割深度达到最大极限,再度发育巷谷和峡谷地貌。另一方面,寨状、岩堡状、丹霞群山、长条形陡崖峭壁进一步发育,一部分石柱、峰林型的丹霞地貌亦开始萌芽(图 4-15B)。

3) 再次进入成年期

距今 35 万～4 万年期间,丹霞山地区的构造运动继承了幼年期的活动特征,但地壳活动的上升幅度缓慢。早期的地貌形成主要表现为山体峭壁以河流深切、自然崩塌、风化侵蚀作用为主,山体或断块山峭壁的后撤幅度达到最大极限,地貌特征则为山体或断块山的面积缩小,赤壁丹崖密布,形成顶部平齐、四壁陡峭的方山,或被切割成各种各样的奇峰,有直立的、堡垒状的、宝塔状和岩堡状丹霞地貌进一步完善;一部分由多组节理切割成的小岩块则在崩塌后退和风化侵蚀作用下形成耸立的残峰、石墙和石柱;当进一步侵蚀,部分残峰、石墙和石柱也将消失,形成缓坡丘陵。大型卸荷节理经崩塌后形成长条状峭壁山体、石梁等峭壁丹霞地貌;陡立的穿层节理在崩塌和风化侵蚀作用下形成了一线天、峡谷、巷谷形丹霞地貌(图 4-15C)。晚期地貌发育阶段,这个阶段的地壳活动以不均衡隆升为主,主要的地貌特征为河流下切,浈江、锦江及其支流河谷日益宽阔,河曲发育,谷坡低缓,河岸两侧抬升,发育多级河流阶地。

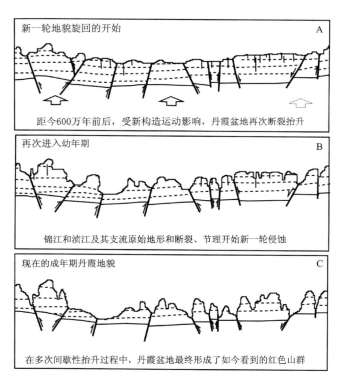

图 4-15 丹霞山世界地质公园丹霞地貌
第二轮回演化示意图(据彭华资料修编,2006)

第二节 类张家界碎屑岩地貌

类张家界碎屑岩地貌物质基础为砂页岩，有别于碎屑岩地貌中的丹霞地貌，因与湖南张家界地貌物质基础较相似，称为类张家界地貌。该类地貌多见于粤西、粤北地区，如封开千层峰、乳源大峡谷、乳源必背神凤岭等。

一、形成内因

1. 物质基础

特殊的地层岩性是碎屑岩地貌形成的物质基础。据调查，封开千层峰、乳源大峡谷、乳源必背神凤岭3处发育类张家界碎屑岩地貌的区域地层单位划分均不同。其中千层峰为下泥盆统莲花山组（D_1l），大峡谷为中泥盆统老虎头组（D_2l），神凤岭为中—下泥盆统杨溪组（$D_{1-2}y$），虽然地层单位划分有所不同，但均发育在石英砂岩分布区，其中千层峰的主要岩性为中—厚层状石英砂岩夹砂砾岩、薄层状粉砂质页岩，大峡谷、神凤岭主要岩性为中—厚层状或厚层状石英砂岩夹薄层状粉砂岩，表明岩性组合是形成该类地貌的重要物质基础。

不同的岩性组合形成不同的地貌：

（1）一方面，石英砂岩中石英含量普遍较高，胶结物多为铁质、硅质，石英和铁、硅质胶结物的化学性质在表生环境下十分稳定，具有较强的抗侵蚀性，另一方面，石英砂岩由于具有坚硬的物质特性，构成了石峰、峰柱、崖壁的坚固的基座。

（2）凹槽、岩槽地貌的形成是源于不同岩性的抗风化能力差异，石英砂岩中夹有的粉砂质页岩、粉砂岩相对石英砂岩、砂砾岩等，抗风化、抗水流冲蚀程度相对较弱，在崖壁上受风化、流水作用下被掏空底部部分胶结物后更易于脱落，粉砂质页岩、粉砂岩夹层的厚度连续性决定了凹槽和岩槽的规模，由于3处地貌区的粉砂质页岩、粉砂岩层厚均较小，因此形成的凹槽、岩槽地貌规模均较小。

2. 地质构造

1) 节理裂隙

高角度的节理裂隙发育是形成砂岩峰林地貌的必要条件，中—厚层、厚层状石英砂岩由于抗剪强度低，加上地层产状平缓，共轭垂直裂隙特别发育，经历多次构造运动后，导致区内不同方向、不同性质、不同规模的节理裂隙纵横交错（图4-16，图4-17），为之后的外动力地质作用奠定了物质基础。

自燕山运动以来，千层峰、大峡谷和神凤岭3处的主体构造线没有发生过大的变动，许多构造作用往往持续影响至今。在喜马拉雅运动期间，基本没有发生褶皱变动，而是以块状构造为特征发生整体性或差异性抬升。高角度的节理裂隙即是控制山体走向、山体轮廓、峡谷走向的重要构造（图4-18），也是造就石峰、石柱、崖壁、峡谷等地貌景观的重要因素（图4-19），受节理控制的石峰、石柱均是棱角分明（图4-20），石峰、石柱、峡谷由受节理控制的垂直侵蚀沟、裂隙谷、垂直洞穴等初始地貌继续发育而成。

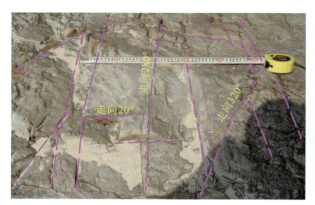

图 4-16 封开千层峰节理系统

图 4-17 乳源大峡谷节理系统

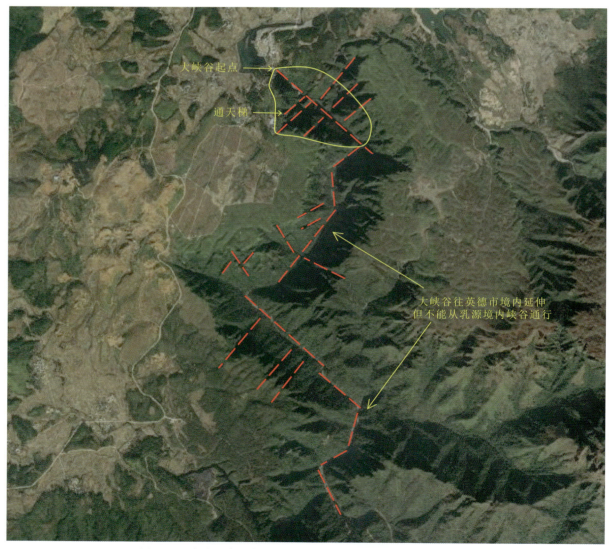

图 4-18 大峡谷类张家界地貌区构造线与峡谷、山块分布示意图

图 4-19　封开千层峰地貌景观与节理关系示意图

图 4-20　乳源必背神凤岭骆驼峰与节理之间的关系示意图

由于节理均为高角度，岩石上下重心基本保持在同一垂直线上，岩块稳定不易沿层面滑落，促使所形成的岩峰石柱直立，并能维持较长的时间；高角度共轭节理系统的发育，诱导流水-重力作用不断深入开拓，加之少量薄层黏土岩的差异风化掏空，边坡岩块失重而崩塌，多切削成棱方体壁立陡崖、石峰、石柱。

2）岩层产状对坡面形态的控制

对比丹霞地貌，广东类张家界碎屑岩地貌与之有较多相似之处。其中山块顶面和构造坡面同样明显受岩层产状的控制，按照岩层产状可分为（近）水平岩层和缓倾斜岩层两种，地层在抬升过程中由于层面较平缓，岩层之间不易产生重力滑动，有利于峰柱地貌的稳定。在新生代的地壳运动中，3 处地貌均以整体块状抬升为主，大部分岩层产状属于近水平、水平，加上山体高角度节理裂隙发育，如同丹霞地貌一样，自上而下发育 3 种坡面类型，发育的地貌具有"顶平（顶斜）、身陡、麓缓"的坡面特征（图 4-21）。

平顶（斜顶）构造坡：近水平、水平及缓倾斜产状的岩层层面顶坡可以表现为平缓顶坡、缓凸形顶坡和倾斜坡顶,由于石英砂岩风化后黏土物质较少,因此坡顶风化层较薄或呈层面裸露状态,形成的顶部一般呈平台造型(图4-22)。

图4-21 大峡谷呈"顶平、身陡、麓缓"状

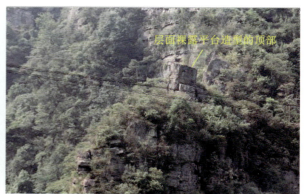

图4-22 神凤岭层面裸露平台造型的顶部

侵蚀陡崖坡:受流水沿高角度节理裂隙下渗侵蚀,裂隙扩大,岩块外倾受重力作用加速裂隙的扩大,岩块沿岩层的高角度节理裂隙发生崩塌作用,形成"身陡"的崖壁,岩层单层厚度和岩性差异的大小决定陡崖的平直和光滑程度,单层厚度越大,形成的陡崖面越平直、光滑,如封开千层峰,石英砂岩与粉砂岩、粉砂质页岩等相间出现频率高,形成的陡壁多为凹凸不平。

崩积缓坡:大块的陡崖崩塌物搬运的距离有限,一般堆积在坡脚,同时,流水、重力会使高角度节理发育的山体不断重复发生崩塌作用,使崖壁平行后退,崖顶上部的层面顶坡逐渐缩小,同时又使崖麓的崩积缓坡不断增宽增高。

3)新构造运动对地貌发育进程的控制

古近纪以来的新构造运动差异性和间歇性抬升,导致侵蚀基准面下降,使得区内水动力作用加剧,水流最终切穿高角度的节理裂隙软弱带。较早抬升后保持长期稳定的区域,有利于碎屑岩地貌按连续过程从幼年期到老年期逐步演化。

地壳以差异性、间歇性隆升为特点,每一次抬升都会形成一个地形高度大体一致的平面,即为夷平面。各级河流阶地分布及其分布高度,有多少级河流阶地就表明该区新构造运动包含了多少次快速抬升期和相对平静期,每次上升都会导致河流下切。

二、形成外因

影响该类地貌形成的外因主要有水动力和重力作用,其中流水是塑造地貌的主动力,石英砂岩地层被抬升后接受流水侵蚀,重力作用加速陡坡和悬空地段的崩塌,风化、生物作用起辅佐作用。

1. 水动力作用

流水侵蚀作用是碎屑岩地貌形成的最活跃、最基本的主动外动力作用,是正在进行的最直观的外动力作用。

常年性河流、溪流对山体的冲蚀和侧蚀作用:3个地区均属于典型的亚热带湿润季风气候,降雨充沛,地表径流发育,地貌具有沿水系呈带状分布的特征,其中千层峰属于黄岗河流域,区域内年降雨量约1 503.6 mm,降雨一般集中在每年的4—9月份;大峡谷属于大布河流域,神凤岭属于武江支流流域,区域内年降雨量1600~2000 mm不等。

3个地区均为地壳相对抬升区,在地壳抬升的过程中,作为一种外在的营力,流水沿高角度节理裂隙下切,使这些节理裂隙空间加宽、加深,形成平直深窄的线谷或巷谷(图4-23、图4-24),河水对线谷、巷谷两侧及谷地进行侵蚀和冲刷,在两侧岩体发生风化崩塌,使线谷和巷谷加深、加宽,形成景色优美、幽静的峡谷。主河流的侧蚀作用往往在坡脚掏出水平洞穴,使上覆岩块悬空,加快重力崩塌作用的进程。

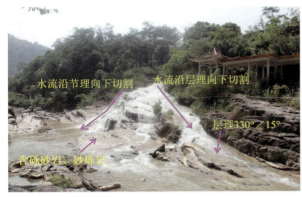

图4-23 沿层面、节理面下切的水流(千层峰)

图4-24 沿节理面下切的水流(大峡谷源头)

流水侵蚀作用主要表现为:①以流水沿节理垂直下切和向源侵蚀、侧蚀3种方式进行,加剧岩块分离崩塌,促使高大石峰形成,同时也不断加大沟谷深度和长度,促使幽深峡谷的出现;②流水沿坡面不断地蚀去坡面上的风化物质,加速风化。

2. 重力作用

岩石中节理裂隙的发育,把地层岩石切割成各种规模不一的岩块体,给岩体崩塌创造了有利条件,因此崩塌作用也是碎屑岩地貌发育的重要因素。当大气降水和地表水沿着造景岩层层面或节理裂隙侵蚀,并伴有生物风化和植物根劈作用时,节理不断张开扩大,使岩块重心不断向临空面移动(图4-25、图4-26),逐渐失去依托,而发生崩塌。此外,软硬相间岩层由于差异侵蚀风化被掏空、凹进,也易引起重力崩塌。崩落的岩块无论大小,大多形态规则,岩块表面均比较平滑(图4-27、图4-28)。

图4-25 顺层槽穴中垂直崩落的岩块(千层峰)

图4-26 沿垂直节理崩落的巨大岩块(神凤岭)

图4-27 崩落岩块形态规则表面平整(大峡谷)

图4-28 崩落大小不一的岩块(大峡谷腾龙潭)

三、演化过程

广东类张家界碎屑岩地貌形成的物质基础主要是厚层、产状平缓、高角度节理裂隙发育的石英砂岩夹薄层黏土岩,形成动力主要来自地壳内力的快速抬升,加上地球外部的水、重力和风化作用的侵蚀-剥蚀。此地貌所处地区为亚热带,气候温暖,降水充沛,雨量相对集中,常形成暴雨、洪水,河流的侵蚀强度大,特别是洪水时期的溯源侵蚀尤为强烈。快速的地体抬升加上河流的强烈侵蚀,造成地表深向切割,从而使地面高差加大,加之薄层黏土岩的水平掏空作用,石英砂岩沿高角度节理裂隙迅速崩塌、后退,形成了新的陡崖和陡壁上的裂隙谷。河流循新的裂隙谷再进行切割,形成新的地貌。每一次河流的溯源侵蚀都会引起谷坡的迅速后退。因而幼年期地貌不断新生,原来的幼年期地貌演变成青年期地貌,原来的青年期地貌演变成壮年期地貌,原来的壮年期地貌则向老年期演化。因此,碎屑岩地貌形成的机理是河流强烈溯源侵蚀—岩石块体崩塌—谷坡迅速后退。

根据演化过程中地貌形态的不同,可将张家界地貌的发育主要可分为5个时期:胚胎期、幼年期、青年期、壮年期、老年期。胚胎期主要地貌类型是山体顶部浅沟;幼年期主要地貌类型是裂隙谷、方山、一线天;青年期主要地貌类型是峡谷、方山、柱峰;壮年期主要地貌类型是柱峰、(柱)峰群、嶂谷;老年期主要地貌类型是孤峰、宽谷、残丘等。对比3个类张家界碎屑岩地貌区,封开千层峰属于幼年期向青年期过渡时期,乳源大峡谷和乳源必背神风岭属于青年期(表4-4)。

表4-4 广东省类张家界碎屑岩地貌发育时期划分

地貌区	主要地貌景观特征	时期
封开千层峰	山体顶部沟谷依然可见,山体之间深切裂隙谷开始发育,叠翠峰、骆驼峰等柱峰开始形成	幼年期向青年期过渡
乳源大峡谷	峡谷地貌,峡谷中有柱峰从主体山脉中分离出来	青年期
乳源必背神风岭	有较多柱峰从主体山脉中分离出来	青年期

第三节 湖光岩玛珥湖

一、玛珥的形成演化

玛珥是承压地下水(可能是热水或深部的矿化水)与上涌岩浆相互作用而产生剧烈爆炸形成的。岩浆和水属于两个不同的相,当它们初始机械混合后,水会变得异常热,从而产生巨大的蒸气,形成爆发性膨胀。这种膨胀对围岩构成了巨大的压力,迫使岩石出现压裂,此时岩浆、水和碎裂的围岩组成的混合体便沿着一个窄的通道达到地表,然后猛烈地喷射到了大气中,导致大规模爆炸。这样的过程可能会不断地重复,直至岩浆被耗尽或是没有更多的地下水参与而终止,这就是所谓的喷发期过程。

Buchel 对德国西部 Eifel 区的玛珥进行了综合研究,把玛珥的形成分作两个过程:喷发期过程和喷发后过程。随着喷发期过程的结束,如果火口坑底切到了地下水面,火口坑会积水形成一个湖泊,同样大气降水汇聚也会成为湖泊,这就是玛珥湖。玛珥是一种不稳定的地貌形态,其喷发后的演化过程主要是受外动力作用控制(图 4-29)。在初始阶段,由于玛珥有较陡的墙状火山岩环和深的火口坑(图 4-29A),因此在重力作用下,周围的堆积物会出现滑动和塌陷,导致火山岩环倾斜度降低,并出现不断增长的碎屑坡;碎屑物质快速堆积充填湖泊(图 4-29B),使湖变得越来越浅,泥炭沼泽相代替了湖泊相;同时斜坡不断被冲刷,岩屑、泥流碎屑最终掩盖了泥炭沼泽,仅环形墙在地面上(图 4-29C)。随着侵蚀的不断进行,环形墙和火口沉积物也逐渐被侵蚀,成为一个地貌上低凹地(图 4-29D)的"干玛珥湖"。

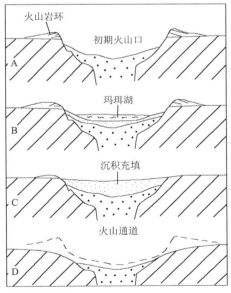

图 4-29 玛珥的演化阶段图(刘嘉麒等,1996)
a. 初期;b. 成熟期;c. 成湖后期;d. 侵蚀期

二、湖光岩成因

长期以来，湖光岩一直是国内外地学工作者研究第四纪火山活动的重要基地。从 20 世纪 50 年代起，我国不少地质学家、地理学家就对湖光岩进行了研究，1997 年以来，中国科学院地质与地球物理所刘东生院士、刘嘉麒院士与德国地球科学研究中心等联合对湖光岩进行综合考察研究后，把湖光岩确定为玛珥湖。

第四纪早更新世，湛江处于滨海环境，发育了以海陆交互相为主的湛江组沉积，沉积了一套灰色、灰绿色的砂质黏土、细砂、砂砾等。这一时期，火山活动相对较弱，主要以间歇性小规模的基性火山喷溢为主，喷出物大多呈层状夹于湛江组中。早更新世晚期—中晚更新世，受喜马拉雅运动影响，来自上地幔的玄武岩浆沿着裂开的深断裂上涌喷出地表，中更新世雷北火山活动相对较弱，仅在螺岗岭-硇洲岛等局部地区发生火山喷发活动；而雷南则火山活动较强烈，中更新世火山活动达到高潮，其活动时间长，期次多，喷发强度大，沿北西向呈多中心火山喷发，它们以石茆岭地区为中心，形成雷南火山群。晚更新世，雷北北东向、北西向断裂活动加剧，以北东向乌柏-吴村断裂及北西向岭北-灯塔断裂相交叉的湖光岩-交椅岭地区为中心一带又发生了规模最强烈的火山喷发活动，形成雷北城里岭-湖光岩玄武岩被（湖光岩组）和三级玄武岩台地等独特火山地貌，台地上分布有城里岭、笔架岭、交椅岭等火山锥和湖光岩玛珥湖。

在雷北湖光岩一带，距今 16 万～14 万年火山喷发前，地球深部炽热岩浆沿断裂上升到湛江组，这些炽热岩浆与地下水接触，积累了巨大的压力（图 4-30A），然后冲破松散沉积盖层猛烈爆炸，将炽热的岩块、角砾、火山灰、火山渣、蒸汽和大量的围岩碎块等抛射出来（图 4-30B），后散落堆积，经压实固结而成火山碎屑岩，环绕火山口的周围（图 4-30C），并形成湖光岩断陷凹地。根据地貌和岩性分析，湖光岩火山喷发可分两个阶段：第一阶段为东湖火山喷发阶段，第二阶段为西湖火山喷发。第一阶段喷发强度较小，喷发时间较短，喷出的火山碎屑物不多，所形成的环火山丘低矮，分布范围不大；第二阶段喷发强度相对较大（图 4-30D），喷出的火山碎屑物较多，形成高程达 87.6 m 的碎屑锥，部分火山碎屑物还充填了东湖火山口，致使东湖火山口湖目前的深度只有 7 m 左右。第二阶段火山喷发后，因地壳深部能量大量释放，又没有新的能量补充，所以喷发过程持续较短（图 4-30E），这也是湖光岩没有大熔岩溢出的原因。火山喷出活动停止，喷出物冷却以后，火山口深部形成了相对真空低压区，周围的火山岩崩塌下陷，形成比原来火山口面积大几十倍的锅形火山洼地，其底部深浅不一，出现了一墙之隔一大一小的两个火口坑，并积水成湖，同时接受沉积，四周堆积了高大的火山碎屑岩环。之后，随着地壳的不断隆起，湖光岩玛珥湖经历了较长时期的外动力侵蚀作用，火山碎屑岩环出现了残缺，两个玛珥间岩墙逐渐变低，以至于外观上像一个玛珥湖（图 4-30F），遂成今日壮丽的景观——湖光岩玛珥湖。

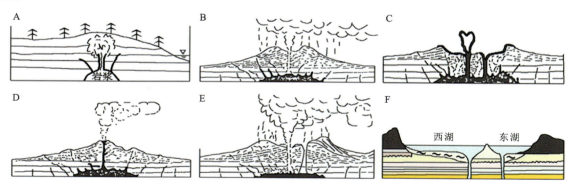

图 4-30　湖光岩玛珥湖形成过程示意图

第五章 广东省重要地质遗迹评价

GUANGDONG SHENG ZHONGYAO DIZHI YIJI PINGJIA

第一节　评价内容

广东省重要地质遗迹划分为三大类12类28亚类。笔者在地质遗迹调查的基础上，按照地质遗迹分类对应准则进行定性评价，基础地质大类和地质灾害大类地质遗迹侧重评价其科学价值，地貌景观类地质遗迹侧重评价其观赏价值。根据地质遗迹的自然属性（包括科学性、观赏性、规模、完整性、稀有性、保存现状）和社会属性（通达性、安全性、可保护性）两方面进行评价，确定地质遗迹的等级。

地质遗迹评价内容包括地质遗迹点的科学性、观赏性、规模、完整性、稀有性、保存现状、通达性、安全性、可保护性等方面。

(1)科学性：侧重评价地质遗迹对科学研究、地学教育、科学普及等方面的作用和意义。

(2)观赏性：侧重评价地质遗迹的优美性和视觉舒适性。

(3)规模：评价地质遗迹规模大小，包括单体数量和分布面积。

(4)完整性：评价地质遗迹点保存的完好程度或揭示某一地质现象的完整程度和形态的多样及丰富程度。

(5)稀有性：评价地质遗迹在自然属性方面的国际、国内或省内稀有程度。

(6)保存现状：评价地质遗迹受到破坏的程度。

(7)通达性：评价地质遗迹分布区和周边城市之间的交通情况。

(8)安全性：评价地质遗迹受到威胁安全的程度。

(9)可保护性：评价影响地质遗迹保护的外界因素的可控制程度。

笔者在对地质遗迹的科学性、观赏性、规模、完整性、稀有性、保存现状、通达性、安全性、可保护性等方面进行评价的基础上，对地质遗迹点价值等级进行综合评价，划分出世界级、国家级、省级及省级以下地质遗迹。

第二节　评价标准

根据中国地质调查局《地质遗迹调查规范》（DZ/T 0303—2017），不同类型地质遗迹的评价标准和指标分为两类，一类是科学性和观赏性指标，另一类是其他指标，对应的标准和等级如下。

一、科学性和观赏性指标及标准

1. 基础地质大类

1)地层剖面类

世界级：具有全球性的地层界线剖面或界线点。

国家级:具有地层大区对比意义的典型剖面或标准剖面。
省级:具有地层区对比意义的典型剖面或标准剖面。

2）重要化石产地类

世界级:反映地球历史环境变化节点,对生物进化史及地质学发展具有科学意义;国内外罕见古生物化石产地或古人类化石产地;研究程度高的化石产地。
国家级:具有指准性标准化石产地;研究程度较高的化石产地。
省级:系列完整的古生物遗迹产地。

3）重要岩矿石产地类

世界级:全球性稀有或罕见矿物产地（命名地）;在国际上独一无二或罕见矿床。
国家级:国内或大区域内特殊矿物产地（命名地）;在规模、成因、类型上具典型意义。
省级:典型、罕见或具工艺、观赏价值的岩矿物产地。

2. 地貌景观大类

1）岩（土）体地貌类

世界级:极为罕见的特殊地貌类型,且在反映地质作用过程中有重要科学意义。
国家级:具观赏价值的地貌类型,且具科学研究价值。
省级:稍具观赏性地貌类型,可作为过去地质作用的证据。

2）水体地貌类

世界级:地貌类型保存完整且明显,具有一定规模,其地质意义在全球具有代表性。
国家级:地貌类型保存较完整,具有一定规模,其地质意义在全国具有代表性。
省级:地貌类型保存较多,在广东省内具有代表性。

3）火山地貌类

世界级:地貌类型保存完整且明显,具有一定规模,其地质意义在全球具有代表性。
国家级:地貌类型保存较完整,具有一定规模,其地质意义在全国具有代表性。
省级:地貌类型保存较多,在广东省内具有代表性。

4）海岸地貌类

世界级:地貌类型保存完整且明显,具有一定规模,其地质意义在全球具有代表性。
国家级:地貌类型保存较完整,具有一定规模,其地质意义在全国具有代表性。
省级:地貌类型保存较多,在广东省内具有代表性。

3. 地质灾害大类

1）地震遗迹类

世界级:罕见震迹,特征完整而明显,能够长期保存,并在全球范围内具有一定规模和代表性。
国家级:震迹较完整,能够长期保存,并在全国范围内具有一定规模。
省级:震迹明显,能够长期保存,在广东省内具有一定的科普教育和警示意义。

2）其他地质灾害类

世界级：罕见地质灾害，且具有特殊科学意义的遗迹。

国家级：重大地质灾害，且具有科学意义的遗迹。

省级：典型的地质灾害所造成的遗迹，且具有教学实习及科普教育意义的遗迹。

二、其他指标及标准

根据《地质遗迹调查规范》(DZ/T 0303—2017)要求，地质遗迹评价其他指标及对应标准如下。

1）规模

Ⅰ世界级：遗迹出露面积大且成片区或单体的长（宽、高）非常大。

Ⅱ国家级：遗迹出露面积较大或单体的长（宽、高）较大。

Ⅲ省级：遗迹零星出露或单体的长（宽、高）一般。

2）完整性

Ⅰ世界级：反映地质事件整个过程，都有遗迹出露，表现现象保存系统完整，能为形成与演化过程提供重要依据。

Ⅱ国家级：反映地质事件整个过程，有关键遗迹出露，表现现象保存较系统完整。

Ⅲ省级：反映地质事件整个过程，遗迹零星出露，表现现象和形成过程不够系统完整，但能反映该类型地质遗迹景观的主要特征。

3）稀有性

Ⅰ世界级：属国际罕有或特殊的遗迹点。

Ⅱ国家级：属国内少有或唯一的遗迹点。

Ⅲ省级：属广东省内少有或唯一的遗迹点。

4）保存现状

Ⅰ世界级：基本保持自然状态，未受到或极少受到人为破坏。

Ⅱ国家级：有一定程度的人为破坏或改造，但仍能反映原有自然状态或经人工整理尚可恢复原貌。

Ⅲ省级：受到明显的人为破坏或改造，但尚能辨认地质遗迹的原有分布状况。

5）通达性

Ⅰ世界级：距离高速公路出口较近。

Ⅱ国家级：距离国道较近。

Ⅲ省级：距离乡间道路较近。

6）安全性

Ⅰ世界级：遗迹单体周围没有危险体存在。

Ⅱ国家级：遗迹单体周围一定范围内没有危险体。

Ⅲ省级：有一定危险。

7)可保护性

Ⅰ世界级:通过人为因素(工程或法律),采取有效措施能够得到保护的地质遗迹。

Ⅱ国家级:通过人为因素,采取有效措施能够得到部分保护的地质遗迹。

Ⅲ省级:自然破坏能力较大,人类不能或难以控制的因素——自然风化、暴雨、地震等的地质遗迹。

在定性评价的同时进行地质遗迹定量评价。地质遗迹点定量评价满分100分,其中自然属性评价因子权重占70%,满分70分;社会属性评价因子权重占30%,满分30分。具体评价因子权重见表5-1。

表5-1 重要地质遗迹评价权重表

评价因子	权重(%)	评价指标		权重(%)	Ⅰ	Ⅱ	Ⅲ	Ⅳ
自然属性	70	科学性	基础地质及地质灾害大类	40	100~90	90~75	75~60	<60
			地貌景观大类	10	100~90	90~75	75~60	<60
		观赏性	基础地质及地质灾害大类	10	100~90	90~75	75~60	<60
			地貌景观大类	40	100~90	90~75	75~60	<60
		规模		10	100~90	90~75	75~60	<60
		完整性		10	100~90	90~75	75~60	<60
		稀有性		20	100~90	90~75	75~60	<60
		保存现状		10	100~90	90~75	75~60	<60
社会属性	30	通达性		40	100~90	90~75	75~60	<60
		安全性		40	100~90	90~75	75~60	<60
		可保护性		20	100~90	90~75	75~60	<60

自然属性评价因子中,对基础地质大类及地质灾害大类地质遗迹点科学性评价权重占40%,观赏性评价因子权重占10%;对地貌景观大类地质遗迹点科学性评价权重占10%,观赏价值评价权重占40%;自然属性评价因子中的其他评价因子,规模评价权重占10%,完整性评价权重占10%,稀有性占20%,保存现状评价权重占10%。

社会属性评价因子中,通达性评价因子权重占40%,安全性评价因子权重占40%,可保护性评价因子权重占20%。

将科学性、观赏性、规模、稀有性、完整性、保存现状、通达性、安全性、可保护性9项因子分为4级,即Ⅰ(100~90)、Ⅱ(90~75)、Ⅲ(75~60)、Ⅳ(<60)。

地质遗迹点综合评价值=∑(评价因子权重)×(评价指标权重)×(分级得分)

根据综合评价值得出地质遗迹定量评价等级如下。

Ⅰ级:地质遗迹价值极为突出,具有全球性的意义,可列入世界级地质遗迹,综合评价值85~100。

Ⅱ级:地质遗迹价值突出,具有全国性或大区域性(跨省区)意义,可列入国家级地质遗迹,综合评价值70~85。

Ⅲ级:地质遗迹价值比较突出,具有省区域性意义,可列入省级地质遗迹,综合评价值55~70。

Ⅳ级:地质遗迹价值一般,具有市县区域性意义,可列入市县级地质遗迹,综合评价值<55。

在评价中,常因某一指标的分级权重过低,仅为Ⅲ级或Ⅳ级,而对该遗迹资源保护与开发利用级别降低了乃至否定,虽然其他指标的分级权重较高。因此,在综合评价中既要依据其定量化的综合价值,也要依据遗迹源本身定性化的级别,权衡二者孰轻孰重,最后做出科学的、现实的评价结论。如果基础地质大类和地质灾害大类地质遗迹的综合评价级别低于其科学性,则最终的级别应与其科学性级别一致,若地貌景观大类地质遗迹的综合评价级别低于其观赏性,则最终的级别应与其观赏性级别一致。

第三节　评价方法

根据《地质遗迹调查规范》(DZ/T 0303—2017),广东省地质遗迹评价采用定性评价和定量评价两种方法。定性评价使用专家鉴评方法;定量评价主要使用综合评价因子加权赋值的评价方法。

一、定性评价

地质遗迹专家鉴评方法主要有两种:一种是分专业组织专家集体座谈的会议方法,另一种是按照专业领域分别找专家送审阅读地质遗迹鉴评材料的单独咨询鉴评方法。

1. 会议鉴评方法

笔者根据《地质遗迹调查规范》(DZ/T 0303—2017)地质遗迹鉴评等级标准,筛选出了广东省地层剖面类、岩石剖面类、构造剖面类、重要化石产地类、重要岩矿石产地类等基础地质大类地质遗迹,岩(土)体地貌类、火山地貌类、水体地貌类、海岸地貌类、构造地貌类等地貌景观大类地质遗迹,分两次以专家座谈会形式,组织在广东省基础地质、矿产地质等方面有造诣或在旅游地质、水文地质方面有造诣的专家,对广东省基础地质大类地貌景观大类的重要地质遗迹进行专家咨询鉴评。

2. 单独咨询鉴评方法

笔者根据《地质遗迹调查规范》(DZ/T 0303—2017)地质遗迹鉴评等级标准,筛选出广东省地震遗迹类、其他地质灾害类等地质灾害大类地质遗迹,单独咨询在广东省基础地质、地质灾害调查研究方面有造诣的专家,对广东省地质灾害大类的重要地质遗迹进行专家咨询鉴评。

二、定量评价

定量评价是选择综合评价因子,确定评价指标,计算权重,进行加权赋值。首先选取的评价因子是自然属性、社会属性。自然属性中的评价指标是地质遗迹点的科学性、观赏性、规模、稀有性、完整性、保存现状6项定量指标,社会属性中的评价指标是地质遗迹点的通达性、安全性、可保护性3项定量指标,然后用数学加权的方法对地质遗迹的价值做出数值判断,依据数值确定级别。

笔者对国家级及以上级别的地质遗迹点进行全国范围内对比,即选择与地质遗迹价值相同的其他遗迹进行对比,对比的特征与要素(属性)反映地质遗迹的重要特征和价值。

第四节 评价结果

广东省重要地质遗迹评价是通过广东省地质调查院组织省内基础地质、水文地质以及矿床地质等方面的专家,对地质遗迹等级定性(世界级/国家级/省级/省级以下)和定量赋分的方式进行评价,本次广东省重要地质遗迹评价结果由6个专家的评价意见产生。

一、定性评价结果

根据定性评价(表 5-2),鉴评广东省重要地质遗迹 161 处,其中世界级 3 处,国家级 42 处,省级 116 处。

基础地质大类地质遗迹共 80 处,地貌景观大类地质遗迹共 76 处,地质灾害大类地质遗迹共 5 处。

表 5-2 广东省重要地质遗迹定性评价结果表

地质遗迹类型			地质遗迹评价级别(处)			
大类	类	亚类	世界级	国家级	省级	小计
基础地质大类	地层剖面	层型(典型剖面)	—	1	15	16
	岩石剖面	侵入岩剖面	—	—	4	4
		火山岩剖面	—	1	6	7
		变质岩剖面	—	—	4	4
	构造剖面	断裂	—	—	8	8
		不整合面	—	—	1	1
	重要化石产地	古人类化石产地	—	2	—	2
		古动物化石产地	1	3	11	15
		古生物群化石产地	—	1	1	2
	重要岩矿石产地	典型矿床类露头	—	3	7	10
		典型矿物岩石命名地	—	2	1	3
		矿业遗址	—	6	2	8
地貌景观大类	岩(土)体地貌	碎屑岩地貌	1	1	6	8
		花岗岩地貌	—	2	6	8
		岩溶地貌	—	7	7	14
	水体地貌	河流	—	2	1	3
		湖泊、潭	—	—	1	1
		瀑布	—	—	3	3
		泉	—	4	7	11

续表 5-2

地质遗迹类型			地质遗迹评价级别（处）			
大类	类	亚类	世界级	国家级	省级	小计
地貌景观大类	火山地貌	火山岩地貌	—	1	2	3
		火山机构	1	3	1	5
	海岸地貌	海积地貌	—	2	7	9
		海蚀地貌	—	—	8	8
	构造地貌	峡谷（断层崖）	—	1	2	3
地质灾害大类	地震遗迹	地裂缝	—	—	1	1
	其他地质灾害遗迹	滑坡	—	—	1	1
		泥石流	—	—	1	1
		地面塌陷	—	—	2	2
合计			3	42	116	161

二、定量评价结果

根据定量评价，鉴评出广东省重要地质遗迹 161 处，其中世界级 3 处，国家级 42 处，省级 116 处（表 5-3、图 5-1）。

表 5-3　广东省重要地质遗迹定量评价结果表

地质遗迹类型		地质遗迹评价级别（处）				评分结果（分）		
大类	类	世界级	国家级	省级	小计	世界级	国家级	省级
基础地质大类	地层剖面	—	1	15	16		72.20～73.50	60.00～68.20
	岩石剖面	—	1	14	15		81.39	59.37～68.79
	构造剖面	—	—	9	9			63.72～68.20
	重要化石产地	1	6	12	19	90.7	73.01～84.75	64.20～69.48
	重要岩矿石产地	—	11	10	21		72.78～82.44	65.12～69.75
地貌景观大类	岩土体地貌	1	10	19	30	92.13	77.02～82.19	64.83～69.80
	水体地貌	—	6	12	18		76.44～80.57	65.53～69.67
	火山地貌	1	4	3	8	92.99	78.19～80.67	64.65～68.75
	海岸地貌	—	2	15	17		76.74～79.18	61.13～69.44
	构造地貌	—	1	2	3		81.51	68.50～68.91
地质灾害大类	地震遗迹	—	—	1	1			62.40
	其他地质灾害	—	—	4	4			59.78～68.26
合计		3	42	116	161			

第五章 广东省重要地质遗迹评价

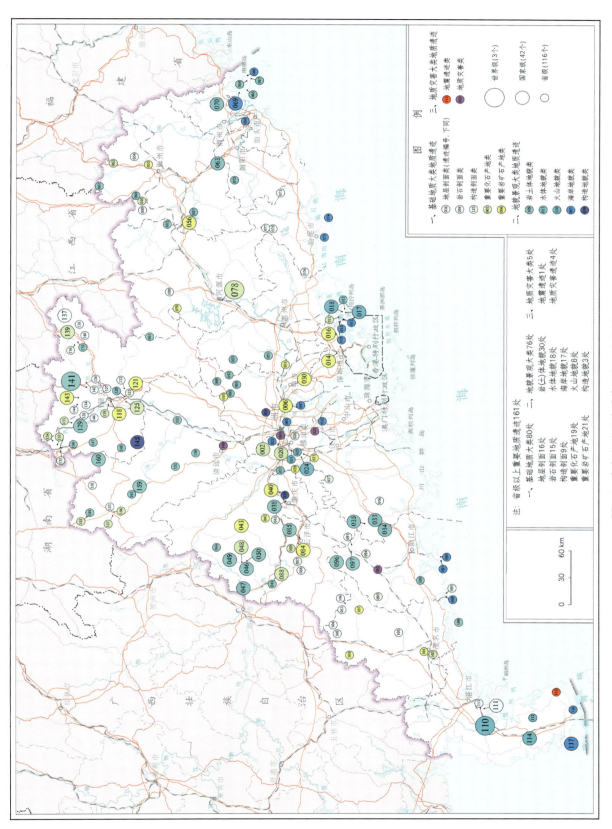

图5-1 广东省重要地质遗迹资源分布图

第六章 广东省地质遗迹自然区划与保护规划

GUANGDONG SHENG DIZHI YIJI ZIRAN QUHUA YU BAOHU GUIHUA

第一节　地质遗迹自然区划

一、战略部署

地质遗迹的分布受区域地质背景和地貌类型的影响，在不同的地质背景和地貌类型条件下，形成不同的地质遗迹，并且地质遗迹的空间分布也是不均衡的，因此，有必要按照地质遗迹的自然属性和特征对广东省地质遗迹进行自然区划。

1. 指导思想

地质遗迹自然区划是按照地质遗迹的自然属性、特征，所在的大地构造单元、地貌单元的地质背景和地貌类型的不同来进行的，为地质遗迹保护规划管理和利用提供分区分类分级指导的科学依据。

2. 区划原则

（1）层次原则。按地质遗迹所在的地貌单元和构造单元划分为地质遗迹区、地质遗迹分区、地质遗迹小区3个层次，进行地质遗迹区划。

（2）空间连续性原则。地质遗迹区、地质遗迹分区、地质遗迹小区的划分，应当以地质遗迹的分布特征、自然地貌和地质背景为依据，保证地质遗迹分布的空间区域连续性和完整性，以利于统筹保护规划与管理、合理开发与利用。

3. 区划编制

广东省地质遗迹自然区划是在全面开展地质遗迹调查的基础上，依据地质遗迹出露分布位置、地质遗迹成因相关性和地质遗迹组合关系，根据地质遗迹出露所在的地貌单元及构造单元，进行地质遗迹区划。按照层次原则，根据地貌单元及构造单元，分为地质遗迹区、地质遗迹分区、地质遗迹小区3个等级，即根据广东省一级地貌单元及构造单元地域性划分地质遗迹区，根据二级地貌单元及构造单元地域性划分地质遗迹分区，根据地质遗迹出露分布位置、地质遗迹成因相关性和地质遗迹组合关系划分地质遗迹小区；按照空间连续性原则，保证地质遗迹空间区域的连续性和完整性。

地质遗迹区的划分根据广东省地质遗迹宏观分布规律，按照区域一级地貌单元及构造单元，从宏观尺度将全省地质遗迹划分为几个地质遗迹区，地质遗迹区划分突出全省地质遗迹的分布特征与其形成的地貌类型和地质背景的差异，地质遗迹区大致与地貌区划或大地构造分区的一级区划相当。

地质遗迹分区是在地质遗迹区的基础上对地质遗迹区做进一步的划分，划分依据主要是地貌类型及构造单元地域性，其划分大致与地质区划或大地构造分区的二级区划相当。

地质遗迹小区是在地质遗迹分区的基础上，依据地质遗迹出露分布位置、地质遗迹成因相关性和地质遗迹组合关系，进行地质遗迹小区划分，将地质遗迹类型相同或地域相近的地质遗迹点划入相同的地质遗迹小区。

4. 区划命名原则

在地质遗迹自然区划中,确定地质遗迹区、地质遗迹分区、地质遗迹小区的名称至关重要,准确确定地质遗迹区、地质遗迹分区、地质遗迹小区的名称,方便查找及对比,可以帮助人们清楚地了解地质遗迹区、地质遗迹分区、地质遗迹小区的重要地质遗迹。因此,地质遗迹区、地质遗迹分区、地质遗迹小区命名应该简明扼要,避免标新立异。

地质遗迹区、地质遗迹分区、地质遗迹小区命名原则,采用地貌学科分类、现实地名、简明扼要、科学定位的原则。地质遗迹区命名,按照地质遗迹大区所在大地貌单元名称+地质遗迹区命名;地质遗迹分区命名,按照地质遗迹分区所在地貌单元+地质遗迹分区命名;地质遗迹小区采用地质遗迹所在的主要县、乡、镇地名+地貌类型+地质遗迹小区命名。地质遗迹区、地质遗迹分区、地质遗迹小区的名称,要简单明确,字数不宜过长,一般不超过15个汉字,地质遗迹大区、地质遗迹分区名称前尽量使用山地、盆地、平原等现用名称,地质遗迹小区名称前尽量使用地质遗迹小区内代表性的地名冠名。

(1)地质遗迹区命名:地质遗迹区名称前尽量使用一级地貌单元的现用名称,如:粤北山地地质遗迹区、粤西沿海台地地质遗迹区、粤东山地丘陵地质遗迹区等。

(2)地质遗迹分区命名:地质遗迹分区名称前尽量使用二级地貌单元的现用名称,如:蔚岭-大禹岭中山地质遗迹分区、粤东南沿海丘陵地质遗迹分区、湛江火山岩台地地质遗迹分区等。

(3)地质遗迹小区命名:地质遗迹小区名称尽量使用地质遗迹小区内代表性的地名冠名,如:乐昌金鸡岭丹霞地貌小区、封开岩溶地貌地质遗迹小区、深圳地质遗迹小区等。

二、地质遗迹自然区划布局

根据上述地质遗迹区划指导思想、区划原则和区划方法,将广东省地质遗迹区分为5个地质遗迹区、17个地质遗迹分区和28个地质遗迹小区3个层次等级,即广东省划分为粤北山地地质遗迹区(Ⅰ)、粤东山地丘陵地质遗迹区(Ⅱ)、粤西山地地质遗迹区(Ⅲ)、粤西平原台地地质遗迹区(Ⅳ)和粤中丘陵平原地质遗迹区(Ⅴ)。每个地质遗迹区又划分为不同的地质遗迹分区,5个地质遗迹区总计划分出17个地质遗迹分区;部分地质遗迹分区再进一步划分出地质遗迹小区,总计划分出28个地质遗迹小区(图6-1、表6-1)。

1)粤北山地地质遗迹区(Ⅰ)

粤北山地地质遗迹区(Ⅰ)北侧与湖南省和江西省接壤,南界为东西向佛冈-丰良断裂,西界为起微山-罗壳山东北山麓,东界为北东向河源断裂。地貌以东西向朝南弧形弯曲的平行山地为主,其间分布有河流谷地及断陷红色盆地。

2)粤东山地丘陵地质遗迹区(Ⅱ)

粤东山地丘陵地质遗迹区(Ⅱ)包括北东向河源断裂带以东的广东区域,地貌类型以北东向平行山地为主,其间分布有北东向平行的山间谷地,东南沿海为丘陵地貌。

3)粤西山地地质遗迹区(Ⅲ)

粤西山地地质遗迹区(Ⅲ)的大地构造背景为粤西云开隆起区,北东界为起微山—罗壳山,南界为东西向遂溪断裂,西侧与广西接壤,东界为北北东向吴川-四会断裂。地貌类型以山地为主,其次为谷地及盆地。

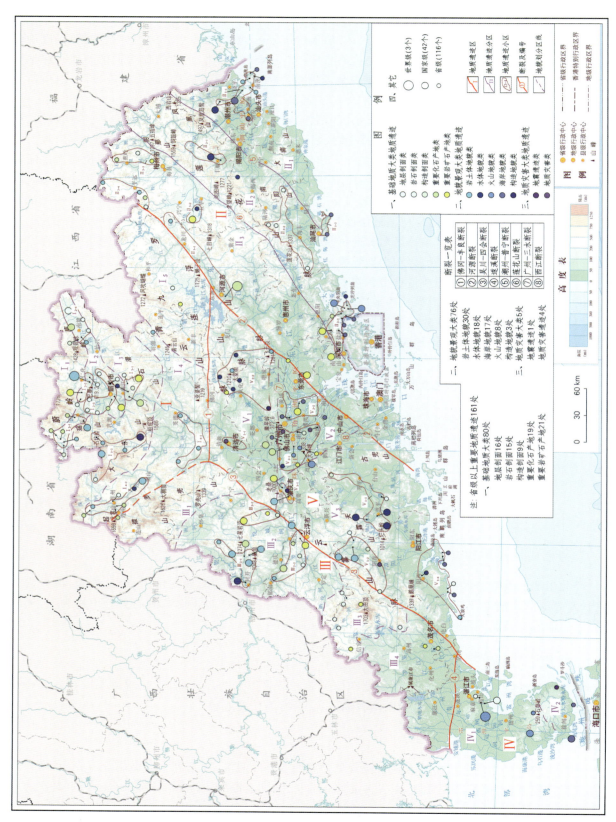

图6-1 广东省重要地质遗迹自然区划图

表 6-1　广东省重要地质遗迹自然区划一览表

地质遗迹区	地质遗迹分区	地质遗迹小区
粤北山地地质遗迹区（Ⅰ）	蔚岭-大禹岭地质遗迹分区（$Ⅰ_1$）	
	坪石-南雄盆地质遗迹分区（$Ⅰ_2$）	乐昌金鸡岭丹霞地貌小区（$Ⅰ_{2-1}$）
		仁化丹霞山丹霞地貌小区（$Ⅰ_{2-2}$）
		曲江谷地地层剖面小区（$Ⅰ_{2-3}$）
		南雄盆地质遗迹小区（$Ⅰ_{2-4}$）
	大东山-滑石山地质遗迹分区（$Ⅰ_3$）	曲江山地质遗迹小区（$Ⅰ_{3-1}$）
		大东山地质遗迹小区（$Ⅰ_{3-2}$）
	连江-翁江谷地质遗迹分区（$Ⅰ_4$）	连江-阳谷地地质遗迹小区（$Ⅰ_{4-1}$）
		英德岩溶地貌地质遗迹小区（$Ⅰ_{4-2}$）
	青云山-九连山地质遗迹分区（$Ⅰ_5$）	
粤东山地丘陵地质遗迹区（Ⅱ）	粤东南沿海丘陵地质遗迹分区（$Ⅱ_1$）	南澳岛地质遗迹小区（$Ⅱ_{1-1}$）
		汕尾地质遗迹小区（$Ⅱ_{1-2}$）
	莲花山低山丘陵地质遗迹分区（$Ⅱ_2$）	丰顺地质遗迹小区（$Ⅱ_{2-1}$）
		莲花山岩石剖面地质遗迹小区（$Ⅱ_{2-2}$）
		深圳地质遗迹小区（$Ⅱ_{2-3}$）
	粤东北山地地质遗迹分区（$Ⅱ_3$）	河源古动物化石遗迹小区（$Ⅱ_{3-1}$）
		梅州白石嶂钼矿遗迹小区（$Ⅱ_{3-2}$）
		梅州嵩灵组地层遗迹小区（$Ⅱ_{3-3}$）
		平远丹霞地貌遗迹小区（$Ⅱ_{3-4}$）
粤西山地地质遗迹区（Ⅲ）	起微山-罗壳山地质遗迹分区（$Ⅲ_1$）	
	肇庆-云浮低山丘陵分区（$Ⅲ_2$）	封开岩溶地貌地质遗迹小区（$Ⅲ_{2-1}$）
		高要地质遗迹小区（$Ⅲ_{2-2}$）
		云浮北部地质遗迹小区（$Ⅲ_{2-3}$）
	茂名北部山地地质遗迹分区（$Ⅲ_3$）	
	茂名南部盆地地质遗迹分区（$Ⅲ_4$）	
粤西平原台地地质遗迹区（Ⅳ）	湛江火山岩台地地质遗迹分区（$Ⅳ_1$）	
	湛江沿海平原地质遗迹分区（$Ⅳ_2$）	
粤中丘陵平原地质遗迹区（Ⅴ）	粤中北部低山地质遗迹分区（$Ⅴ_1$）	清远丹霞地貌地质遗迹小区（$Ⅴ_{1-1}$）
		从化地质遗迹小区（$Ⅴ_{1-2}$）
	珠三角平原地质遗迹分区（$Ⅴ_2$）	佛山地质遗迹小区（$Ⅴ_{2-1}$）
		广州地质遗迹小区（$Ⅴ_{2-2}$）
	粤中西部低山丘陵地质遗迹分区（$Ⅴ_3$）	肇庆地质遗迹小区（$Ⅴ_{3-1}$）
		阳春岩溶地貌地质遗迹小区（$Ⅴ_{3-2}$）
		江门地质遗迹小区（$Ⅴ_{3-3}$）
		阳江沿海地质遗迹小区（$Ⅴ_{3-4}$）

4) 粤西平原台地地质遗迹区（Ⅳ）

粤西平原台地地质遗迹区（Ⅳ）的大地构造背景为雷—琼凹陷区，包括东西向遂溪断裂以南的湛江区域。地貌类型为平原和火山岩台地地貌。

5) 粤中丘陵平原地质遗迹区（Ⅴ）

粤中丘陵平原地质遗迹区（Ⅴ）的大地构造背景为粤中凹陷区，北界为东西向佛冈—丰良断裂，南界为海岸线，西界为北北东向吴川—四会断裂，东界为北东向河源断裂。地貌类型以丘陵地貌为主，分布于珠江三角洲平原地貌的周边。

三、地质遗迹自然区划综合分析

根据广东省重要地质遗迹的分布状况，将广东省划分为粤北山地地质遗迹区、粤东山地丘陵地质遗迹区、粤西山地地质遗迹区、粤西平原台地地质遗迹区和粤中丘陵平原地质遗迹区 5 个地质遗迹区。重要地质遗迹共计 161 处。

粤北山地地质遗迹区内的地质遗迹主要有地层剖面类 12 处，岩石剖面类 2 处，构造剖面类 3 处，重要化石产地类 9 处，重要岩矿石产地类 4 处，岩土体地貌类 13 处，水体地貌类 2 处，构造地貌类 1 处，重要地质遗迹共计 46 处。

粤东山地丘陵地质遗迹区内的地质遗迹主要有岩石剖面类 6 处，重要化石产地类 4 处，重要岩矿石产地 5 处，岩（土）体地貌类 5 处，水体地貌类 6 处，火山地貌类 2 处，海岸地貌类 8 处，重要地质遗迹共计 36 处。

粤西山地地质遗迹区内的地质遗迹主要有地层剖面类 1 处，岩石剖面类 5 处，构造剖面类 2 处，重要化石产地类 4 处，重要岩矿石产地类 6 处，岩（土）体地貌类 5 处，水体地貌类 1 处，重要地质遗迹共计 24 处。

粤西平原台地地质遗迹区内的地质遗迹主要有地层剖面类 1 处，岩石剖面类 1 处，火山地貌类 3 处，海岸地貌类 2 处，地震遗迹类 1 处，重要地质遗迹共计 8 处。

粤中丘陵平原地质遗迹区内的地质遗迹主要有地层剖面类 2 处，岩石剖面类 1 处，构造剖面类 4 处，重要化石产地类 2 处，重要岩矿石产地类 6 处，岩（土）体地貌类 7 处，水体地貌类 9 处，火山地貌类 3 处，海岸地貌类 7 处，构造地貌类 2 处，地质灾害遗迹类 4 处，重要地质遗迹共计 47 处。

广东省各类地质遗迹分布详见表 6-2。

表 6-2 广东省各类地质遗迹分布一览表

地质遗迹类别		地质遗迹区					
大类	类	粤北山地地质遗迹区	粤东山地丘陵地质遗迹区	粤西山地地质遗迹区	粤西平原台地地质遗迹区	粤中丘陵平原地质遗迹区	小计
基础地质	地层剖面	12	0	1	1	2	16
	岩石剖面	2	6	5	1	1	15
	构造剖面	3	0	2	0	4	9
	重要化石产地	9	4	4	0	2	19
	重要岩矿石产地	4	5	6	0	6	21

续表 6-2

地质遗迹类别		地质遗迹区					
大类	类	粤北山地地质遗迹区	粤东山地丘陵地质遗迹区	粤西山地地质遗迹区	粤西平原台地地质遗迹区	粤中丘陵平原地质遗迹区	小计
地貌景观	岩(土)体地貌	13	5	5	0	7	30
	水体地貌	2	6	1	0	9	18
	火山地貌	0	2	0	3	3	8
	海岸地貌	0	8	0	2	7	17
	构造地貌	1	0	0	0	2	3
地质灾害	地震遗迹	0	0	0	1	0	1
	其他地质灾害	0	0	0	0	4	4
合计		46	36	24	8	47	161

广东省地质遗迹自然区划能够很好地反映广东省地质遗迹分布的特点和规律。

1. 基础地质大类地质遗迹

地层剖面类地质遗迹主要分布于广东省北部和西部。地层剖面类地质遗迹以古生代地层剖面为主，中生代地层剖面主要为晚侏罗世—早白垩世地层剖面，前者与区域晚古生代地层较厚、变质变形程度浅且保存较为完整有关，后者主要分布在粤北南雄盆地、丹霞盆地等晚中生代盆地内。岩石剖面类地质遗迹主要分布在粤东和粤西山地地质遗迹区，其特点是粤东为晚中生代岩石类型，粤西为前中生代的各类变质岩、火山岩及岩浆岩石类型，反映了广东省东西部地质构造-岩石组合特征迥异。构造剖面类地质遗迹主要分布在粤中丘陵平原遗迹区，且遗迹亚类以断裂构造剖面为主，断裂构造以北东向为主，基本控制了粤西山地和粤中丘陵平原的地貌反差。重要化石产地类地质遗迹以重要动物化石产地为主，多分布在粤北山地地质遗迹区，这与本区出露的地质剖面类遗迹较多有关。重要岩矿石产地类地质遗迹除粤西平原台地遗迹区分布较少外，其他遗迹区分布较为平均，表现为粤西山地遗迹区岩矿石产地与加里东期的岩浆-构造及变质作用关系密切，粤北和粤东遗迹区与中生代印支期—燕山期岩浆-构造-成矿作用有关，而粤中遗迹区岩矿石产地多为古采石遗址类遗迹，反映了粤中尤其是珠三角地区为较早期的人口聚集地。

2. 地貌景观大类地质遗迹

岩(土)体地貌类地质遗迹主要分布在粤北山地遗迹区，粤东山地丘陵遗迹区、粤西山地遗迹区和粤中丘陵平原遗迹区次之，这与粤北山地、粤中西部泥盆纪—石炭纪碳酸盐岩地层，粤(东)北、粤中碎屑岩红色盆地及粤东花岗岩分布较广有关。水体地貌类地质遗迹以粤中丘陵平原遗迹区分布最多，粤东山地丘陵遗迹区、粤北山地遗迹区分布次之，这与广东省的水系特征相一致，泉主要为温泉，其展布受热流值较高背景下的北东向断裂带控制。火山地貌类地质遗迹分布在粤东山地丘陵、粤西平原台地以及粤中丘陵平原遗迹区，粤东地区为典型的浙闽粤东南沿海晚中生代火山岩带，粤中三水盆地、粤西雷琼凹陷区分别为第三纪(古近纪+新近纪)、第四纪基性火山岩喷发地，火山地貌结构完整、景观优美。海岸地貌类地质遗迹分布于广东省海岸平原或台地地貌，以粤东山地丘陵遗迹区和粤中丘陵平原遗迹区分布最多。构造地貌类地质遗迹和地震遗迹广东省分布较少，仅见于粤西雷琼断陷区。其他地质灾害类地质遗迹主要分布在粤中丘陵平原遗迹区,遗迹亚类型有泥石流、滑坡和岩溶地面塌陷,这主要与高强度、频繁的人类活动有关。

从地质遗迹分布的数量上看,粤北山地地质遗迹区由于地势起伏大、地质构造、岩体众多、矿产丰富,重要地质遗迹占全省重要地质遗迹数量的28.6%。粤东山地丘陵遗迹区地形地貌以北东向平行山地为主,沿海为丘陵地貌,区内侵入岩、火山岩广泛发育,地质构造复杂,遗迹类型以地貌景观类为主,包括火山岩地貌、海岸地貌和水体地貌等,重要地质遗迹占全省重要地质遗迹数量的22.3%。粤西山地遗迹区遗迹类型主要为岩(土)体地貌类、岩石剖面类以及重要岩矿石产地类地质遗迹,地质构造、岩浆活动存在多期叠加、改造,重要地质遗迹占全省重要地质遗迹数量的14.9%。粤西平原台地地质遗迹区地质地貌类型简单,地质遗迹为与火山岩有关的火山岩地貌类、岩石剖面类以及海岸地貌类,遗迹区分布着大量珊瑚岛礁,环境优美,大部分处于原生态,重要地质遗迹占全省重要地质遗迹数量的5.0%。粤中丘陵平原地质遗迹区地貌类型复杂,包括低山、丘陵、台地和平原,地质构造类型较多,包括盆地构造、断裂构造等,且人口密度大、人类活动强烈,火山岩地貌、海岸地貌、岩溶地貌、重要岩矿石产地类遗迹类型丰富,重要地质遗迹占全省重要地质遗迹数量的29.2%。

第二节 地质遗迹保护规划

一、战略部署

1. 指导思想

全面贯彻党的十九大与十九届二中、三中、四中、五中全会精神和习近平总书记系列重要讲话精神,坚定不移贯彻创新、协调、绿色、开放、共享的新发展理念,深入落实国家"三大战略"和"四个全面"战略部署,围绕广东"三个定位、两个率先"总体目标,针对广东省地质环境保护管理发展的全局性、战略性、紧迫性的重大问题,以地质遗迹保护的能力建设为重点,坚持保护优先,适度开发,全面加强地质遗迹调查评价、整治、管理、保护与合理开发利用,促进经济效益、社会效益、环境效益的全面协调发展。

2. 规划原则

地质遗迹保护遵循以下原则:
(1)坚持以人为本、人与自然和谐的原则。
(2)坚持在保护中开发、在开发中保护的原则,把保护放在首位,正确处理开发与保护的关系。
(3)坚持统筹规划、协调发展、实事求是、因地制宜的原则。
(4)坚持突出重点、量力而行、分阶段实施的原则。
(5)坚持完善机制、宏观调控的原则。
(6)实行分级建设、分级管理的原则。

3. 规划目标

1) 总体目标

充分挖掘地质遗迹的科学内涵和资源价值，建立和完善地质遗迹保护长效机制，加强地质公园、矿山公园等地质遗迹保护区建设，逐步建立覆盖全省的重要地质遗迹保护网络，构建与生态文明建设相适应的地质遗迹保护新格局，有效发挥地质遗迹的科研、科普和旅游功能，促进社会经济健康发展。

2) 近期目标

开展8个地质遗迹集中区、49个地质遗迹点的详查评价、4个地质遗迹专题调查研究工作；完善已有地质公园、矿山公园等地质遗迹保护区的建设；申报和建设3个省级地质公园、1个国家地质公园，2个国家矿山公园，55个地质遗迹保护点，2个国家重点保护古生物化石集中产地和5个地质博物馆；制定和完善广东省地质遗迹信息化规范标准，建设全省地质遗迹数据库与信息管理系统，基本建成全省地质遗迹保护管理体系。

3) 中远期目标

至2035年，完成覆盖省级以上重要地质遗迹的详查评价工作，开展2个重要地质遗迹专题调查研究；申报和建设3个以上省级地质公园、地质博物馆，使广东省重要地质遗迹均得以有效保护；基本形成省级以上地质遗迹保护网络和地质博物馆网点，建立广东省地质遗迹信息管理平台，构建广东省地质遗迹专业网站，形成布局合理、管理科学规范、具有广东特色的地质遗迹保护管理体系。

二、地质遗迹保护布局

1. 布局分区

依据地质遗迹分布位置、地质遗迹成因相关性和地质遗迹组合关系，以地质遗迹所在的地貌单元、构造单元为原则，结合行政区边界，全省地质遗迹保护规划包括4个地质遗迹一级分区，分别为珠江三角洲地质遗迹分区（Ⅰ）、粤东地质遗迹分区（Ⅱ）、粤西地质遗迹分区（Ⅲ）和粤北地质遗迹分区（Ⅳ）（图6-2）。

1) 珠江三角洲地质遗迹分区（Ⅰ）

珠江三角洲地质遗迹分区位于广东省中南部，南临海岸线，北界为肇庆市和广州市的行政北界，西界为肇庆市和江门市的行政西界，东界为惠州市的行政东界。大地构造背景为粤中凹陷区，地貌类型以三角洲平原、低山丘陵为主。涉及行政区有广州市、深圳市、佛山市、东莞市、中山市、江门市、珠海市、肇庆市和惠州市。地质遗迹共计53处，以重要岩矿石产地类、水体地貌类和海岸地貌类为主。

2) 粤东地质遗迹分区（Ⅱ）

粤东地质遗迹分区位于广东省东部，南界为海岸线，北侧与江西省接壤，为河源市和梅州市的行政北界，西界为河源市和汕尾市的行政西界，东侧与福建省接壤，为梅州市和潮州市的行政东界。地貌类型以北东向平行山地为主，其间分布有北东向平行的山间谷地，东南沿海为丘陵地貌。涉及行政区有河源市、梅州市、潮州市、揭阳市、汕头市和汕尾市。地质遗迹共计29处，以岩土体地貌类和岩石剖面类为主。

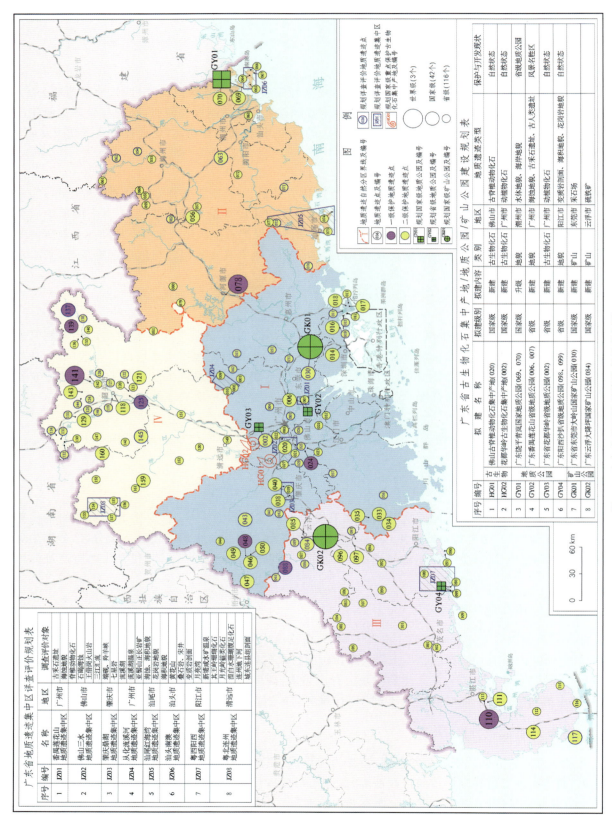

图6-2 广东省重要地质遗迹保护规划图

3）粤西地质遗迹分区（Ⅲ）

粤西地质遗迹分区位于广东省西部，南界为海岸线，与海南省接壤，北界为云浮市的行政北界，西侧与广西壮族自治区接壤，东界为云浮市和阳江市的行政东界。大地构造背景为粤西云开隆起区，地貌类型以山地为主，其次为谷地及盆地，湛江地区地貌类型为平原和火山岩台地地貌。涉及行政区有云浮市、茂名市、湛江市和阳江市。地质遗迹共计35处，以岩（土）体地貌类和岩石剖面类为主。

4）粤北地质遗迹分区（Ⅳ）

粤北地质遗迹分区位于广东省北部，南界为清远市和韶关市的行政南界，北侧与湖南省接壤，西界为清远市行政西界，东侧与江西省接壤。地貌以东西向朝南弧形弯曲的平行山地为主，其间分布有河流谷地及断陷红色盆地。涉及行政区有韶关市、清远市。地质遗迹共计44处，以岩（土）体地貌类、地层剖面类和重要化石产地类为主。

2. 地质遗迹保护

1）保护等级划定

根据广东省地质遗迹特点，参照《地质遗迹保护管理规定》（1995年），将广东省地质遗迹保护程度划分为3级。对国际或国内具有极为罕见和重要科学价值的地质遗迹实施一级保护，对大区域范围内具有重要科学价值的地质遗迹实施二级保护，对具一定价值的地质遗迹实施三级保护（附表）。

(1) 珠江三角洲地质遗迹分区（Ⅰ）：共有地质遗迹53处，划定一级保护2处，二级保护51处。
(2) 粤东地质遗迹分区（Ⅱ）：共有地质遗迹29处，划定一级保护1处，二级保护28处。
(3) 粤西地质遗迹分区（Ⅲ）：共有地质遗迹35处，划定一级保护2处，二级保护33处。
(4) 粤北地质遗迹分区（Ⅳ）：共有地质遗迹44处，划定一级保护4处，二级保护40处。

2）工作布局

广东省地质遗迹保护工作遵循"一个优先、两个重点、三项基础工作"的布局原则。

一个优先：优先保护珠江三角洲地区重要地质遗迹。地质遗迹破坏程度与区域经济发展程度密切相关，必须在经济发达地区抢救性地保护有重要价值的地质遗迹资源。

两个重点：重点保护粤东、粤北、粤西山地经济欠发达地区省级以上易损剖面类地质遗迹和古生物化石产地类地质遗迹。重点保护高等级（评价等级为国家级以上）重要地质遗迹。

三项基础工作：开展地质遗迹点和地质遗迹集中区的调查评价工作；制定和实施地质遗迹信息化规范标准，建立、完善地质遗迹数据库和管理系统；完善深圳鹏茜、曲江大宝山、仁化凡口国家矿山公园博物馆建设，以及揭西黄满寨、中山黄圃、英德英西等新批建的省级地质公园博物馆建设。建成一批地质博物馆和国土资源地学科普场所，形成地学科普网络。

规划期内，按照体现地质遗迹区域特色、集中状况，注重地质遗迹与周边资源整合、以省级以上地质遗迹为重点的要求，构建地质遗迹保护新格局。

(1) 珠江三角洲地质遗迹分区（Ⅰ）。以突出保护海岸地貌为重点，结合区域特色的重要岩矿石产地类地质遗迹，申报东莞大岭山国家矿山公园，番禺莲花山、花都华岭2个省级地质公园，以及佛山古脊椎动物、花都华岭古植物2个国家重点保护古生物化石集中产地。

近期：主要完成肇庆鼎湖、从化流溪河、番禺莲花山、佛山三水等地质遗迹集中区的调查评价，20个地质遗迹点的详查评价工作，以及相应地质遗迹保护区（包括地质博物馆）的建设。

中远期：建立完善的地质遗迹数据库和管理系统，形成健全的地学科普网络。

(2) 粤东地质遗迹分区（Ⅱ）。以保护海岸地貌、花岗岩地貌、剖面类、古生物化石以及地热（泉）等地质遗迹为重点。

近期：完成汕尾红海湾、汕头南澳2个地质遗迹集中区，7个地质遗迹点的详查评价工作。完善揭西黄满寨省级地质公园的建设，申报广东青岚国家地质公园。新建地质遗迹保护点13处。

中远期：建立地质遗迹保护点，使区内的地质遗迹均得以保护；申报和新建汕尾红海湾、汕头南澳2个省级地质公园；建立完善的地质遗迹数据库和管理系统，形成健全的地学科普网络。

(3) 粤西地质遗迹分区（Ⅲ）。以岩溶地貌、火山地貌、碎屑岩地貌为特征，现已建立了相应的国家/世界地质公园，使区域特色的地质遗迹得以保护，并将资源优势转化为当地经济新的增长点。目前，海岸地貌类、变质岩剖面类、古生物化石类地质遗迹亟需加强保护。

近期：开展粤西阳西地质遗迹集中区，6个地质遗迹点的详查评价工作；申报和建设广东阳西沙扒省级地质公园和广东云浮大降坪国家矿山公园。

中远期：建立地质遗迹保护点，使区内的地质遗迹均得以保护；建立完善的地质遗迹数据库和管理系统，形成健全的地学科普网络。

(4) 粤北地质遗迹分区（Ⅳ）。粤北的丹霞地貌、恐龙（蛋）化石为区内最为重要的地质遗迹资源，均闻名于海内外，现已建立了相应的地质遗迹保护区。目前，需重点保护地层剖面类、古生物化石类地质遗迹。

近期：开展粤北连州地质遗迹集中区和其他16个地质遗迹点的详查评价工作；完善仁化凡口、曲江大宝山国家矿山地质公园、广东南雄省级地质公园及地质博物馆建设。

中远期：建立地质遗迹保护点，使区内的地质遗迹均得以保护；申报并建设广东连州省级地质公园；建立完善的地质遗迹数据库和管理系统，形成健全的地学科普网络。

三、地质遗迹保护重大工程

重点实施地质遗迹详查评价与研究、地质遗迹保护区建设、地质博物馆建设和地质遗迹信息化建设4项重大工程，为全省地质遗迹保护提供基础性资料。

1. 地质遗迹调查评价与研究

按照分期分批逐步进行的原则，有序组织开展地质遗迹集中区地质遗迹资源调查评价、省级以上地质遗迹详查和地质遗迹专题调研。

1) 地质遗迹资源调查评价

中远期：开展珠江三角洲地区番禺莲花山、佛山三水、肇庆鼎湖、从化流溪河，粤东汕尾红海湾、汕头南澳，粤西阳西、粤北连州8个地质遗迹集中区地质遗迹详查评价工作，提出保护与利用建议。

番禺莲花山地质遗迹集中区：主要调查评价对象包括莲花山古采石遗址和海蚀地貌等。

佛山三水地质遗迹集中区：主要调查评价对象包括脊椎动物化石、石磴海蚀、王借岗火山岩和三江汇流等。

肇庆鼎湖地质遗迹集中区：主要调查评价对象包括端砚、羚羊峡和七星岩等。

从化流溪河地质遗迹集中区：主要调查评价对象包括亚髻山正长岩矿、流溪湖和流溪湖温泉等。

汕尾红海湾地质遗迹集中区：主要调查评价对象包括海蚀、海积地貌和花岗岩地貌等。

汕头南澳地质遗迹集中区：主要调查评价对象包括青澳湾海积地貌、黄花山、叠石岩和宋井等。

粤西阳西地质遗迹集中区：主要调查评价对象包括变质岩剖面、新塘咸水矿温泉和月亮湾等。

粤北连州地质遗迹集中区：主要调查评价对象包括其王岭珊瑚化石、月光岭蜓类化石、湟白水珊瑚腹足化石、连州地下河和城东连县组剖面等。

2）省级以上地质遗迹详查

近期：开展49处省级以上地质遗迹点的详查与评价工作，提出保护与利用建议。

珠江三角洲地区20处，包括广州七星岗海蚀地貌、花都华岭古生物化石、广州白云山、南澳金鸡组菊石蕨类化石、深圳金沙湾、深圳大小梅沙、佛山陈村西淋岗断裂、佛山紫洞火山岩地貌、长坑-富湾金银矿、东莞大岭山、东莞石排燕岭、开平金鸡组、鹤山宅梧石门村断裂、河台金矿、高要禄步大车冈断裂、肇庆广宁玉、德庆华表石、罗浮山花岗岩、南昆山花岗岩、南昆山温泉。

粤东地区7处，包括梅县嵩灵组火山岩、蕉岭白湖船山组蜓类化石、丰顺地热、普宁龙潭坑组火山岩、海丰丁家田变质岩、海丰高基坪群火山岩、龙川霍山。

粤西地区6处，包括云浮大降坪硫铁矿、郁南连滩组、郁南干坑双壳类化石、云安三叶虫化石、阳春春湾组、湛江迈陈苞西组海滩岩。

粤北地区16处，包括韶关天子岭腕足类化石、曲江大塘曲江组、曲江马梓坪组、曲江狮子岩古人类、曲江下黄坑组、曲江长坝组、乐昌大赛坝组、乐昌罗家渡双壳类化石、乐昌坪石河流阶地、乐昌西岗寨珊瑚腕足化石、乐昌小水组双壳类化石、南雄大塘坪岭、南雄罗佛寨群、仁化沙湾伞洞组火山岩、乳源大峡谷、乳源桂头杨溪组—老虎头组。

中远期：完成广东省省级以上地质遗迹全覆盖详查评价，各市县编制域内地质遗迹规划方案，提出保护与利用建议。

3）地质遗迹专题调研

根据广东省地质遗迹特点，重点开展6个地质遗迹专题调研。

近期：重点开展粤西岩溶地貌分类、形成与演化模式研究，沿海海蚀地貌与海平面变迁、区域地壳升降关系研究，广东省恐龙（蛋）脊椎动物对比研究、广东省显生宙与地质遗迹有关的火山作用研究等4个地质遗迹专题调研。

中远期：重点开展广东省砂页岩地貌成因、广东省花岗岩地貌成因2个地质遗迹专题调研。

2. 地质遗迹保护区建设工程

地质遗迹保护区建设工程主要包括地质公园、矿山公园、地质遗迹保护点、国家重点保护古生物化石集中产地4类建设工程。

1）地质公园建设

建立地质公园是保护地质遗迹资源最直接而有效的手段。

近期：完善已有地质公园建设，确保新批准的地质公园顺利揭牌开园；申报和新建广东番禺莲花山、广东省花都华岭以及广东阳西沙扒3个省级地质公园；进一步升级广东饶平青岚省级地质公园，申报国家地质公园（表6-3）。

中远期：申报和新建广东连州、汕尾红海湾、汕头南澳3个省级地质公园。

2）矿山公园建设

近期：申报与新建广东东莞大岭山和广东云浮大降坪2个国家矿山公园（表6-3）。

表 6-3 广东省地质公园/矿山公园建设规划表

序号	编号		拟建名称	拟建级别	拟建内容	类别	地区	地质遗迹类型	保护与开发现状
1	GY01	地质公园	广东饶平青岚国家地质公园(069、070)	国家级	升级	地貌	潮州市	水体地貌、海岸地貌	省级地质公园
2	GY02		广东番禺莲花山省级地质公园(006、007)	省级	新建	地貌	广州市	海蚀地貌、古采石遗址、古人类遗址	风景名胜区
3	GY03		广东省花都华岭省级地质公园(002)	省级	新建	古生物化石	广州市	动植物化石	自然状态
4	GY04		广东阳西沙扒省级地质公园(098、099)	省级	新建	地貌	阳江市	变质岩剖面、海积地貌、花岗岩地貌	自然状态
5	GK01	矿山公园	广东省东莞市大岭山国家矿山公园(030)	国家级	新建	矿山	东莞市	采石场	
6	GK02		广东云浮大降坪国家矿山公园(084)	国家级	新建	矿山	云浮市	硫铁矿	

3) 地质遗迹保护点建设

以易损、高等级地质遗迹优先保护为原则。易损地质遗迹主要指珠三角经济区内的地质遗迹，粤东、粤北、粤西山地经济欠发达地区易损剖面类地质遗迹和古生物化石产地类地质遗迹，以及地质遗迹集中区内的地质遗迹。高等级地质遗迹指国家级以上的重要地质遗迹。

近期：建设55处地质遗迹保护点。

珠江三角洲地区22处，包括广州七星岗海蚀地貌、广州白云山、金沙洲岩溶地面塌陷、从化流溪河温泉、流溪湖、从化亚髻山正长岩矿、深圳大小梅沙、佛山王借岗火山岩地貌、佛山南海石碣海蚀地貌、顺德飞鹅山滑坡、三水河口三江汇流、佛山紫洞火山岩地貌、东莞石排燕岭、开平金鸡组剖面、鹤山宅梧石门村断裂、肇庆七星岩、鼎湖羚羊峡、肇庆端砚、高要河台金矿、高要禄步大车冈断裂、肇庆广宁玉、博罗罗浮山花岗岩。

粤东地区12处，包括梅县嵩灵组火山岩、兴宁四望嶂双壳类化石、蕉岭白湖船山组䗴类化石、丰顺地热、南澳叠石岩花岗岩、南澳黄花山花岗岩、南澳青澳湾海滩、南澳宋井、普宁龙潭坑组、汕尾红海湾海蚀地貌、汕尾遮浪半岛海滩、海丰高基坪群火山岩。

粤西地区7处，云浮蟠龙洞、郁南连滩组、郁南干坑双壳类化石、云浮云安三叶虫化石、阳春春湾组、茂名盆地脊椎动物化石、湛江迈陈笣西组海滩岩。

粤北地区14处，曲江大塘曲江组、曲江马梓坪组、狮子岩古人类、曲江下黄坑组、曲江长坝组、乐昌大赛坝组、仁化沙湾伞洞组火山岩、乳源大峡谷、乳源桂头杨溪组—老虎头组、连州城东连县组、连州地下河、连州其王岭珊瑚化石、连州月光岭䗴类化石、连州湟白水珊瑚腹足化石。

中远期：不宜建立地质公园、矿山公园及古生物化石集中产地的地质遗迹点，均建立地质遗迹保护点。

4) 国家重点保护古生物化石集中产地建设

近期：建设2处国家重点保护古生物化石集中产地。

(1) 佛山古脊椎动物化石集中产地：主要保护鲤科鱼类化石、鳄类化石、龟化石，以及蛙类、鸟类、腹足类、介形虫、植物化石等，面积约 $200\ km^2$，位于佛山南海区。

(2) 花都华岭古生物化石集中产地：主要保护节蕨类、真蕨类、种子蕨类、本内苏铁类、银杏类、松柏类等植物化石等，面积约 8 km²，位于花都区炭步镇。

3. 地质博物馆建设工程

按照在地质遗迹保护区（含地质公园、矿山公园）内配套建设地质博物馆的原则以及广东地质遗迹资源区域性分布的特点，组织开展地质博物馆建设，形成由火山岩、花岗岩地貌、丹霞地貌、岩溶地貌、古脊椎动物（恐龙）、海岸地貌、地热、古生物、地质构造、矿产十大专题组成的地质博物馆网络。

近期：重点完善南雄恐龙（蛋）博物馆、韶关大宝山、凡口多金属矿产、英西岩溶、连平陂头古生物共 5 个地质博物馆；新建饶平青岚国家地质公园，阳西沙扒、花都华岭省级地质公园，东莞大岭山、云浮大降坪国家矿山公园 5 个地质博物馆。

中远期：建设广东连州古生物化石-岩溶地貌、汕尾红海湾海岸地貌、汕头南澳花岗岩地貌 3 个地质博物馆。

4. 地质遗迹保护信息工程建设

近期：制定和完善广东省地质遗迹资源信息化规范标准，开展地质遗迹资源数据库的建设和维护更新，包括已有地质遗迹点、已建地质遗迹自然保护区、地质（矿山）公园、国家重点保护古生物化石集中产地，遗迹地质遗迹博物馆。建立广东省地质遗迹资源信息管理系统，初步形成信息管理和维护更新平台，包括空间数据查询、报表统计分析、三维地形地貌浏览、打印输出、基础数据维护子系统。基本实现地质遗迹信息的收集、存储、分析、使用和动态更新。

中远期：整合地质遗迹科普网站和地质遗迹资源数据库，建立广东省地质遗迹资源信息管理平台，构建广东省地质遗迹资源专业门户网站。

广东省地质遗迹保护规划建议重大工程见表 6-4。

表 6-4 广东省地质遗迹保护规划建议重大工程一览表

项目名称		任务与要求
地质遗迹调查评价与研究	地质遗迹集中区地质遗迹调查与评价	开展珠江三角洲地区番禺莲花山、佛山三水、肇庆鼎湖、从化流溪河，粤东汕尾红海湾、汕头南澳，粤西阳西、粤北连州，共 8 个地质遗迹集中区的地质遗迹资源特征和保护利用现状调查工作，评价地质遗迹资源价值，提出保护与利用建议
	省级以上地质遗迹详查	查明并登录珠江三角洲地区省级以上地质遗迹 20 处，粤西、粤北、粤东山地经济欠发达地区国家级地质遗迹、省级以上易损剖面类地质遗迹、省级以上古生物化石产地类地质遗迹共 29 处，查明遗迹的特征、分布、赋存、保护、利用状况及其演变规律等的详细调查和大比例尺图件控制；提出保护方法、范围和等级；提出保护与利用建议
	地质遗迹专题调研	重点开展粤西岩溶地貌分类、形成与演化模式研究，沿海海蚀地貌与海平面变迁、区域地壳升降关系研究，广东省恐龙（蛋）脊椎动物对比研究和广东省显生宙与地质遗迹有关的火山作用研究 4 个地质遗迹专题调研

续表 6-4

项目名称		任务与要求
地质遗迹保护区建设	地质公园、矿山公园和古生物化石集中产地建设	申报并建设5处地质公园/矿山公园,升级为国家地质公园1处,完成地质遗迹景点、基本的游览设施、入口标志、宣传与交通指引标志、宣传科普出版物等建设工作,并顺利开园;申报国家级重点保护古生物化石产地2处
	地质遗迹保护点建设	全省55处重要地质遗迹保护点的立碑标示、工程隔离、整治修复、动态监测等保护工作;对旅游利用的遗迹,完成地质遗迹景点科普与游览小路的建设
地质博物馆建设		完善已获批地质公园资格的地质博物馆建设等;新建饶平青岚国家地质公园,阳西沙扒、花都华岭省级地质公园,东莞大岭山、云浮大降坪国家矿山公园5个地质博物馆
地质遗迹保护信息工程建设		制定和完善广东省地质遗迹资源信息化规范标准,开展地质遗迹资源数据库的建设和维护更新;建立广东省地质遗迹资源信息管理系统

四、地质遗迹保护规划建议

1. 加强组织领导,完善管理体制机制

各级政府要重视对地质遗迹保护的领导,完善管理体系,健全地质遗迹保护管理机构,明确职责、分工,确保地质遗迹管理职能全面到位。县级以上自然资源行政主管部门对本辖区内的地质遗迹保护实施监督管理。市、县以上自然资源行政主管部门负责制定本行政区内地质遗迹保护年度工作计划,组织、协调、指导和监督管理地质遗迹保护工作,确保规划目标任务落实到位。加强与环保、旅游、建设、林业、水利、文物等部门的相互配合,建立共同责任机制,实行地质遗迹分类、分级管理。地质遗迹保护区(含地质公园、矿山公园)应成立专门管理机构,行使保护、监督、协调、控制、服务、宣传等职能。

2. 加强制度建设,推进管理规范化、科学化和法治化

建立健全管理制度和技术规范,加大监督管理力度,综合运用法律、行政、经济、技术等手段,实现对地质遗迹保护项目的有效监督与统一管理。严格地质遗迹保护相关项目的审批,对不符合规划或可能影响地质遗迹保护的,不得批准立项,不得实施建设。已建地质遗迹保护区范围内,禁止采石、取土、开矿、放牧、砍伐以及其他对保护对象有损害的活动。

认真落实《广东省地质环境保护条例》,按照《自然保护区条例》《地质遗迹保护管理规定》《中国国家地质公园建设技术要求和工作指南》《古生物化石保护条例》要求,制订和完善《广东省地质遗迹调查评价技术要求》《广东省古生物化石资源调查与评价》《广东省古生物化石保护管理规定》《广东省地质遗迹保护区管理办法》等地方性技术规范、法律和法规,使地质遗迹保护与利用工作逐渐步入法治化、规范化管理的轨道。

建立规划实施的多级监督检查机制,实行综合决策。加强对规划执行情况的监督管理,并接受社会对规划实施的监督。定期检查执行情况,对违法行为严肃处理,依法建设和管理地质遗迹保护区,

保障地质遗迹规划目标的实现。

3. 建立投资长效机制,保障地质遗迹保护资金需要

地质遗迹保护属社会公益性工作,要建立起以政府投入为主、自筹和国内外捐助相结合的地质遗迹保护区建设经费渠道。将地质遗迹保护资金列入省、市、县各级财政预算,形成稳定的投入保障机制。积极拓宽融资渠道,按照"谁投资、谁受益"的原则,积极吸收民间投资,拓展地质遗迹保护资金来源。

逐步推进地质遗迹资源开发利用和保护的经济补偿机制,实行地质遗迹资源有偿使用,建立地质遗迹使用费制度,补充地质遗迹保护投入不足。充分调动地方各级政府参与保护地质遗迹的积极性,积极建设国家地质公园和矿山公园,批准后可获一定数额的国家财政补贴。

4. 加强专业技术与管理队伍建设

引进和使用激励机制,营造良好的工作环境;积极开展人才培训和技术交流,不断进行知识更新和补充,提高科技队伍的整体素质,形成队伍精干、业务精通、装备精良的地质遗迹保护专业队伍;引入科学管理理念,全面提高管理和技术业务水平。加强与高校、科研院所等单位的专业技术合作,保证地质遗迹保护和利用的科学性、合理性和有效性;加强与国内、外知名地质公园的交流,学习、借鉴地质遗迹保护与利用的先进技术和经验。

5. 加大宣传力度,提高全社会保护意识

加大宣传力度,利用地质博物馆、地质遗迹保护区(含地质公园、矿山公园、地质遗迹保护点)、电视、报纸媒体等多种场所和方式,普及地质遗迹基础知识,宣传地质遗迹保护的重要性,提高公众的科学文化素质和地质遗迹、生态环境保护的意识。在地质公园、地质遗迹保护区,各级政府主管部门应做好导游和管理人员的培训工作。利用地球日、地质公园日等节日及学生夏令营等形式,每年定期组织公众参与地质遗迹科普宣传活动。

6. 科学合理利用,促进地质遗迹的保护

在地质遗迹保护区建设过程中,科学合理规划地学旅游项目,把地质遗迹保护与支撑地方经济发展、扩大居民就业的旅游产业结合起来,进而促进地质遗迹的永续保护。

主要参考文献

毕福志,袁义申,尹云鹏,1987.广东海山岛晚全新世"海滩岩田"的沉积相及其海岸升降特征的研究[J].海洋地质与第四纪地质,7(2):45-57.

陈斌,庄育勋,1994.粤西云炉紫苏花岗岩及其麻粒岩包体的主要特点和成因讨论[J].岩石学报,10(2):139-150.

陈炳辉,郭锐,俞受鋆,1994.广东玉水矿田铜多金属矿床成矿特征及成因[J].地质与勘探,30(3):20-25.

陈好寿,李华芹,1991.云开隆起金矿带流体包裹体 Rb-Sr 等时线年龄[J].矿床地质,10(4):333-341.

陈辉,2010.广州古建筑石料多来自莲花山古石场[J].当代旅游(5):75-76.

陈金华,1982.广东早侏罗世金鸡组标准剖面的双壳类化石[J].古生物学报,21(4):404-416.

陈婉君,杨智荣,2008.广东大顶铁矿田多金属矿床地质特征及成矿规律[J].科技创新导报(29):98-99.

陈忠权,吴甲添,邝永光,2002.兴宁霞岚基性—中性岩体特征[J].广东地质,17(1):38-43.

丁丽光,余江,2006.广东省阳春市大河水库移民春城河西安置区岩溶塌陷及防治[J].环境(6):102-103.

董枝明,1979.华南白垩系的恐龙化石[C]//华南中、新生代红层广东南雄华南白垩纪—早第三纪红层现场会议论文选集.北京:科学出版社.

董枝明,1980.中国的恐龙动物群及其层位[J].地层学杂志,4(4):256-263.

杜均恩,马超槐,魏琳,1996.广东长坑金、银矿地球化学特征[J].广东地质,11(1):49-60.

杜学成,黄伟雄,1985a.佛山王借岗玄武岩石柱群[J].地球(4):29.

杜学成,黄伟雄,1985b.王借岗岩体的地质特征与地理意义[J].佛山师专学报(1):85-90.

方晓思,张志军,张显球,等,2005.广东河源盆地蛋化石[J].地质通报,24(7):682-686.

冯景兰,朱翙声,1928.广东曲江仁化始兴南雄地质矿产[M].广州:两广地质调查所.

符力奋,1989.河台金矿区矿床成因探讨[J].广东地质,4(4):35-43.

傅昌来,陈文魁,1992.广东信宜银岩斑岩锡矿床描述性模式[J].中国地质(1):20-23.

富云莲,叶伯丹,1991.广东清远—高要金矿的 $^{40}Ar/^{39}Ar$ 测年[J].岩石矿物学杂志,10(1):21-28.

关崇荣,陈宇,2005.广东省信宜市南方玉矿矿床地质特征[J].西部探矿工程,17(12):152-153.

广东省博物馆曲江县文化局石峡发掘小组,1978.广东曲江石峡墓葬发掘简报[J].文物(7):1-15.

广东省地质矿产局,1988.广东省区域地质志[M].北京:地质出版社.

郭清宏,周永章,曹姝旻,等,2008."广东绿"玉石的成矿地质特征与矿床成因初步研究[J].地质找矿论丛,23(4):52-57.

郭锐,陈炳辉,俞受鋆,1999.广东梅县玉水铜多金属矿田矿床矿物学特征[J].有色金属矿产与勘查,8(6):428-431.

黄金龙，1990. 番禺莲花山古海遗迹[J]. 热带地理，10(3)：241-246.

黄进，2004. 丹霞地貌发育几个重要问题的定量测算[J]. 热带地理，24(2)：127-130.

黄琼芳，2016. 广东省丹霞地貌的地质构造背景和分区研究[J]. 热带地理，36(6)：935-943.

雷严问，1995. 雷州半岛地裂缝基本特征及发展趋势[J]. 广东地质，10(3)：43-50.

李宏卫，林小明，黄建桦，2015. 广东从化石岭碱性杂岩体角闪石正长岩 LA-ICP-MS 锆石 U-Pb 测年[J]. 地球科学前沿，5(2)，27-32.

李平日，1987. 六千年来韩江三角洲的滨线演进与发育模式[J]. 地理研究，6(2)：1-13.

李始文，1987. 继"马坝人"之后的重要发现——广东封开黄岩洞遗址的发掘[J]. 中山大学学报(哲学社会科学版)(1)：132-138.

李岩，2011. 对石峡文化的若干再认识[J]. 文物(5)：48-54.

梁华英，王秀璋，程景平，等，2000. 广东长坑—富湾超大型独立银矿床 Rb-Sr 定年及形成分析[J]. 地质科学，35(1)：47-54.

梁华英，夏萍，王秀璋，等，1998. 广东富湾银矿脉状矿化地球化学特征研究[J]. 地球化学，27(3)：230-235.

林聪荣，邱立诚，梁灶群，2020. 广东四会发现的恐龙化石[C]. 第十七届中国古脊椎动物学学术年会论文集，北京：海洋出版社：273-280.

林启彬，牟崇健，1989. 广州市郊上三叠统小坪组昆虫[J]. 古生物学报，28(5)：598-603.

林小明，李宏卫，黄建桦，等，2016. 广东连平大顶铁矿区石背岩体 LA-ICP-MS 锆石 U-Pb 年龄及地质意义[J]. 中山大学学报(自然科学版)，55(1)：131-136.

林小明，李宏卫，李出安，等，2013. 金沙洲地区断裂构造与溶(土)洞发育关系研究[C]// 中国地质学会青年工作委员会. 第一届全国青年地质大会论文集. 中国地质学会青年工作委员会：中国地质学会地质学报编辑部.

刘昌实，陈小明，王汝成，2003. 广东从化石岭方钠石正长岩特征及其起源[J]. 地质论评，49(1)：29-39.

刘昌实，陈小明，王汝成，等，2003. 广东龙口南昆山铝质 A 型花岗岩的成因[J]. 岩石矿物学杂志，22(1)：1-10.

刘东生，刘嘉麒，吕厚远，1998. 玛珥湖高分辨率古环境研究的新进展[J]. 第四纪研究(4)：289-296.

刘嘉麒，刘东生，储国强，等，1996. 玛珥湖与纹泥年代学[J]. 第四纪研究(4)：353-358.

刘建雄，谢佑才，1994. 粤东海丰—惠来地区中—晚侏罗世火山岩地层的划分[J]. 广东地质，9(1)：38-48.

刘莎，王春龙，黄文婷，等，2012. 粤北大宝山斑岩钼钨矿床赋矿岩体锆石 LA-ICP-MS U-Pb 年龄与矿床形成动力学背景分析[J]. 大地构造与成矿学，36(3)：440-449.

刘尚仁，2012. 粤东地区的河流阶地[J]. 中山大学学报(自然科学版)，51(2)：131-136.

卢演俦，孙建中，1990. 广东深圳全新世海岸线变迁和地壳垂直形变速率估计[J]. 地震地质，12(1)：76-78.

卢演俦，张景昭，谢军，1991. 广东省深圳大鹏湾沿岸沙堤粗颗粒石英热释光测年[J]. 海洋学报，13(4)：531-540.

吕胜青，龙耀坤，卢方全，2005. 广东富湾金银矿床的同位素地球化学特征[J]. 西部探矿工程(12)：154-155.

罗春科，周永章，杨小强，等，2011. 西樵山地质公园旅游景观形成、分类及其综合评价[J]. 热带地理，24(4)：387-390.

毛晓冬,黄思静,2002.广东长坑-富湾金银矿床微量元素及稀土元素地球化学[J].成都理工学院学报,29(4):410-417.

牛志军,王志宏,张仁杰,等,2018.粤西云开地区中奥陶世双壳类动物群的发现及其意义初探[J].地球科学,43(7):2195-2205.

苏秉琦,1978.石峡文化初论[J].文物(7):16-22.

苏晶文,胡凯,李贶,2005.粤北凡口超大型铅锌矿有机质成矿地球化学特征[J].高校地质学报,11(1):58-66.

童永生,张玉萍,王伴月,等,1976.南雄盆地和池江盆地早第三纪地层[J].古脊椎动物与古人类,14(1):16-25.

王鹤年,李红艳,王银喜,等,1996.广东大降坪块状硫化物矿床形成时代——硅质岩Rb-Sr同位素研究[J].科学通报,41(21):1960-1962.

王鹤年,张景荣,戴爱华,等,1989.广东河台糜棱岩带蚀变岩型金矿床的地球化学研究[J].矿床地质,8(2):61-71.

王为,1993.香港贝奥湾全新世海滩岩的发现及意义[J].科学通报,38(3):258-260.

王为,1996.香港海湾沙坝发育过程中的风沙作用[J].中国沙漠,16(2):120-126.

王永栋,吴向午,杨小菊,等,2014.广东深圳地区侏罗纪植物化石的发现及意义[J].科学通报,59(19):1874-1880.

王涌泉,2009.凡口铅锌矿的矿体地质特征及控矿因素分析[J].中国科技信息(11):30-31.

文国高,文启忠,朱照宇,等,1997.雷州半岛英峰岭剖面多期红土矿物学特征初步研究[J].矿物岩石地球化学通报,16(3):7-11.

伍鸿基,1990.论志留纪王冠虫 *Coronocephalus* Grabau[J].古生物学报,29(5):527-549.

邢光福,杨祝良,孙强辉,等,2001.广东梅州早侏罗世层状基性—超基性岩体研究[J].矿物岩石地球化学通报(3):172-175.

徐君亮,陈敬堂,1998.广州莲花山的人工丹霞地貌和旅游开发[J].热带地理,18(3):243-248.

徐起浩,2008.雷州半岛地裂缝及其构造蠕变成因[J].华南地震,28(1):52-67.

严成文,2014.广东郁南大历山一带奥陶纪化石的发现及意义[J].广东地质(29):1-4.

严焕榕,朱建伟,李殿超,等,2006.茂名盆地金塘矿区油页岩特征及形成条件[J].世界地质,25(4):407-410.

于志松,卜建军,吴俊,等,2017.广东郁南县连滩镇大尖山下志留统连滩组笔石动物群和地层对比[J].地质科技情报,36(3):110-117.

余心起,狄永军,吴淦国,等,2009.粤北存在早侏罗世的岩浆活动——来自霞岚杂岩SHRIMP锆石U-Pb年代学的证据[J].中国科学(D辑:地球科学),39(6):681-693.

曾昭璇,1957.珠江三角洲附近地貌类型[J].华南师范大学学报(社会科学版)(00):121-137.

翟伟,李兆麟,黄栋林,等,2004.粤西河台金矿床富硫化物石英脉Rb-Sr等时线年龄讨论[J].地球学报,25(2):243-247.

翟伟,李兆麟,孙晓明,等,2006.粤西河台金矿锆石SHRIMP年龄及其地质意义[J].地质论评,52(5):690-699.

张宝贵,张乾,潘家永,等,1994.粤西大降坪超大型黄铁矿矿床微量元素特征及其成因意义[J].地质与勘探(4):66-71.

张虎男,黄坤荣,陈广智,等,1982.南海石碣海蚀遗迹[J].海洋科学(1):12-16.

张虎男,赵红梅,1990.华南沿海晚更新世晚期—全新世海平面变化的初步探讨[J].海洋学报(中文版),12(5):620-630.

张焕新,2018.乐昌金鸡岭地质公园地质遗迹资源特征及评价[J].四川地质学报,38(3):523-528.

张俊浩,陈震,陈国能,等,2017.粤西福湖岭加里东混合岩-花岗岩形成温度研究[J].岩石学报,33(3):887-895.

张术根,丁存根,李明高,等,2009.凡口铅锌矿区闪锌矿的成因矿物学特征研究[J].岩石矿物学杂志,28(4):364-374.

张显球,1992.丹霞盆地白垩系的划分与对比[J].地层学杂志,16(2):81-95.

张显球,1984.南雄盆地坪岭剖面罗佛寨群的划分及其生物群[J].地层学杂志,8(4):239-254.

张显球,林建南,李罡,等,2006.南雄盆地大塘白垩系—古近系界线剖面研究[J].地层学杂志(4):327-340.

张显球,凌秋贤,林建南,2005.广东河源盆地红层研究现状[J].地层学杂志,29(s1):602-607.

张志兰,张树发,袁海华,1989.广东河台金矿的硫铅同位素特征[J].广东地质,4(1):29-39.

赵焕庭,2009.再论广州七星岗海蚀地形发现的意义[J].热带地理,29(6):509-514.

赵汝旋,秦国荣,1989.广东乐昌晚泥盆世至早石炭世两个新的岩石地层单位——长㘭组和大赛坝组[J].广东地质,4(3):87-100.

郑家坚,汤英俊,邱占祥,等,1973.广东南雄晚白垩世—早第三纪地层剖面的观察[J].古脊椎动物与古人类,11(1):18-30.

郑王琼,1997.雷州半岛全新世的海滩岩——苞西组[J].广东地质,12(4):16-20.

周玲棣,赵振华,周国富,1996.我国一些碱性岩的同位素年代学研究[J].地球化学,25(2),162-171.

庄文明,陈国能,林小明,等,2006.广东长坑金银矿床氧同位素组成特征及矿床成因讨论[J].吉林大学学报(地球科学版)(4):521-526.

ZHU X F,FANG K Y,WANG Q,et al,2019. The first *Stalicoolithus shifengensis* discovered in a clutch from the Sanshui Basin,Guangdong Province[J]. Vertebrata PalAsiatica,57(1):77 – 83.

内部参考资料

广东省地质局,1990. 1∶5万兵营、葵潭幅区域地质调查报告[R]. 广州:广东省地质局.

广东省地质局区域地质调查队,1972. 1∶20万梅县幅区域地质调查报告[R]. 广州:广东省地质局区域地质调查队.

广东省地质局综合研究大队,1969. 1∶20万河源幅区域地质矿产调查报告[R]. 广州:广东省地质局综合研究大队.

广东省地质局综合研究大队,1969. 1∶20万兴宁幅区域地质矿产调查报告[R]. 广州:广东省地质局综合研究大队.

广东省地质矿产局,1989. 1∶5万白云、梅陇、海丰、鲘门幅区域地质调查报告[R]. 广州:广东省地质矿产局.

广东省地质矿产局,1984. 1∶5万公平幅、高潭幅区域地质调查报告[R]. 广州:广东省地质矿产局.

广东省地质矿产勘查开发局,1999. 1∶5万蕉岭县幅、白湖幅区域地质调查报告[R]. 广州:广东省地质矿产勘查开发局.

广东省地质调查院,2009. 1∶25万连平县幅(G50C004001)区域地质调查报告[R]. 广州:广东省地质调查院.

广东省地质调查院,2009. 1∶25万韶关市幅(G49C004004)区域地质调查报告[R]. 广州:广东省地质调查院.

广东省地质调查院,2004. 1∶25万阳春县幅(F49C002003)、阳江市幅(F49C003003)区域地质调查专题研究——粤西坑坪细碧-角斑岩系的发现及其地质意义[R]. 广州:广东省地质调查院.

广东省地质调查院,2000. 1∶5万罗岗、大坪幅区域地质调查报告[R]. 广州:广东省地质调查院.

广东省地质调查院,2013. 广东1∶5万大坡圩(F49E005014)、广平圩(F49E006014)、郁南县(F49E005015)、建城(F49E006015)幅区调成果报告[R]. 广州:广东省地质调查院.

广东省地质调查院,2015. 华南地区重要地质遗迹调查(广东)成果报告[R]. 广州:广东省地质调查院.

广东省佛山地质局,2014. 广东省碎屑岩地貌重点工作区调查报告[R]. 佛山:广东省佛山地质局.

广东省佛山地质局,2013. 粤东北丹霞地貌重点工作区调查报告[R]. 佛山:广东省佛山地质局.

江西省地质局区域地质调查队,1973. 1∶20万寻邬幅区域地质矿产调查报告[R]. 南昌:江西省地质局区域地质调查队.

附　表　广东省重要地质遗迹名录

遗迹编号	行政属地		地质遗迹名称	遗迹等级	保护现状	保护等级	规划目标
001	广州市	海珠区	广州七星岗海蚀地貌	省级	古海岸遗址公园	二级	地质遗迹保护点
002		花都区	花都华岭古生物化石产地	国家级		二级	国家级化石集中产地
003		增城区	增城派潭白水寨瀑布	省级	省地质公园	二级	
004		白云区	广州白云山断块山	省级	国家风景名胜区	二级	地质遗迹保护点
005			广州金沙洲岩溶地面塌陷	省级		二级	地质遗迹保护点
006		番禺区	番禺莲花山古采石遗址	国家级	省风景名胜区	二级	省地质公园
007			番禺莲花山海蚀地貌	省级	省风景名胜区	二级	省地质公园
008		从化区	从化流溪河温泉	省级		二级	地质遗迹保护点
009			从化流溪湖	省级		二级	地质遗迹保护点
010			从化亚髻山正长岩矿产地	省级		二级	地质遗迹保护点
011	深圳市	龙岗区	南澳金鸡组菊石蕨类化石产地	省级	国家地质公园	二级	
012			深圳大鹏半岛海蚀地貌	省级	国家地质公园	二级	
013			深圳大鹏半岛瀑布	省级	国家地质公园	二级	
014			深圳凤凰山辉绿岩采矿遗址	国家级	国家矿山公园	二级	
015			深圳金沙湾海滩	省级		二级	
016			深圳鹏茜大理石采矿遗址	国家级	国家矿山公园	二级	
017			深圳七娘山第一峰	国家级	国家地质公园	二级	
018			深圳七娘山火山机构	国家级	国家地质公园	二级	
019		盐田区	深圳大小梅沙海滩	省级		二级	地质遗迹保护点
020	佛山市	南海区	三水盆地脊椎动物化石产地	国家级		二级	国家级化石集中产地
021			佛山王借岗火山岩地貌	省级		二级	地质遗迹保护点
022			佛山南海石碣海蚀地貌	省级		二级	地质遗迹保护点
023			南海西樵山古采石遗址	省级	国家地质公园	二级	
024			南海西樵山天湖火山机构	国家级	国家地质公园	一级	
025		顺德区	顺德飞鹅山滑坡	省级		二级	地质遗迹保护点
026			佛山陈村西淋岗断裂剖面	省级		二级	
027		三水区	三水河口三江汇流	省级		二级	地质遗迹保护点
028		禅城区	佛山紫洞火山岩地貌	省级		二级	地质遗迹保护点
029		高明区	长坑—富湾金银矿产地	省级		二级	
030	东莞市	南城区	东莞大岭山采石遗址	国家级		二级	国家矿山公园
031		石排镇	东莞石排燕岭古采石遗址	省级		二级	地质遗迹保护点
032	中山市	黄圃镇	中山黄圃海蚀遗迹	省级	省地质公园	二级	

续表

遗迹编号	行政属地		地质遗迹名称	遗迹等级	保护现状	保护等级	规划目标
033	江门市	恩平市	恩平帝都温泉	国家级	国家地质公园	二级	
034			恩平金山温泉	国家级	国家地质公园	二级	
035			恩平锦江温泉	国家级	国家地质公园	二级	
036		开平市	开平金鸡组剖面	省级		二级	地质遗迹保护点
037		鹤山市	鹤山宅梧石门村断裂剖面	省级		二级	地质遗迹保护点
038	肇庆市	端州区	肇庆七星岩岩溶地貌	国家级	国家风景名胜区	二级	地质遗迹保护点
039		高要区	肇庆鼎湖羚羊峡	省级		二级	地质遗迹保护点
040			肇庆端砚产地	国家级		二级	地质遗迹保护点
041			高要河台金矿产地	省级		二级	地质遗迹保护点
042			高要禄步大车冈断裂剖面	省级		二级	地质遗迹保护点
043		广宁县	肇庆广宁玉产地	国家级		二级	地质遗迹保护点
044		怀集县	肇庆怀集桥头燕岩岩溶地貌	省级	省自然保护区	二级	
045		德庆县	德庆华表石丹霞地貌	省级		二级	
046		封开县	封开大斑石花岗岩地貌	国家级	国家地质公园	二级	
047			封开大洲贺江第一湾	国家级	国家地质公园	二级	
048			封开河儿口黄岩洞古人类	国家级	国家地质公园	一级	
049			封开莲都龙山峰丛岩溶地貌	国家级	国家地质公园	二级	
050			封开千层峰碎屑岩地貌	国家级	国家地质公园	二级	
051	惠州市	博罗县	博罗罗浮山花岗岩地貌	省级	国家风景名胜区	二级	地质遗迹保护点
052		龙门县	龙门南昆山花岗岩地貌	省级	国家森林公园	二级	
053			龙门南昆山温泉	省级	国家森林公园	二级	
054	梅州市	梅县区	梅县嵩灵组火山岩剖面	省级		二级	地质遗迹保护点
055			梅县玉水铜矿产地	省级		二级	
056		五华县	五华白石嶂钼矿遗址	国家级	国家矿山公园	二级	
057			五华汤湖热矿温泉	省级		二级	
058		兴宁市	兴宁四望嶂组双壳类化石产地	省级		二级	地质遗迹保护点
059			兴宁霞岚基性杂岩体剖面	省级		二级	
060		平远县	平远南台山丹霞地貌	省级	省地质公园	二级	
061			平远五指石丹霞地貌	省级	省地质公园	二级	
062		蕉岭县	蕉岭白湖船山组蜓类化石产地	省级		二级	地质遗迹保护点
063		丰顺县	丰顺地热	国家级		二级	地质遗迹保护点
064	汕头市	南澳县	南澳叠石岩花岗岩地貌	省级		二级	地质遗迹保护点
065			南澳黄花山花岗岩地貌	省级	国家森林公园	二级	地质遗迹保护点
066			南澳青澳湾海滩	省级		二级	地质遗迹保护点
067			南澳宋井	省级		二级	地质遗迹保护点
068	潮州市	潮安区	潮安梅林湖海蚀地貌	省级	省自然保护区	二级	
069		饶平县	饶平海山海滩岩	国家级	省自然保护区	二级	
070			饶平青岚溪谷壶穴群	国家级	国家地质公园	二级	
071	揭阳市	普宁市	普宁龙潭坑组火山岩剖面	省级		二级	地质遗迹保护点
072		揭西县	揭西黄满寨瀑布群	省级	省地质公园	二级	

续表

遗迹编号	行政属地		地质遗迹名称	遗迹等级	保护现状	保护等级	规划目标
073	汕尾市	红海湾开发区	汕尾红海湾海蚀地貌	省级		二级	地质遗迹保护点
074			汕尾遮浪半岛海滩	省级		二级	地质遗迹保护点
075		海丰县	海丰丁家田变质岩剖面	省级		二级	
076			海丰高基坪群火山岩剖面	省级		二级	地质遗迹保护点
077		陆河县	陆河高潭花岗岩剖面	省级		二级	
078	河源市	源城区、东源县	河源丹霞组恐龙动物群	世界级	省自然保护区	一级	
079		连平县	连平大顶铁矿产地	省级		二级	
080			连平忠信组剖面	省级		二级	
081			连平陂头岩溶地貌	省级	省地质公园	二级	
082		龙川县	龙川霍山丹霞地貌	省级	省森林公园	二级	
083	云浮市	罗定市	罗定分界炉下火山岩剖面	省级		二级	
084		云城区	云浮大降坪硫铁矿产地	国家级		二级	国家矿山公园
085			云浮蟠龙洞岩溶地貌	国家级	省风景名胜区	二级	地质遗迹保护点
086		郁南县	郁南连滩组剖面	省级		二级	地质遗迹保护点
087			郁南宋桂双凤断裂剖面	省级		二级	
088			郁南干坑双壳类化石产地	国家级		一级	地质遗迹保护点
089		云安区	云浮云安三叶虫化石产地	省级		二级	地质遗迹保护点
090	阳江市	江城区	阳江十里银滩	省级		二级	
091			阳江闸坡大角湾海滩	省级		二级	
092		阳春市	阳春春城岩溶地面塌陷	省级		二级	
093			阳春春湾组剖面	省级		二级	地质遗迹保护点
094			阳春合水坳头水库断裂剖面	省级		二级	
095			阳春山坪断裂剖面	省级		二级	
096			春湾凌霄岩岩溶地貌	国家级	国家地质公园	二级	
097			春湾龙宫岩岩溶地貌	国家级	国家地质公园	二级	
098		阳西县	阳西沙扒变质岩剖面	省级		二级	省地质公园
099			阳西沙扒湾月亮湾海滩	省级		二级	省地质公园
100			阳西新塘咸水矿温泉	省级		二级	省地质公园
101	茂名市	茂南区	茂名金塘油页岩矿产地	省级		二级	
102		高州市	茂名盆地脊椎动物化石产地	省级	市自然保护区	二级	地质遗迹保护点
103			高州新垌紫苏花岗岩剖面	省级		二级	
104		信宜市	信宜贵子坪火山岩剖面	省级		二级	
105			信宜金垌南方玉产地	省级		二级	
106			信宜罗罇组变质岩剖面	省级		二级	
107			信宜银岩斑岩锡矿产地	省级		二级	
108			信宜黄华江云开群变质岩剖面	省级		二级	
109		电白区	茂名博贺放鸡岛花岗岩地貌	省级		二级	

续表

遗迹编号	行政属地		地质遗迹名称	遗迹等级	保护现状	保护等级	规划目标
110	湛江市	麻章区	湛江湖光岩玛珥湖火山机构	世界级	世界地质公园	一级	
111			湛江湖光岩组火山岩剖面	国家级	世界地质公园	二级	
112		雷州市	湛江英利英峰岭火山机构	省级	世界地质公园	二级	
113			湛江平岭湛江组剖面	省级	世界地质公园	二级	
114			雷州平沙玛珥湖火山机构	国家级	世界地质公园	二级	
115		徐闻县	湛江徐闻地裂缝	省级		二级	
116			湛江徐闻海蚀地貌	省级	世界地质公园	二级	
117			湛江迈陈苞西组海滩岩	国家级		二级	地质遗迹保护点
118	韶关市	武江区	韶关芙蓉山煤矿遗址	国家级	国家矿山公园	二级	
119		浈江区	韶关天子岭腕足类化石产地	省级		二级	
120		曲江区	韶关曹溪温泉	省级		二级	
121			曲江大宝山多金属矿产地	国家级	国家矿山公园	二级	
122			曲江大塘曲江组剖面	省级		二级	地质遗迹保护点
123			曲江将军石断裂剖面	省级		二级	
124			曲江马梓坪组剖面	省级		二级	地质遗迹保护点
125			曲江狮子岩古人类	国家级		一级	地质遗迹保护点
126			曲江下黄坑组剖面	省级		二级	地质遗迹保护点
127			曲江长坝组剖面	省级		二级	地质遗迹保护点
128		乐昌市	乐昌大赛坝组剖面	省级		二级	地质遗迹保护点
129			乐昌古佛岩岩溶地貌	国家级	省地质公园	二级	
130			乐昌金鸡岭丹霞地貌	省级	省地质公园	二级	
131			乐昌罗家渡双壳类化石产地	省级		二级	
132			乐昌坪石河流阶地	省级		二级	
133			乐昌西岗寨珊瑚腕足化石产地	省级		二级	
134			乐昌小水组双壳类化石产地	省级		二级	
135		南雄市	南雄苍石寨丹霞地貌	省级	省地质公园	二级	
136			南雄苍石寨断裂剖面	省级	省地质公园	二级	
137			南雄大塘坪岭剖面	国家级	省地质公园	一级	
138			南雄罗佛寨群剖面	省级	省地质公园	二级	
139			南雄爬行哺乳类化石产地	国家级	省地质公园	一级	
140			南雄主田南雄群剖面	省级	省地质公园	二级	
141		仁化县	仁化丹霞山丹霞地貌	世界级	世界地质公园	一级	
142			仁化丹霞山丹霞组剖面	省级	世界地质公园	二级	
143			仁化凡口铅锌矿产地	国家级	国家矿山公园	二级	
144			仁化沙湾伞洞组火山岩剖面	省级		二级	地质遗迹保护点
145		乳源瑶族自治县	乳源大峡谷	国家级	省自然保护区	二级	地质遗迹保护点
146			乳源桂头杨溪组—老虎头组剖面	省级		二级	地质遗迹保护点
147			乳源通天箩岩溶地貌	省级		二级	
148			天井山豹纹石花岗岩地貌	省级	国家自然保护区	二级	

续表

遗迹编号	行政属地		地质遗迹名称	遗迹等级	保护现状	保护等级	规划目标
149	清远市	清城区	清远飞来寺泥石流	省级		二级	
150		英德市	英德宝晶宫岩溶地貌	省级	省地质公园	二级	
151			英德通天岩岩溶地貌	省级	省地质公园	二级	
152			英德英西峰林岩溶地貌	省级	省地质公园	二级	
153		连州市	连州城东连县组剖面	省级		二级	地质遗迹保护点
154			连州地下河岩溶地貌	省级		二级	地质遗迹保护点
155			连州其王岭珊瑚化石产地	省级		二级	地质遗迹保护点
156			连州月光岭蟥类化石产地	省级		二级	地质遗迹保护点
157			连州湟白水珊瑚腹足化石产地	省级		二级	地质遗迹保护点
158			连州潭岭—保耳垌多期花岗岩剖面	省级		二级	
159		阳山县	阳山峰林岩溶地貌	国家级	国家地质公园	二级	
160			阳山广东第一峰花岗岩地貌	国家级	国家地质公园	二级	
161			阳山龙凤温泉	省级	国家地质公园	二级	